实用混凝土结构设计

——课程设计及框架结构毕业设计实例

主　编　孙香红　孔　凡

编　者　孙香红　孔　凡　袁卫宁

西北工业大学出版社

西安

【内容简介】 本书根据高等院校土木工程专业学生对工程结构课程设计、毕业设计的学习需要和广大工程技术人员的工作需要,依据现行国家标准、规范以及对土木工程专业学生的培养目标要求编写而成。全书内容包括梁板结构课程设计、单层工业厂房结构设计和多层框架结构设计等 3 章,章节内附有建筑图与结构图,附录中有常用图表等。本书利用完整实例对混凝土结构的设计进行讲解,有利于初学者尽快掌握设计全过程。

本书可作为高等院校土木工程、工程造价及相关专业的教材,还可供建筑结构工程设计人员和技术人员参考。

图书在版编目(CIP)数据

实用混凝土结构设计:课程设计及框架结构毕业设计实例/孙香红,孔凡主编 . —西安:西北工业大学出版社,2020.8

ISBN 978 - 7 - 5612 - 6860 - 5

Ⅰ.①实⋯ Ⅱ.①孙⋯ ②孔⋯ Ⅲ.①混凝土结构-结构设计-高等学校-教材 Ⅳ.①TU370.4

中国版本图书馆 CIP 数据核字(2020)第 068923 号

SHIYONG HUNNINGTU JIEGOU SHEJI——KECHENG SHEJI JI KUANGJIA JIEGOU BIYE SHEJI SHILI

实 用 混 凝 土 结 构 设 计 —— 课 程 设 计 及 框 架 结 构 毕 业 设 计 实 例

责任编辑:胡莉巾	策划编辑:张 晖	
责任校对:王梦妮	装帧设计:李 飞	

出版发行:西北工业大学出版社

通信地址:西安市友谊西路 127 号　　邮编:710072

电　　话:(029)88491757,88493844

网　　址:www.nwpup.com

印 刷 者:陕西向阳印务有限公司

开　　本:787 mm×1 092 mm　　1/16

印　　张:17.25　　插页:4

字　　数:453 千字

版　　次:2020 年 8 月第 1 版　　2020 年 8 月第 1 次印刷

定　　价:56.00 元

前　言

　　混凝土结构设计是土木工程专业教学计划中重要的实践性教学环节,其目的是通过工程设计培养学生综合运用所学理论知识解决某一实际问题的能力,并对课程知识进行深化以提高学生的实践和创新能力。为使学生尽快掌握设计概念和计算过程,完成施工图,达到专业培养目标要求,笔者编写了这本《实用混凝土结构设计——课程设计及框架结构毕业设计实例》。

　　本书按照 2019 年 4 月实施的新版《建筑结构可靠性设计统一标准》(GB 50068—2018)以及现行的结构设计规范,依据土木工程专业混凝土结构课程设计教学大纲和毕业设计教学大纲要求编写。内容涵盖混凝土结构教学中两个课程设计和多层框架结构毕业设计,以实例形式展现结构设计的全过程,绘制的建筑、结构图详细且完整。尤其是根据 2019 年 4 月 1 日开始实施的《建筑结构可靠度设计统一标准》,将永久荷载的分项系数取为 1.3,将可变荷载分项系数取为 1.5。本书以设计实例展现混凝土结构设计的全过程,在编写上力求详细、深入,紧密结合工程实践;对工程设计中存在的问题及设计细节,做出了详细的叙述和解释;章节内附有建筑图与结构图,附录中有常用图表等,以便学习和查找。

　　本书分为 3 章,其中第 1 章和第 3 章由长安大学孙香红编写,第 2 章 2.1 节由长安大学袁卫宁编写;第 2 章 2.2 节由武汉理工大学孔凡编写。全书由孙香红统稿。研究生姚怡帆、景玉宽、李鹏成、王明明、任志坤、成豪杰、苗玉玲等为本书绘制了大量的图表,在此对他们的辛勤工作表示衷心感谢!

　　在编写本书过程中,曾参阅了相关文献资料,已在书末列出,若有遗漏,请见谅。在此向这些文献的作者表示由衷的感谢。

　　鉴于水平有限,书中难免存在不妥之处,敬请广大读者批评指正。

编　者

2020 年 1 月

目　　录

第1章　梁板结构课程设计

1.1　整体式单向板肋梁楼盖课程设计

1.1.1　设计任务书

1.设计资料

某工业建筑的一层楼盖平面示意图如图1-1所示,楼面标高为+4.8 m,采用现浇钢筋混凝土单向板肋梁楼盖。使用环境为一类。四周墙体为承重砖墙,厚度为370 mm,钢筋混凝土柱截面尺寸为400 mm×400 mm(或350 mm×350 mm或450 mm×450 mm,具体可由指导教师确定),楼盖周边支承在承重砖墙上。楼面活荷载标准值$q_k = 6\sim10$ kN/m²(具体数值由指导教师确定),楼面采用30 mm厚水磨石面层(或20 mm厚水泥砂浆抹面),梁、板的天花抹灰为15 mm厚混合砂浆,混凝土强度等级采用C30(或C25或C35)。

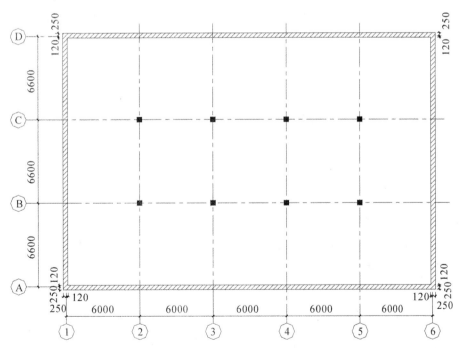

图1-1　一层楼盖平面示意图

2.设计内容

(1)结构平面布置:确定柱网尺寸、主次梁布置、选定构件截面尺寸。

(2)板的设计:分别按考虑弹性理论和塑性内力重分布方法计算。

(3)次梁设计:分别按考虑弹性理论和塑性内力重分布方法计算。

(4)主梁设计:按弹性理论方法计算。

(5)对板、次梁、主梁的裂缝宽度进行验算。

(6)对主梁的挠度进行验算。

(7)施工图绘制:

1)绘制楼盖结构平面布置图及板配筋图;

2)绘制次梁配筋图;

3)绘制主梁抵抗弯矩图及配筋图。

3.设计成果

(1)设计计算书一份,包括封面、设计任务书、目录、计算书、参考文献、致谢、附录。

(2)图纸(一张 A1 图纸或 2 张 A2 图纸):

1)结构平面布置图及板配筋图(1∶50 或 1∶100);

2)次梁配筋图;

3)主梁抵抗弯矩图及配筋图。

1.1.2 计算书

选择柱截面尺寸为 400 mm×400 mm,楼面活荷载为 $q_k=7$ kN/m²,楼面采用 30 mm 厚水磨石面层,混凝土强度等级为 C30,其他条件不变,作为设计实例。

说明:由于《建筑结构可靠性设计统一标准》(GB 50068—2018)删除了永久荷载起控制作用的组合,恒荷载分项系数取 1.3,活荷载分项系数取 1.5。因此,本设计中,考虑荷载分项系数按此取值。

1.结构平面布置

整体式单向板肋梁楼盖结构布置包括柱网布置、主梁布置、次梁布置。其中,柱网尺寸决定主梁跨度,主梁间距决定次梁跨度,次梁间距决定板跨度。柱网布置一般由建筑平面决定。在楼盖结构布置中,梁的间距越大,梁的数量越少,板的厚度就越大,因此,应综合考虑建筑功能、施工技术、受力、经济等各方面因素,确定合理的楼盖布置方案。

单向板、次梁和主梁的常用跨度如下。

单向板:1.8～2.7 m,荷载较大时取较小值,一般不宜超过 3 m;

次梁:4～6 m;

主梁:5～8 m。

根据图 1-1 的柱网布置,选取主梁横向布置、次梁纵向布置,主梁跨度为 6600 mm,间距为 6000 mm;次梁跨度为 6000 mm,间距为 2200 mm。结构平面布置图如图 1-2 所示。

板厚的确定:根据《混凝土结构设计规范》(GB50010—2010)(2015 年版)(以下无特殊说明时,均指此版)第 9.1.2 条规定:按跨厚比要求,钢筋混凝土单向板的跨厚比不宜大于 30,故板厚 $h \geq l/30 = 2200/30 = 73.33$ mm;再按构造要求,工业建筑楼板的最小厚度为 70 mm。故本设计初取板厚 $h=80$ mm。

次梁:根据经验,多跨连续次梁的截面高度为

$$h = \frac{l}{18} \sim \frac{l}{12} = \left(\frac{6000}{18} \sim \frac{6000}{12} \right) \text{ mm} = (333.33 \sim 500) \text{ mm}$$

并且 $h \geqslant \dfrac{l}{25} = \dfrac{6000}{25} = 240$ mm,故取 $h = 450$ mm。

截面宽度 $b = \dfrac{h}{3} \sim \dfrac{h}{2} = \left(\dfrac{450}{3} \sim \dfrac{450}{2} \right)$ mm $= (150 \sim 225)$ mm,故取 $b = 200$ mm。

主梁:根据经验,多跨连续主梁的截面高度为

$$h = \frac{l}{14} \sim \frac{l}{8} = \left(\frac{6600}{14} \sim \frac{6600}{8} \right) \text{ mm} = (471.43 \sim 825) \text{ mm}$$

并且 $h \geqslant \dfrac{l}{15} = \dfrac{6600}{15} = 440$ mm,故取 $h = 700$ mm。

截面宽度 $b = \dfrac{h}{3} \sim \dfrac{h}{2} = \left(\dfrac{700}{3} \sim \dfrac{700}{2} \right)$ mm $= (233.33 \sim 350)$ mm,故取 $b = 300$ mm。

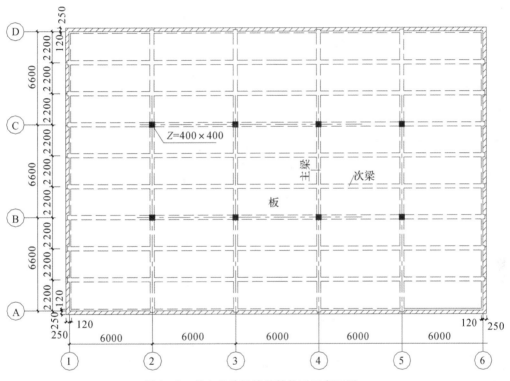

图 1-2　单向板肋梁楼盖结构平面布置图

2.板的设计(分别按弹性理论和考虑塑性内力重分布两种方法计算)

(1)板按弹性理论设计计算。

1)荷载计算。

30 mm 厚水磨石面层:0.65 kN/m²。

80 mm 厚现浇钢筋混凝土板:$25 \times 0.08 = 2.00$ kN/m²。

15 mm 厚石灰砂浆抹底:$17 \times 0.015 = 0.255$ kN/m²。

恒荷载标准值:$g_k = 0.65 + 2.0 + 0.255 = 2.905$ kN/m²。

活荷载标准值:$q_k = 7.000$ kN/m²。

恒荷载设计值:$g = 2.905 \times 1.3 = 3.777$ kN/m²。

活荷载设计值：$q = 7.0 \times 1.5 = 10.5 \text{ kN/m}^2$。

总荷载设计值：$g + q = 14.277 \text{ kN/m}^2$。

由于确定计算简图时，假定次梁对板的支承为简支，忽略了次梁对板的弹性约束作用，即忽略了支座抗扭刚度对板内力的影响，使得计算得到的支座转角大于实际支座转角，且边跨的跨中正弯矩计算值大于实际值，而支座负弯矩计算值小于实际值。考虑到计算简图与实际情况的这种差别所带来的影响，实用中采用折算荷载方法近似处理。对于单跨连续板而言，其在支座处的转动主要是由活荷载的不利布置产生的。因此，通常采用增大恒荷载和减小活荷载的方法来考虑次梁对板约束的影响，也就是采用折算恒荷载和折算活荷载代替实际恒荷载和实际活荷载进行设计计算。

折算恒荷载：

$$g' = g + \frac{q}{2} = 3.777 + \frac{10.5}{2} = 9.027 \text{ kN/m}^2$$

折算活荷载：

$$q' = \frac{q}{2} = \frac{10.5}{2} = 5.25 \text{ kN/m}^2$$

2）计算简图。

对于单向板，可取 1 m 板宽作为计算单元。通常板的刚度远小于次梁的刚度，次梁可作为单位板宽板带的不动支座，故可视为以次梁为铰支座的连续板，板在砖墙上的支承长度为 120 mm。根据附表 1 - 2 计算各跨板的计算跨度如下。

中间跨： $$l_0 = l_c = 2200 \text{ mm}$$

边跨：$l_0 = \min\left[1.025 l_n + \frac{b}{2}, l_n + \frac{(b+h)}{2}\right] =$

$$\min\left[1.025 \times (2200 - 100 - 120) + \frac{200}{2}, 2200 - 100 - 120 + \frac{(200+80)}{2}\right] =$$

$$\min(2129.5, 2120) = 2120 \text{ mm}$$

边跨与中间跨相差

$$\frac{2200 - 2120}{2200} \times 100\% = 3.6\% < 10\%$$

故可按等跨连续板来计算。板按弹性理论的计算简图如图 1 - 3 所示。

3）弯矩计算：

$$M = \alpha_{m1} g' l_0^2 + \alpha_{m2} q' l_0^2$$

式中，系数 α_{m1}，α_{m2} 均可由附表 1 - 5 - 4 根据荷载图查出。

边跨：

$$g' l_0^2 = 9.027 \times 2.12^2 = 40.57 \text{ kN} \cdot \text{m}, \quad q' l_0^2 = 5.25 \times 2.12^2 = 23.60 \text{ kN} \cdot \text{m}$$

中间跨、C 支座：

$$g' l_0^2 = 9.027 \times 2.2^2 = 43.69 \text{ kN} \cdot \text{m}, \quad q' l_0^2 = 5.25 \times 2.2^2 = 25.41 \text{ kN} \cdot \text{m}$$

B 支座：

$$g' l_0^2 = 9.027 \times \left(\frac{2.12 + 2.2}{2}\right)^2 = 42.12 \text{ kN} \cdot \text{m}$$

$$q' l_0^2 = 5.25 \times \left(\frac{2.12 + 2.2}{2}\right)^2 = 24.49 \text{ kN} \cdot \text{m}$$

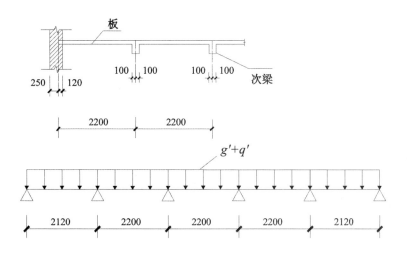

图 1 - 3　板按弹性理论的计算简图

板的弯矩计算见表 1 - 1。

表 1 - 1　板的弯矩计算

项　次	荷载简图	$\dfrac{\alpha_m}{M_1}$	$\dfrac{\alpha_m}{M_B}$	$\dfrac{\alpha_m}{M_2}$	$\dfrac{\alpha_m}{M_C}$	$\dfrac{\alpha_m}{M_3}$
①		$\dfrac{0.078}{3.16}$	$\dfrac{-0.105}{-4.42}$	$\dfrac{0.033}{1.44}$	$\dfrac{-0.079}{-3.45}$	$\dfrac{0.046}{2.01}$
②		$\dfrac{0.100}{2.36}$	$\dfrac{-0.053}{-1.30}$	—	$\dfrac{-0.040}{-1.02}$	$\dfrac{0.085}{2.16}$
③		—	$\dfrac{-0.053}{-1.30}$	$\dfrac{0.079}{2.01}$	$\dfrac{-0.04}{-1.02}$	—
④		$\dfrac{0.073}{1.72}$	$\dfrac{-0.119}{-2.91}$	$\dfrac{0.059}{1.50}$	$\dfrac{-0.022}{-0.56}$	—
⑤		$\dfrac{-0.098}{-2.31}$	$\dfrac{-0.035}{0.86}$	$\dfrac{0.055}{1.40}$	$\dfrac{-0.111}{-2.82}$	$\dfrac{0.064}{1.63}$
内力组合	①+②	5.52	-5.72	—	-4.47	4.17
	①+③	—	-5.72	3.45	-4.47	—
	①+④	4.88	-7.33	2.94	-4.01	—
	①+⑤	0.85	-5.28	2.84	-6.27	3.64

续 表

项 次		荷载简图	$\dfrac{\alpha_m}{M_1}$	$\dfrac{\alpha_m}{M_B}$	$\dfrac{\alpha_m}{M_2}$	$\dfrac{\alpha_m}{M_C}$	$\dfrac{\alpha_m}{M_3}$
最不利组合		M_{max}组合项次	①+②	—	①+③	—	①+②
		组合值	5.52	—	3.45	—	4.17
		M_{min}组合项次	—	①+④	—	①+⑤	—
		组合值	—	−7.33	—	−6.27	—

注:表中弯矩单位为"kN·m"。

由于按弹性理论计算时,计算跨度取支承中心线间的距离,未考虑支座宽度,所以计算所得支座处的弯矩是指支座中心线处的弯矩,而支座处截面较高,一般并不是危险截面,故需要计算支座边缘截面的弯矩值,即

$$M_{cal}=M-\frac{V_0 b}{2}$$

对于支座 B 和支座 C:

$$\frac{V_0 b}{2}=\frac{14.277\times\dfrac{2.2}{2}\times 0.2}{2}=1.57\ \text{kN}\cdot\text{m}$$

4)配筋。

板的钢筋采用 HPB300 级,混凝土为 C30,查《混凝土结构设计规范》(GB 50010—2010)第4.1.4条、4.2.3条和8.2.1条得:$f_y=270\ \text{N/mm}^2$,$f_c=14.3\ \text{N/mm}^2$,$f_t=1.43\ \text{N/mm}^2$,$\alpha_1=1.0$,$h_0=80-20=60\ \text{mm}$。

板的配筋计算见表 1-2。

表 1-2 板的配筋计算

截 面	边跨中 (截面1)	第一内支座 (截面B)	第二跨中 (截面2)	中间支座 (截面C)	中跨中 (截面3)
平面图中的位置	①~⑥ 轴间	①~⑥ 轴间	①~⑥ 轴间	①~⑥ 轴间	①~⑥ 轴间
$M/(\text{kN}\cdot\text{m})$	5.52	−7.33	3.45	−6.27	4.17
$\dfrac{V_0 b}{2}/(\text{kN}\cdot\text{m})$	—	1.57	—	1.57	—
$M_{cal}=M-\dfrac{V_0 b}{2}/(\text{kN}\cdot\text{m})$	5.52	−5.76	3.45	−4.7	4.17
$\alpha_s=\dfrac{M_{cal}}{\alpha_1 f_c b h_0^2}$	0.107	0.111	0.067	0.091	0.081
$\xi=1-\sqrt{1-2\alpha_s}$	0.113	0.118	0.069	0.096	0.084
$A_s=\xi\dfrac{\alpha_1 f_c}{f_y}b h_0/\text{mm}^2$	360	375	219	305	267
选配钢筋	Φ8@130	Φ8@130	Φ8@170	Φ8@160	Φ8@170
实用钢筋/mm²	387	387	296	314	296

（2）板按塑性内力重分布方法计算。

1）荷载计算。

30 mm 厚水磨石面层：0.65 kN/m²。

80 mm 厚现浇钢筋混凝土板：$25 \times 0.08 = 2.000$ kN/m²。

15 mm 厚石灰砂浆抹底：$17 \times 0.015 = 0.225$ kN/m²。

恒荷载标准值：$g_k = 0.65 + 2.0 + 0.225 = 2.905$ kN/m²。

活荷载标准值：$q_k = 7.0$ kN/m²。

根据《建筑结构可靠性设计统一标准》（GB 50068—2018）第 8.2.9 条的规定，荷载设计值为

$$q = \gamma_G g_k + \gamma_Q q_k = 1.3 \times 2.905 + 1.5 \times 7 = 14.277 \text{ kN/m}^2$$

2）计算简图。

对于单向板，可取 1 m 板宽作为计算单元。通常板的刚度远小于次梁的刚度，次梁可作为单位板宽板带的不动支座，故可视为以次梁为铰支座的连续板，板在砖墙上的支承长度为 120 mm。各跨的计算跨度可查附表 1-2 进行计算：

中间跨：$l_0 = l_n = 2200 - 200 = 2000$ mm。

边跨：$l_0 = l_n + \dfrac{a}{2} = 2200 - 100 - 120 + 120/2 = 2040$ mm $> l_n + \dfrac{h}{2} = 2200 - 100 - 120 + \dfrac{80}{2} = 2020$ mm。

取小值：$l_0 = 2020$ mm。

平均跨度：$l = (2020 + 2000)/2 = 2010$ mm。

边跨与中间跨的计算跨度相差：$(2020 - 2000)/2000 = 1\% < 10\%$。

当连续板各跨的计算跨度相差不大于 10% 时，可近似按等跨连续板计算内力。此时，跨中弯矩按该跨的计算跨度计算，支座弯矩则按与该支座相邻两跨计算跨度的平均值计算（为安全起见，也可取相邻两跨计算跨度的较大值）。板按塑性理论的计算简图如图 1-4 所示。

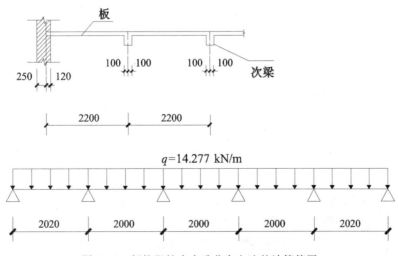

图 1-4　板按塑性内力重分布方法的计算简图

3)内力计算。

根据弯矩计算系数(见附表 1-8),可得板的各截面弯矩。板的弯矩计算见表 1-3。

表 1-3　板的弯距计算

截　面	边跨中	第一内支座	中间跨度	中间支座
弯矩系数 α_M	$+1/11$	$-1/11$	$+1/16$	$-1/14$
$\dfrac{M=\alpha_M q l^2}{(\text{kN}\cdot\text{m})}$	$1/11\times14.277\times2.02^2$ $=5.30$	$-1/11\times14.277\times2.02^2$ $=-5.30$	$1/16\times14.277\times2.0^2$ $=3.60$	$-1/14\times14.277\times2.0^2$ $=-4.08$

4)正截面受弯承载力计算。

板的钢筋采用 HPB300 级,混凝土强度等级为 C30,查《混凝土结构设计规范》(GB 50010—2010)第 4.1.4 条、4.2.3 条和 8.2.1 条得:$f_y=270$ N/mm^2,$f_c=14.3$ N/mm^2,$f_t=1.43$ N/mm^2,$a_1=1.0$,$h_0=80-20=60$ mm。

板的正截面受弯承载力计算见表 1-4。

表 1-4　板的正截面受弯承载力计算

截　面	边跨中	第一内支座	中间跨中		中间支座	
在平面图上的位置	①～⑥ 轴间	①～⑥ 轴间	①～② ⑤～⑥ 轴间	②～⑤ 轴间	①～② ⑤～⑥ 轴间	②～⑤ 轴间
弯矩设计值 M/(kN·m)	5.30	-5.30	3.60	$0.8^*\times3.60$	-4.08	$-0.8^*\times4.08$
$\alpha_s=\dfrac{M}{\alpha_1 f_c b h_0^2}$	0.103	0.103	0.070	0.056	0.079	0.063
$\gamma_s=0.5(1+\sqrt{1-2\alpha_s})$	0.946	0.946	0.964	0.971	0.959	0.967
$\xi=1-\sqrt{1-2\alpha_s}$	0.109<0.35	0.109<0.35	0.073<0.35	0.058<0.35	0.082<0.35	0.065<0.35
$A_s=\dfrac{M}{f_y\gamma_s h_0}$/mm^2	345.84	345.84	230.52	183.09	262.62	208.36
选用钢筋	Φ8@140	Φ8@140	Φ8@190	Φ8@190	Φ8@190	Φ8@190
实际配筋面积/mm^2	359	359	265	265	265	265
实际配筋率	0.45%	0.45%	0.33%	0.33%	0.33%	0.33%
最小配筋率	\multicolumn{6}{c}{$0.45 f_t/f_y=0.45\times1.43/270=0.24\%$,$0.2\%$;取大值 0.24%}

注:* 0.8 是为了考虑四边与梁整体连接的中间区格单向板拱的有利作用而取的折减系数。

选用钢筋时,负弯矩钢筋直径一般不小于 8 mm,以保证施工中不被踩下。另外,选用钢筋时,直径不宜多于两种。配筋方式有弯起式和分离式两种。弯起式配筋的钢筋锚固较好,可节省钢材,但施工较复杂;分离式配筋的钢筋锚固稍差,耗钢量略高,但设计和施工都比较方便,是目前最常用的方式(当板厚不超过 120 mm 且承受的动荷载不大时)。

对比板在设计计算时分别考虑弹性及塑性内力重分布的计算结果可以看出,采用弹性方法设计板的内力及配筋较采用考虑塑性内力重分布方法的结果偏大,具有较大的安全储备。在实际分析及设计中通常采用塑性内力重分布的方法计算。

3.次梁的计算(分别按弹性和考虑塑性内力重分布两种方法计算)

(1)按弹性方法设计次梁。

次梁的几何尺寸及支承情况如图1-5所示。

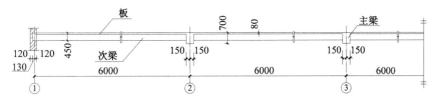

图1-5 次梁的几何尺寸及支承情况图

1)荷载计算。

板传来的恒荷载:$2.905 \times 2.2 = 6.391$ kN/m。

次梁自重:$25 \times 0.2 \times (0.45 - 0.08) = 1.85$ kN/m。

次梁粉刷抹灰:$17 \times 0.015 \times (0.45 - 0.08) \times 2 = 0.189$ kN/m。

恒荷载标准值:$g_k = 6.391 + 1.85 + 0.189 = 8.43$ kN/m。

活荷载标准值:$q_k = 7.0 \times 2.2 = 15.40$ kN/m。

恒荷载设计值:$g = 1.3 \times (6.391 + 1.85 + 0.189) = 10.96$ kN/m。

活荷载设计值:$q = 1.5 \times 15.40 = 23.10$ kN/m。

总荷载:$g + q = 10.96 + 23.10 = 34.06$ kN/m。

由于确定次梁的计算简图时,忽略了主梁对次梁的弹性约束作用,计算得到的支座转角大于实际支座转角,且边跨跨中正弯矩计算值大于实际值,而支座负弯矩计算值小于实际值。考虑到计算简图与实际情况的差别所带来的影响,实用中采用折算荷载方法近似处理。

折算恒荷载:

$$g' = g + \frac{q}{4} = 16.74 \text{ kN/m}$$

折算活荷载:

$$q' = \frac{3}{4}q = 17.32 \text{ kN/m}$$

2)计算简图。

中间跨计算跨长:

$$l_0 = l_c = 6000 \text{ mm}$$

边跨计算跨长:

$$l_0 = \min\left(l_n + \frac{a}{2} + \frac{b}{2}, 1.025 l_n + \frac{b}{2}\right) =$$

$$\min\left[6000 - 120 - 150 + \frac{250}{2} + \frac{300}{2}, 1.025 \times (6000 - 120 - 150) + \frac{300}{2}\right] =$$

$$\min(6005, 6023) = 6005 \text{ mm}$$

故可按等跨连续梁计算内力。次梁按弹性方法的计算简图如图1-6所示。

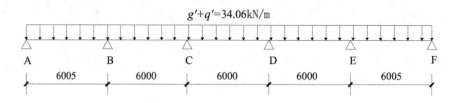

图 1-6 次梁按弹性方法的计算简图

3）内力计算。

（a）弯矩计算。

由附表 1-5-4 可查得各种荷载情况下的 α_m 值，次梁弯矩计算见表 1-5。

表 1-5 次梁弯矩计算

项 次	荷载简图	$\dfrac{\alpha_m}{M_1}$	$\dfrac{\alpha_m}{M_B}$	$\dfrac{\alpha_m}{M_2}$	$\dfrac{\alpha_m}{M_C}$	$\dfrac{\alpha_m}{M_3}$
①		$\dfrac{0.078}{47.08}$	$\dfrac{-0.105}{-63.33}$	$\dfrac{0.033}{19.89}$	$\dfrac{-0.079}{-47.61}$	$\dfrac{0.046}{27.72}$
②		$\dfrac{0.100}{62.46}$	$\dfrac{-0.053}{-33.07}$		$\dfrac{-0.040}{-24.94}$	$\dfrac{0.085}{53.00}$
③		$\dfrac{0.073}{45.59}$	$\dfrac{-0.119}{-74.26}$	$\dfrac{0.059}{36.79}$	$\dfrac{-0.022}{-13.72}$	
④			$\dfrac{-0.054}{-33.70}$	$\dfrac{0.079}{49.26}$	$\dfrac{-0.04}{-24.94}$	
⑤		$\dfrac{-0.098}{-61.21}$	$\dfrac{-0.035}{-21.85}$	$\dfrac{0.055}{34.29}$	$\dfrac{-0.11}{-68.59}$	$\dfrac{0.064}{39.91}$
内力组合	①＋②	109.54	−96.40	19.89	−72.55	80.72
	①＋③	92.67	−137.59	56.68	−61.33	27.72
	①＋④	47.08	−97.03	69.15	−72.55	27.72
	①＋⑤	−14.13	−85.18	54.18	−116.20	67.63
最不利组合	M_{max} 组合项次	①＋②	—	①＋④	—	①＋②
	组合值	109.54	—	69.15	—	80.72
	M_{min} 组合项次	—	①＋③	—	①＋⑤	—
	组合值	—	−137.59	—	−116.20	—

注：表中弯矩单位为"kN·m"。

再考虑支座宽度的影响：

$$M_{cal} = M - \frac{V_0 b}{2}$$

$$M_{B,cal} = -137.59 + \frac{34.06 \times \frac{6.0}{2} \times 0.3}{2} = -122.26 \text{ kN} \cdot \text{m}$$

$$M_{C,cal} = -116.20 + \frac{34.06 \times \frac{6.0}{2} \times 0.3}{2} = -100.87 \text{ kN} \cdot \text{m}$$

（b）剪力计算。

次梁的剪力计算见表 1-6。

表 1-6 次梁的剪力计算

项 次	荷载简图	$\dfrac{\alpha_v}{V_A}$	$\dfrac{\alpha_v}{V_{B(左)}}$	$\dfrac{\alpha_v}{V_{B(右)}}$	$\dfrac{\alpha_v}{V_{C(左)}}$	$\dfrac{\alpha_v}{V_{C(右)}}$
①		$\dfrac{0.394}{39.60}$	$\dfrac{-0.606}{-60.89}$	$\dfrac{0.526}{52.83}$	$\dfrac{-0.474}{-47.61}$	$\dfrac{0.500}{50.22}$
②		$\dfrac{0.447}{46.49}$	$\dfrac{-0.053}{-5.51}$	$\dfrac{0.013}{1.35}$	$\dfrac{0.013}{1.35}$	$\dfrac{0.500}{51.96}$
③		$\dfrac{0.380}{39.52}$	$\dfrac{-0.620}{-64.46}$	$\dfrac{0.598}{62.17}$	$\dfrac{-0.402}{-41.78}$	$\dfrac{-0.023}{-2.39}$
④		$\dfrac{-0.053}{-5.51}$	$\dfrac{-0.053}{-5.51}$	$\dfrac{0.513}{53.33}$	$\dfrac{-0.487}{-50.61}$	$\dfrac{0}{0}$
⑤		$\dfrac{0.035}{3.64}$	$\dfrac{0.035}{3.64}$	$\dfrac{0.424}{44.08}$	$\dfrac{-0.576}{-59.86}$	$\dfrac{0.591}{61.42}$
内力组合	①+②	86.09	−66.40	54.18	−46.26	102.18
	①+③	79.12	−125.35	115.0	−89.39	47.83
	①+④	34.09	−66.40	106.16	−98.22	50.22
	①+⑤	43.24	−57.25	96.91	−107.47	111.64
最不利组合	V_{max}组合项次	①+②	—	①+③	—	①+⑤
	组合值	86.09	—	115.0	—	111.64
	V_{min}组合项次	—	①+③	—	①+⑤	—
	组合值	—	−125.35	—	−107.47	—

注：表中剪力单位为"kN"。

考虑支座宽度的影响：

$$V_{cal} = V - \frac{(g' + q')}{2}b$$

$$\frac{(g' + q')}{2}b = \frac{34.06}{2} \times 0.3 = 5.11 \text{ kN}$$

$$V_{A,cal} = 86.09 - 5.11 = 80.98 \text{ kN}, \quad V_{B(左),cal} = 125.35 - 5.11 = 120.24 \text{ kN}$$

$$V_{B(右),cal} = 115.0 - 5.11 = 109.89 \text{ kN}, \quad V_{C(左),cal} = 107.47 - 5.11 = 102.36 \text{ kN}$$

$$V_{C(右),cal} = 111.64 - 5.11 = 106.53 \text{ kN}$$

4）正截面受弯承载力计算。

次梁跨中截面按 T 形截面计算，翼缘宽度按《混凝土结构设计规范》(GB 50010—2010) 第 5.2.4 条规定取用。

边跨：　　$b'_f = l_0/3 = 6005/3 = 2002 \text{ mm}$,　$b'_f = b + S_n = 200 + 1980 = 2180 \text{ mm}$

取较小值 $b'_f = 2002 \text{ mm}$。

中间跨：　　$b'_f = l_0/3 = 6000/3 = 2000 \text{ m}$,　$b'_f = b + S_n = 200 + 2000 = 2200 \text{ mm}$

取较小值 $b'_f = 2000 \text{ mm}$。

判别各跨中 T 形截面的类型，取 $h_0 = 450 - 40 = 410 \text{ mm}$，则有

$$\alpha_1 f_c b'_f h'_f \left(h_0 - \frac{1}{2}h'_f \right) = 14.3 \times 2000 \times 80 \times \left(410 - \frac{80}{2} \right) = 846.56 \text{ kN} \cdot \text{m}$$

该值大于表 1-5 中各跨中截面的弯矩值，故各跨中截面均按第一类 T 形截面计算；各支座处截面按矩形截面计算，支座与跨中截面均按一排钢筋考虑，取 $h_0 = 410 \text{ mm}$。

次梁的正截面受弯承载力计算见表 1-7。其中次梁钢筋采用 HRB400 级，混凝土为 C30，查《混凝土结构设计规范》(GB 50010—2010) 第 4.1.4 条、4.2.3 条和 8.2.1 条得：$f_y = 360$ N/mm^2，$f_c = 14.3$ N/mm^2，$f_t = 1.43$ N/mm^2，$\alpha_1 = 1.0$。根据计算所得钢筋面积，查附表 1-3 选用钢筋。次梁的钢筋有弯起式和连续式两种，因次梁高度一般较小，故选用连续式较为方便。

表 1-7　次梁的正截面受弯承载力计算

截　面	1	B	2	C	3
$M/(\text{kN} \cdot \text{m})$	109.54	−122.26	69.15	−100.87	80.72
b'_f 或 b/mm	2002	200	2000	200	2000
$\alpha_s = \dfrac{M_{cal}}{\alpha_1 f_c b h_0^2}$	0.023	0.254	0.014	0.210	0.017
$\xi = 1 - \sqrt{1 - 2\alpha_s}$	0.023	0.299	0.014	0.238	0.017
$A_s = \xi \dfrac{\alpha_1 f_c}{f_y} b h_0$/mm^2	749.91	973.91	456.01	775.22	553.73
选配钢筋	3⌀20	3⌀22	3⌀16	3⌀20	3⌀16
实配钢筋/mm^2	942	1140	603	942	603

5）斜截面受剪承载力计算。

斜截面受剪承载力计算包括验算截面最小尺寸、腹筋计算和箍筋最小配筋率验算。次梁箍筋选择 HRB400 级,次梁的斜截面受剪承载力计算见表 1-8。受弯构件的受剪截面应符合下列截面限制条件:

当 $\dfrac{h_w}{b} \leqslant 4$ 时,$V \leqslant 0.25\beta_c f_c b h_0$;当 $\dfrac{h_w}{b} \geqslant 6$ 时,$V \leqslant 0.2\beta_c f_c b h_0$;当 $4 \leqslant \dfrac{h_w}{b} \leqslant 6$ 时,按线性内插法确定。

根据箍筋构造要求,该次梁的中箍筋最大间距为 200 mm,箍筋最小配筋率为:$\rho_{svmin} = 0.24 f_t / f_{yv} = 0.24 \times 1.43/360 = 0.095\%$。

表 1-8　次梁的斜截面受剪承载力计算

截　面	A	B(左)	B(右)	C(左)	C(右)
V/kN	80.98	120.24	109.89	102.36	106.53
$0.25\beta_c f_c b h_0/\text{kN}$	293.15>V	293.15>V	293.15>V	293.15>V	293.15>V
$0.7 f_t b h_0/\text{kN}$	82.08>V	82.08<V			
箍筋肢数,直径			⊈8　双肢		
$A_{sv} = n A_{sv1}/\text{mm}^2$	$2\times50.3=100.6$	$2\times50.3=100.6$	$2\times50.3=100.6$	$2\times50.3=100.6$	$2\times50.3=100.6$
$S = \dfrac{f_{yv} A_{sv} h_0}{V - 0.7 f_t b h_0}/\text{mm}$	—	389.11	533.93	732.18	607.30
实配箍筋	⊈8@200	⊈8@200	⊈8@200	⊈8@200	⊈8@200
配筋率 ρ_{sv}	$\rho_{sv} = A_{sv}/(bs) = 100.6/(200\times200) = 0.25\% > \rho_{sv,min} = 0.095\%$				

(2)按考虑塑性内力重分布的方法设计次梁。

1)荷载计算。

板传来的恒荷载:$2.905 \times 2.2 = 6.391$ kN/m。

次梁自重:$25 \times 0.2 \times (0.45-0.08) = 1.850$ kN/m。

次梁粉刷抹灰:$17 \times 0.015 \times (0.45-0.08) \times 2 = 0.189$ kN/m。

恒荷载标准值:$g_k = 6.391 + 1.850 + 0.189 = 8.43$ kN/m。

活荷载标准值:$q_k = 7.0 \times 2.2 = 15.40$ kN/m。

恒荷载设计值:$g = 1.3 \times 8.43 = 10.96$ kN/m。

活荷载设计值:$q = 1.5 \times 15.40 = 23.10$ kN/m。

总荷载:$g + q = 10.96 + 23.10 = 34.06$ kN/m。

2)计算简图。

查附表 1-2 可得各跨的计算跨度如下。

中间跨:由于梁两端与主梁整体连接,故计算跨度取为净跨,则有
$$l_0 = l_n = 6000 - 300 = 5700 \text{ mm}$$

边跨:$l_0 = l_n + a/2 = 6000 - 150 - 120 + 250/2 = 5855 \text{ mm} < 1.05 l_n = 6\,016.5 \text{ mm}$,则取小值 $l_0 = 5855$ mm。

平均跨度:$l = (5855 + 5700)/2 = 5\,777.5$ mm。

边跨与中间跨的计算跨度相差:$(5855-5700)/5700 = 2.7\% < 10\%$,故可按等跨连续梁计

算内力。剪力计算时,跨度取净跨。次梁按塑性内力重分布方法的计算简图如图1-7所示。

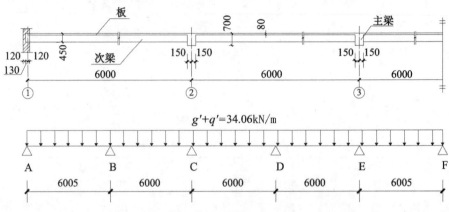

图1-7 次梁按塑性内力重分布方法的计算简图

3)内力计算。

次梁的弯矩计算见表1-9,次梁的剪力计算见表1-10。弯矩计算系数和剪力计算系数分别见附表1-8和附表1-9。

表1-9 次梁的弯距计算

截面	边跨中	第一内支座	中间跨度	中间支座
弯距系数 α_M	$+1/11$	$-1/11$	$+1/16$	$-1/14$
$\dfrac{M=\alpha_M q l_0^2}{\mathrm{kN \cdot m}}$	$1/11 \times 34.06 \times 5.855^2$ $=106.15$	$-1/11 \times 34.06 \times 5.778^2$ $=-103.37$	$1/16 \times 34.06 \times 5.70^2$ $=69.16$	$-1/14 \times 34.06 \times 5.70^2$ $=-79.04$

表1-10 次梁的剪力计算

截面	A支座	B支座左	B支座右	C支座
剪力系数 α_V	0.45	0.6	0.55	0.55
$V=\alpha_V q l_n/\mathrm{kN}$	$0.45 \times 34.06 \times 5.73$ $=87.82$	$0.6 \times 34.06 \times 5.73$ $=117.10$	$0.55 \times 34.06 \times 5.70$ $=106.78$	$0.55 \times 34.06 \times 5.70$ $=106.78$

4)正截面受弯承载力计算。

次梁跨中截面按T形截面计算,翼缘宽度按《混凝土结构设计规范》(GB 50010—2010)第5.2.4条规定取用。

边跨: $b_f'=l_0/3=5855/3=1952$ mm, $b_f'=b+S_n=200+1980=2180$ mm

取较小值 $b_f'=1952$ mm。

中间跨: $b_f'=l_0/3=5700/3=1900$ m, $b_f'=b+S_n=200+2000=2200$ m

取较小值 $b_f'=1900$ mm。

支座截面按矩形截面计算。

次梁钢筋采用 HRB400 级,混凝土为 C30,查《混凝土结构设计规范》(GB 50010—2010)

第 4.1.4 条、4.2.3 条、8.2.1 条得：$f_y = 360 \text{ N/mm}^2$，$f_c = 14.3 \text{ N/mm}^2$，$f_t = 1.43 \text{ N/mm}^2$，$\alpha_1 = 1.0$。判断各跨中截面属于哪一类截面类型，因取次梁的混凝土保护层厚度 $c = 30 \text{ mm}$，取 $h_0 = 450 - 40 = 410 \text{ mm}$，则

$$\alpha_1 f_c b_f' h_f' (h_0 - h_f'/2) = 1.0 \times 14.3 \times 1952 \times 80 \times (410 - 80/2) =$$
$$826.24 \text{ kN} \cdot \text{m} > 106.15 \text{ kN} \cdot \text{m} （\text{或} 69.16 \text{ kN} \cdot \text{m}）$$

故属于第一类 T 形截面。

次梁正截面承载力计算见表 1-11。

表 1-11 次梁正截面承载力计算

截 面	边跨中	B 支座	中间跨中	中间支座
$M/(\text{kN} \cdot \text{m})$	106.15	−103.37	69.16	−79.04
b_f' 或 b/mm	1952	200	1900	200
$\alpha_s = \dfrac{M}{\alpha_1 f_c b (b_f') h_0^2}$	0.022 6	0.215 0	0.015 1	0.164 4
$\xi = 1 - \sqrt{1 - 2\alpha_s}$	0.022 9<0.518	0.245 0<0.518	0.015 2<0.518	0.180 7<0.518
$\gamma_s = 0.5(1 + \sqrt{1 - 2\alpha_s})$	0.989	0.877	0.992	0.910
$A_s = \dfrac{M}{f_y \gamma_s h_0}/\text{mm}^2$	727.2>180	798.6>180	472.3>180	588.5>180
选用钢筋	3 ⊕ 20	3 ⊕ 20	3 ⊕ 16	4 ⊕ 16
实际配筋面积/mm²	942	942	603	603
最小配筋面积/mm²	$\rho_{\min} bh = 0.2\% \times 200 \times 450 = 180$			

次梁的钢筋有弯起式和连续式两种，因次梁高度一般较小，选用连续式较为方便。

5）斜截面受剪承载力计算。

斜截面受剪承载力计算包括验算截面最小尺寸、计算腹筋和验算最小配箍率。

根据《混凝土结构设计规范》（GB 50010—2010）第 9.2.9 条的规定，该次梁中箍筋最大间距为 200 m，箍筋最小配筋率：$\rho_{sv,\min} = 0.24 f_t / f_{yv} = 0.24 \times 1.43 / 360 = 0.095\%$。

受弯构件的受剪截面应符合以下截面限制条件：

当 $\dfrac{h_w}{b} \leqslant 4$ 时，$V \leqslant 0.25 \beta_c f_c b h_0$；当 $\dfrac{h_w}{b} \geqslant 6$ 时，$V \leqslant 0.20 \beta_c f_c b h_0$；当 $4 \leqslant \dfrac{h_w}{b} \leqslant 6$ 时，按线性内插法确定。次梁斜截面受剪承载力计算见表 1-12。

表 1-12 次梁斜截面强度计算

截 面	A 支座	B 支座左	B 支座右	C 支座
V/kN	87.82	117.10	106.78	106.78
$0.25 \beta_c f_c b h_0/\text{kN}$	$0.25 \times 1.0 \times 14.3 \times 200 \times 410 = 293.15 \text{ kN} > V$ 截面满足要求			
$0.7 f_t b h_0/\text{kN}$	$0.7 \times 1.43 \times 200 \times 410 = 82.08 \text{ kN} < V$ 按计算配箍			
箍筋直径和肢数	⊕8 双肢			
A_{sv}/mm^2	$2 \times 50.3 = 100.6$	$2 \times 50.3 = 100.6$	$2 \times 50.3 = 100.6$	$2 \times 50.3 = 100.6$

续 表

截 面	A 支座	B 支座左	B 支座右	C 支座
$s=\dfrac{f_{yv}A_{sv}h_0}{V-0.7f_tbh_0}/mm$	2 586.9	424.0	601.2	601.2
实配间距/mm	200	200	200	200
配筋率 ρ_{sv}	$\rho_{sv}=A_{sv}/(bs)=100.6/(200\times200)=0.25\%>\rho_{sv,min}=0.095\%$			

对比次梁在设计计算时分别考虑弹性及塑性内力重分布的结果可以看出,按弹性方法设计次梁的内力及配筋较按塑性内力重分布方法的计算结果偏大,在实际分析及设计中通常采用按塑性内力重分布的方法计算。

4.主梁的计算(按弹性理论计算)

考虑塑性内力重分布的构件在使用荷载作用下变形较大,应力较高,裂缝较宽。因主梁是楼盖的重要构件,要求有较大的强度储备,且不宜有较大的挠度,所以采用弹性方法设计。

(1)荷载计算。

主梁自重实际为均布荷载,但此荷载值与次梁传来的集中荷载值相比很小。为简化计算,将主梁自重等效为集中荷载,其作用点与次梁的位置相同,即采用就近集中的方法,把集中荷载作用点两边的主梁自重集中到集中荷载作用点,主梁视为仅承受集中荷载的梁。

次梁传来的恒荷载:$8.43\times6.0=50.58$ kN。

主梁自重:$25\times0.3\times(0.7-0.08)\times2.2=10.23$ kN。

梁侧抹灰:$17\times0.015\times(0.7-0.08)\times2\times2.2=0.696$ kN。

恒荷载标准值:$g_k=50.58+10.23+0.696=61.51$ kN。

活荷载标准值:$q_k=15.4\times6=92.4$ kN。

恒荷载设计值:$G=1.3g_k=1.3\times61.51=79.96$ kN。

活荷载设计值:$Q=1.5q_k=1.5\times92.4=138.60$ kN。

(2)计算简图。

主梁按连续梁计算,端部支承在砖墙上,支承长度为 370 mm,中间支承在 400 mm×400 mm 的混凝土柱上,查附表 1-2 各跨的计算跨度如下。

中间跨: $l_0=l_n+b=6600-400+400=6600$ mm

边跨: $l_0=l_n+a/2+b/2=6600-120-200+370/2+400/2=6665$ mm

$l_0=1.025l_n+b/2=1.025\times(6600-120-200)+400/2=6637$ mm

取小值,$l_0=6637$ mm。

平均跨度: $l=(6637+6600)/2=6619$ mm

跨度差:$(6637-6600)/6600=0.56\%<10\%$,可按等跨连续梁计算。

主梁的计算简图如图 1-8 所示。

(3)内力计算。

1)弯距计算:

$$M=k_1Gl+k_2Ql \quad (k\text{ 值由附表 }1-5-2\text{ 查得})$$

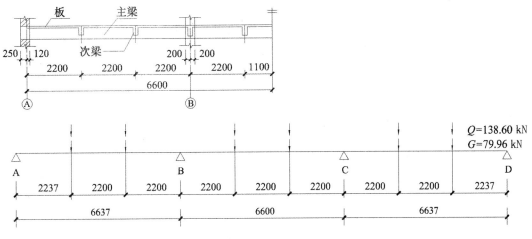

图 1-8　主梁的计算简图

边跨：

$Gl = 79.96 \times 6.637 = 530.69$ kN·m，　$Ql = 138.60 \times 6.637 = 919.89$ kN·m

中跨：

$Gl = 79.96 \times 6.6 = 527.74$ kN·m，　$Ql = 138.60 \times 6.6 = 914.76$ kN·m

平均跨（计算支座弯矩时取用）：

$Gl = 79.96 \times 6.619 = 529.26$ kN·m，　$Ql = 138.60 \times 6.619 = 917.39$ kN·m

主梁弯矩的计算见表 1-13。

表 1-13　主梁弯矩计算

项　次	荷载简图	$\dfrac{k}{M_1}$	$\dfrac{k}{M_a}$	$\dfrac{k}{M_B}$	$\dfrac{k}{M_2}$	$\dfrac{k}{M_b}$	$\dfrac{k}{M_C}$
① 恒荷载		$\dfrac{0.244}{129.49}$	84.14	$\dfrac{-0.267}{-141.31}$	$\dfrac{0.067}{35.36}$	$\dfrac{0.067}{35.36}$	$\dfrac{-0.267}{-141.31}$
② 活荷载		$\dfrac{0.289}{265.85}$	227.65	$\dfrac{-0.133}{-122.01}$	-122.01	-122.01	$\dfrac{-0.133}{-122.01}$
③ 活荷载		-41.23	-81.77	$\dfrac{-0.133}{-122.01}$	$\dfrac{0.200}{182.95}$	$\dfrac{0.200}{182.95}$	$\dfrac{-0.133}{-122.01}$
④ 活荷载		$\dfrac{0.229}{210.65}$	118.81	$\dfrac{-0.311}{-285.31}$	91.69	$\dfrac{0.170}{155.51}$	$\dfrac{-0.089}{-81.65}$
⑤ 活荷载		-27.60	-54.75	$\dfrac{-0.089}{-81.65}$	$\dfrac{0.170}{155.51}$	91.69	$\dfrac{-0.311}{-285.31}$

续 表

项 次	荷载简图	$\dfrac{k}{M_1}$	$\dfrac{k}{M_a}$	$\dfrac{k}{M_B}$	$\dfrac{k}{M_2}$	$\dfrac{k}{M_b}$	$\dfrac{k}{M_C}$
内力组合	①+②	395.34	311.79	−263.32	−86.65	−86.65	−263.32
	①+③	88.26	2.37	−263.32	218.31	218.31	−263.32
	①+④	340.14	202.95	−426.62	127.05	190.87	−222.96
	①+⑤	101.89	29.39	−222.96	190.87	127.05	−426.62
最不利内力	M_{min}组合项次	①+③	①+③	①+④	①+②	①+②	①+⑤
	M_{min}组合值	88.26	2.37	−426.62	−86.65	−86.65	−426.62
	M_{max}组合项次	①+②	①+②	①+⑤	①+③	①+③	①+④
	M_{max}组合值	395.34	311.79	−222.96	218.31	218.31	−222.96

注：无 k 值系数的弯矩根据结构力学的方法由比例关系求出。表中弯矩单位为"kN·m"。

2）剪力计算：

$$V = k_3 G + k_4 Q \quad （k值由附表1-5-2查得）$$

主梁剪力计算见表 1-14。

表 1-14 主梁剪力计算

项 次	荷载简图	$\dfrac{k}{V_A}$	$\dfrac{k}{V_{BL}}$	$\dfrac{k}{V_{BR}}$
① 恒荷载		$\dfrac{0.733}{58.61}$	$\dfrac{-1.267}{-101.31}$	$\dfrac{1.000}{79.96}$
② 恒荷载		$\dfrac{0.866}{120.03}$	$\dfrac{-1.134}{-157.17}$	$\dfrac{0}{0}$
③ 活荷载		$\dfrac{-0.133}{-18.43}$	$\dfrac{-0.133}{-18.43}$	$\dfrac{1.000}{138.60}$
④ 活荷载		$\dfrac{0.689}{95.50}$	$\dfrac{-1.311}{-181.70}$	$\dfrac{1.222}{169.37}$
⑤ 活荷载		$\dfrac{-0.089}{-12.34}$	$\dfrac{-0.089}{-12.34}$	$\dfrac{0.778}{107.83}$

续　表

项　次	荷载简图	$\dfrac{k}{V_{A}}$	$\dfrac{k}{V_{BL}}$	$\dfrac{k}{V_{BR}}$
内力组合	①＋②	178.64	−258.48	79.96
	①＋③	40.18	−119.74	218.56
	①＋④	154.11	−283.01	249.33
	①＋⑤	46.27	−113.65	187.79
V_{min}	组合项次	①＋③	①＋④	①＋②
	组合值	40.18	−283.01	79.96
V_{max}	组合项次	①＋②	①＋⑤	①＋④
	组合值	178.64	−113.65	249.33

注:表中剪力单位为"kN"。

(4)内力包络图。

将各控制截面的组合弯矩值和组合剪力值分别绘制于同一坐标轴上,即可得到内力的叠合图,其外包线就是内力包络图。主梁弯矩和剪力包络图如图 1-9 所示。

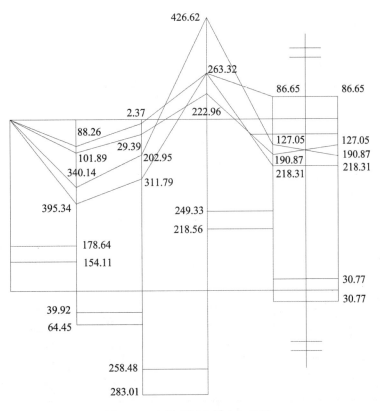

图 1-9　主梁弯矩和剪力包络图

（5）正截面受弯承载力计算。

1）确定翼缘宽度。

主梁跨中截面按 T 形截面计算。根据《混凝土结构设计规范》（GB 50010—2010）第 5.2.4 条的规定，翼缘宽度取较小值。

边跨：

$$b_f' = l_0/3 = 6637/3 = 2212.3 \text{ mm}, \quad b_f' = b + S_n = 300 + 5730 = 6030 \text{ mm}$$

取较小值 $b_f' = 2\ 212.3$ mm。

中间跨：

$$b_f' = l_0/3 = 6600/3 = 2200 \text{ mm}, \quad b_f' = b + S_n = 300 + 5700 = 6000 \text{ mm}$$

取较小值 $b_f' = 2200$ mm。

支座截面仍按矩形截面计算。

2）判断截面类型。

在主梁支座处，由于板、次梁及主梁的负弯矩钢筋相互交叉重叠，主梁钢筋一般均在次梁钢筋下面，梁的有效高度减小。因此，进行主梁支座截面承载力计算时，应根据主梁负弯矩钢筋的实际位置来确定截面的有效高度 h_0。一般取值为：单排钢筋时，$h_0 = h - (50 \sim 60)$；双排钢筋时，$h_0 = h - (80 \sim 90)$。取 $h_0 = 640$ mm（跨中），$h_0 = 610$ mm（支座）。因为

$$\alpha_1 f_c b_f' h_f'(h_0 - h_f'/2) = 1.0 \times 14.3 \times 2\ 212.3 \times 80 \times (640 - 80/2) =$$

$$1\ 518.522 \text{ kN} \cdot \text{m} > 395.34 \text{ kN} \cdot \text{m}（或 218.31 \text{ kN} \cdot \text{m}）$$

故可判断其为第一类 T 形截面。

3）正截面受弯承载力计算。

按弹性理论计算连续梁内力时，中间跨的计算跨度取为支座中心线间的距离，故所求的支座弯矩和支座剪力都是指支座中心线的，而实际上正截面受弯承载力和斜截面受剪承载力的控制截面在支座边缘处。故算配筋时，应将其换算到支座截面的边缘。主梁钢筋采用 HRB400 级，混凝土为 C30，查《混凝土结构设计规范》（GB 50010—2010）第 4.1.4 条和 4.2.3 条和 8.2.1 条得：$f_y = 360 \text{ N/mm}^2$，$f_c = 14.3 \text{ N/mm}^2$，$f_t = 1.43 \text{ N/mm}^2$，$\alpha_1 = 1.0$。

主梁正截面受弯承载力计算见表 1-15。

表 1-15 主梁正截面受弯承载力计算

截　面	边跨中	B 支座	中间跨中	
$M/(\text{kN} \cdot \text{m})$	395.34	-426.62	218.31	-86.65
$V\dfrac{b_z}{2}/\text{kN}$	—	$249.33 \times 0.4/2 = 49.87$	—	—
$M_b \equiv M - V\dfrac{b_z}{2}/(\text{kN} \cdot \text{m})$	395.34	-376.75	218.31	-86.65
$\alpha_s = \dfrac{M_b}{\alpha_1 f_c b(b_f')h_0^2}$	0.031	0.236	0.017	0.007
$\xi = 1 - \sqrt{1 - 2\alpha_s}$	$0.032 \leqslant \xi_b = 0.518$	$0.273 \leqslant \xi_b = 0.518$	$0.017 \leqslant \xi_b = 0.518$	$0.007 \leqslant \xi_b = 0.518$
$\gamma_s = 0.5(1 + \sqrt{1 - 2\alpha_s})$	0.984	0.863	0.991	0.996

续表

截　面	边跨中	B 支座	中间跨中	
$A_s = \dfrac{M_b}{f_y \gamma_s h_0}/mm^2$	1 743.34	1 987.24	955.72	377.41
选用钢筋	2 Φ 25(弯) 3 Φ 20(直)	1 Φ 18+3 Φ 25(弯) 3 Φ 14(直)	1 Φ 18+1 Φ 25(弯) 2 Φ 16(直)	2 Φ 16(直)
实际配筋面积/mm²	1924	2 189.5	1 147.4	402
配筋率 $\rho = \dfrac{A_s}{bh}$	0.92%	1.04%	0.55%	0.19%

根据《混凝土结构设计规范》(GB 50010—2010)第 8.5.1 条的规定,纵向受力钢筋的最小配筋率为 0.2% 和 $0.45 f_t/f_y$ 中的较大值,即 0.2%。表 1-15 中的配筋率满足要求。配筋形式采用弯起式。

(6)斜截面受剪承载力计算。

主梁斜截面受剪承载力计算见表 1-16。根据《混凝土结构设计规范》(GB 50010—2010)第 9.2.9 条的规定,该主梁中箍筋最大间距为 250 mm。

表 1-16　主梁斜截面受剪承载力计算

截　面	A 支座	B 支座左	B 支座右
V/kN	178.64	283.01	249.33
$0.25 \beta_c f_c b h_0/kN$	0.25×1.0×14.3×300×610=654.2 kN>V　截面满足要求		
$0.7 f_t b h_0/kN$	构造配箍	0.7×1.43×300×610=183.18 kN<V 计算配箍	
箍筋直径和肢数	Φ 8@250　双肢		
$V_{cs} = 0.7 f_t b h_0 + f_{yv} \dfrac{A_{sv}}{s} h_0/kN$	183.18×1000+360×2×50.3×610÷250=271.55		
$A_{sb} = \dfrac{V - V_{cs}}{0.8 f_y \sin\alpha_s}/mm^2$	<0	(283.01−271.55)×1000/ (0.8×360×0.707)=56.28	<0
弯起钢筋	1 Φ 25	1 Φ 25	1 Φ 18
实配弯起钢筋面积/mm²	490.6	490.6	254.3
配筋率 ρ_{sv}	$\rho_{sv} = A_{sv}/(bs) = 100.6/(300×250) = 0.134\% > \rho_{sv,min} = 0.095\%$		

(7)主梁吊筋计算。

由次梁传给主梁的集中荷载为

$$F = 1.3 \times 50.58 + 1.5 \times 92.4 = 204.35 \text{ kN}$$

值得注意的是,次梁传给主梁的全部集中荷载 G_k 中,应扣除主梁自重部分,因为这部分假定为集中荷载,而实际为均布荷载。

若集中荷载全部由吊筋承担,则

$$A_s \geqslant \frac{F}{2f_y \sin 45°} = \frac{204.35 \times 1000}{2 \times 360 \times 0.707} = 401.44 \text{ mm}^2$$

选用 $2\oplus 16(402 \text{ mm}^2)$。也可用附加箍筋来承受集中荷载,则附加箍筋布置的长度为

$$s = 2h_1 + 3b = 2 \times (700 - 450) + 3 \times 200 = 1100 \text{ mm}$$

选用箍筋为 HRB335,双肢,间距为 180,则在长度 s 内可布置附加箍筋的排数为 $m = 1100 \div 180 + 1 = 8$ 排,次梁两侧各布置 4 排,则需要的单肢箍筋的截面面积为

$$A_{sv1} \geqslant \frac{F}{mnf_{yv}} = \frac{204.35 \times 1000}{8 \times 2 \times 300} = 42.57 \text{ mm}^2$$

选用$\oplus 8(50.3 \text{ mm}^2)$。

5. 正常使用极限状态的裂缝和挠度验算

(1)板的裂缝和挠度验算。

对于受弯构件按荷载标准组合并考虑长期作用影响的最大裂缝宽度(单位为 mm),可按

公式 $w_{max} = 1.9\psi \frac{\sigma_{sk}}{E_s}\left(1.9c_s + 0.08\frac{d_{eq}}{\rho_{te}}\right)$ 计算。其中,c_s 为保护层厚度,该板的保护层厚度为

15 mm,且 $20 \leqslant c_s \leqslant 65$,取 $c_s = 20$ mm。E_s 为钢筋的弹性模量,查附表 1-6 得 $E_s = 2.1 \times 10^5 \text{ N/mm}^2$。查附表 1-1 得 $f_{tk} = 2.01$。要求 $\rho_{te} \geqslant 0.01$。钢筋的相对黏结特性系数 ν_i 根据《混凝土结构设计规范》(GB 50010—2010)第 7.1.2 条查得,$\nu_i = 0.7$。要求 $0.2 \leqslant \psi \leqslant 1.0$。

标准组合计算:

$$g_k = 2.905 \text{ kN/m}, \quad q_k = 7.0 \text{ kN/m}$$

$$g'_k = g_k + \frac{q_k}{4} = 2.905 + \frac{7}{4} = 4.655 \text{ kN/m}, \quad q'_k = \frac{3q_k}{4} = \frac{3 \times 7}{4} = 5.25 \text{ kN/m}$$

边跨:

$$g'_k l_0^2 = 4.655 \times 2.12^2 = 20.92 \text{ kN} \cdot \text{m}, \quad q'_k l_0^2 = 5.25 \times 2.12^2 = 23.60 \text{ kN} \cdot \text{m}$$

中间跨:C 支座

$$g'_k l_0^2 = 4.655 \times 2.2^2 = 22.53 \text{ kN} \cdot \text{m}, \quad q'_k l_0^2 = 5.25 \times 2.2^2 = 25.41 \text{ kN} \cdot \text{m}$$

B 支座

$$g'_k l_0^2 = 4.655 \times \left(\frac{2.12 + 2.2}{2}\right)^2 = 21.72 \text{ kN} \cdot \text{m},$$

$$q'_k l_0^2 = 5.25 \times \left(\frac{2.12 + 2.2}{2}\right)^2 = 24.49 \text{ kN} \cdot \text{m}$$

由 $M_k = \alpha_{m1} g'_k l_0^2 + \alpha_{m2} q'_k l_0^2$,可得

$$M_{1k} = 0.078 \times 20.92 + 0.1 \times 23.60 = 3.99 \text{ kN} \cdot \text{m}$$

$$M_{2k} = 0.033 \times 22.53 + 0.079 \times 25.41 = 2.75 \text{ kN} \cdot \text{m}$$

$$M_{3k} = 0.046 \times 22.53 + 0.085 \times 25.41 = 3.20 \text{ kN} \cdot \text{m}$$

$$M_{Bk} = -0.105 \times 21.72 + (-0.119) \times 24.49 = -5.20 \text{ kN} \cdot \text{m}$$

$$M_{Ck} = -0.079 \times 22.53 + (-0.111) \times 25.41 = -4.60 \text{ N} \cdot \text{m}$$

1)按弹性方法计算的板裂缝宽度验算。

按弹性方法计算的板裂缝宽度验算见表 1-17。

表 1-17　按弹性方法计算的板裂缝宽度验算

项　次	1	B	2	C	3
$M_k = \alpha_{m1} g_k' l_0^2 + \alpha_{m2} q_k' l_0^2 /(\text{kN} \cdot \text{m})$	3.99	-5.20	2.75	-4.60	3.2
$\sigma_{sk} = \dfrac{M_k}{0.87 A_s h_0} /(\text{kN} \cdot \text{m}^{-2})$	197.51	257.17	178.04	280.67	206.86
$\rho_{te} = \dfrac{A_s}{A_{te}}$	0.0097<0.01 取 0.01	0.0097<0.01 取 0.01	0.0074<0.01 取 0.01	0.0079<0.01 取 0.01	0.0074<0.01 取 0.01
$\psi = 1.1 - \dfrac{0.65 f_{tk}}{\rho_{te} \sigma_{sk}}$	0.44>0.2	0.59>0.2	0.37>0.2	0.63>0.2	0.47>0.2
$l_m = 1.9 c_s + 0.08 \dfrac{d}{\rho_{te}} /\text{mm}$	129.44	129.44	129.44	129.44	129.44
$w_{max} = 1.9 \psi \dfrac{\sigma_{sk}}{E_s} l_m /\text{mm}$	0.102	0.178	0.042	0.209	0.113

从表 1-17 中可以看出最大裂缝宽度 w_{max} 均小于最大裂缝宽度限值 $w_{lim} = 0.3$ mm（0.4 mm）。

2）按塑性方法计算的板裂缝宽度验算。

恒荷载标准值为 $g_k = 2.905$ kN/m²。

活荷载标准值为 $q_k = 7.0$ kN/m²。

采用荷载标准值计算板的弯矩，计算过程见表 1-18。

表 1-18　板的弯距计算

截　面	边跨中	第一内支座	中间跨中	中间支座
弯距系数 α_M	$+1/11$	$-1/11$	$+1/16$	$-1/14$
$M_k = \alpha_M (g_k + q_k) q l^2$ /kN·m	$1/11 \times 9.905 \times 2.02^2 = 3.67$	$-1/11 \times 9.905 \times 2.02^2 = -3.67$	$1/16 \times 9.905 \times 2.0^2 = 2.48$	$-1/14 \times 9.905 \times 2.0^2 = -2.83$

按塑性方法计算的板裂缝宽度验算见表 1-19。

表 1-19　板的裂缝宽度验算表

项　次	边跨中	第一内支座	中间跨中 ①~② ⑤~⑥ 轴间	中间跨中 ②~⑤ 轴间	中间支座 ①~② ⑤~⑥ 轴间	中间支座 ②~⑤ 轴间
$M_k /(\text{kN} \cdot \text{m})$	3.67	-3.67	2.48	$0.8^* \times 2.48$	-2.83	$0.8^* \times 2.83$
A_s /mm^2	387	387	296	296	314	314
$d_{eq} = \dfrac{\sum n_i d_i^2}{\sum n_i \nu_i d_i} /\text{mm}$	11.43	11.43	11.43	11.43	11.43	11.43
$A_{te} = 0.5 bh /\text{mm}^2$	40 000	40 000	40 000	40 000	40 000	40 000

续 表

项 次	边跨中	第一内支座	中间跨中 ①~②⑤~⑥轴间	中间跨中 ②~⑤轴间	中间支座 ①~②⑤~⑥轴间	中间支座 ②~⑤轴间
$\rho_{te}=\dfrac{A_s}{A_{te}}$	0.009 7<0.01	0.009 7<0.01	0.007 4<0.01	0.007 4<0.01	0.007 9<0.01	0.007 9<0.01
$\sigma_{sk}=\dfrac{M_k}{0.87h_0A_s}/(kN\cdot m^{-2})$	181.67	181.67	160.51	128.40	172.66	138.13
$\psi=1.1-\dfrac{0.65f_{tk}}{\rho_{te}\sigma_{sk}}$	0.381	0.381	0.286	0.082<0.2	0.343	0.154<0.2
$l_m=1.9c_s+0.08\dfrac{d}{\rho_{te}}/mm$	129.44	129.44	129.44	129.44	129.44	129.44
$w_{max}=1.9\psi\dfrac{\sigma_{sk}}{E_s}l_m/mm$	0.081	0.081	0.054	0.030	0.069	0.032

注:* 0.8 是为了考虑四边与梁整体连接的中间区格单向板拱的有利作用而取的折减系数。

由表 1-19 结果可以看出,最大裂缝宽度 w_{max} 均小于最大裂缝宽度限值 $w_{lim}=0.3$ mm (0.4 mm)[查《混凝土结构设计规范》(GB 50010—2010)第 3.4.5 条可得 w_{lim}]。

由此看出,板的裂缝宽度满足正常使用要求。

3)板的挠度验算。

当满足《混凝土结构设计规范》(GB 50010—2010)第 9.1.2 条规定的板的最小厚度要求时,可不作挠度验算,经验算,板厚 $h>l/35$ 时,满足要求。

(2)次梁的裂缝宽度验算。

对于受弯构件,按荷载标准组合并考虑长期作用影响的最大裂缝宽度(单位为 mm),可按公式 $w_{max}=1.9\psi\dfrac{\sigma_{sk}}{E_s}\left(1.9c_s+0.08\dfrac{d_{eq}}{\rho_{te}}\right)$ 计算。其中,c_s 为保护层厚度,该次梁的保护层厚度取为 30 mm,且 $20\leqslant c_s\leqslant 65$,取为 $c_s=30$ mm。E_s 为钢筋的弹性模量,查附表 1-6 可得 $E_s=2.0\times10^5$ N/mm^2。查附表 1-1,得 $f_{tk}=2.01$。要求 $\rho_{te}\geqslant 0.01$。钢筋的相对黏结特性系数 ν_i 根据《混凝土结构设计规范》(GB 50010—2010)第 7.1.2 条查得,$\nu_i=1.0$。要求 $0.2\leqslant\psi\leqslant1.0$。

1)按弹性方法计算的次梁裂缝宽度验算。

按弹性方法计算的次梁裂缝宽度验算见表 1-20。

表 1-20　按弹性方法计算的次梁裂缝宽度验算表

项 次	1	B	2	C	3
$M_k=\alpha_{m1}g'_kl_0^2+\alpha_{m2}q'_kl_0^2/(kN\cdot m)$	76.19	95.98	47.44	81.08	55.68
$\sigma_{sk}=\dfrac{M_k}{0.87A_sh_0}/(kN\cdot m^{-2})$	226.75	236.03	220.56	241.30	258.87

续 表

项 次	1	B	2	C	3
$\rho_{te} = \dfrac{A_s}{A_{te}}$	0.020 9	0.006＜0.01	0.013 4	0.005＜0.01	0.013 4
$\psi = 1.1 - 0.65\dfrac{f_{tk}}{\rho_{te}\sigma_{sk}}$	0.82	0.55	0.66	0.56	0.72
$l_m = 1.9c_s + 0.08\dfrac{d}{\rho_{te}}$ /mm	133.56	201.0	152.52	201.0	152.52
$w_{max} = 1.9\psi\dfrac{\sigma_{sk}}{E_s}l_m$ /mm	0.24	0.25	0.21	0.26	0.27

2）按塑性方法计算的次梁裂缝宽度验算。

恒荷载标准值为：$g_k = 8.43$ kN/m，活荷载标准值为：$q_k = 15.4$ kN/m。

由荷载标准值计算次梁的内力，计算过程见表 1-21。按塑性方法计算的次梁裂缝宽度验算见表 1-22。

表 1-21 次梁的弯距计算

截 面	边跨中	第一内支座	中间跨度	中间支座
弯距系数 α_M	$+1/11$	$-1/11$	$+1/16$	$-1/14$
$M_k = \alpha_M(g'_k + q'_k)l_0^2$ /kN·m	$1/11\times23.83\times5.855^2$ $=74.27$	$-1/11\times23.83\times5.778^2$ $=-74.27$	$1/16\times23.83\times5.70^2$ $=48.39$	$-1/14\times23.83\times5.7^2$ $=-55.30$

表 1-22 次梁的裂缝宽度验算表

项 次	边跨中	第一内支座	中间跨中	中间支座
M_k/(kN·m)	74.27	-74.27	48.39	-55.30
A_s/mm²	942	942	603	603
$d_{eq} = \dfrac{\sum n_i d_i^2}{\sum n_i \nu_i d_i}$ /mm	20	18	16	18
$A_{te} = 0.5bh$ /mm²	45 000	—	45 000	—
$A_{te} = 0.5bh + (b_f - b)h_f$ /mm²	—	185 000	—	181 000
$\rho_{te} = \dfrac{A_s}{A_{te}}$	0.020 9	0.006 2＜0.01	0.013 4	0.003 3＜01
$\sigma_{sk} = \dfrac{M_k}{0.87h_0 A_s}$ /(kN·m⁻²)	221.03	221.03	224.98	257.1
$\psi = 1.1 - 0.65\dfrac{f_{tk}}{\rho_{te}\sigma_{sk}}$	0.817	0.509	0.667	0.592
$l_m = 1.9c_s + 0.08\dfrac{d}{\rho_{te}}$ /mm	133.56	201	152.52	201
$w_{max} = 1.9\psi\dfrac{\sigma_{sk}}{E_s}l_m$ /mm	0.23	0.21	0.22	0.29

由表 1-22 结果可以看出，最大裂缝宽度 w_{max} 均小于最大裂缝宽度限值 $w_{lim}=0.3$ mm（0.4 mm）（查《混凝土结构设计规范》(GB 50010—2010)第 3.4.5 条可得 w_{lim}）。由此看出，该次梁的裂缝宽度满足正常使用要求。

3）次梁的挠度验算。

根据经验，当梁的截面尺寸满足高跨比 $\left(\dfrac{1}{18}\sim\dfrac{1}{12}\right)$ 和宽高比 $\left(\dfrac{1}{3}\sim\dfrac{1}{2}\right)$ 时，一般可不作挠度验算，认为挠度满足要求。

（3）主梁的裂缝宽度验算。

恒荷载标准值：$g_k=61.51$ kN，活荷载标准值：$q_k=92.40$ kN。

由荷载标准值计算主梁的内力，根据表 1-13 可以判断出最不利的荷载组合，利用公式 $M_k=k_1Gl+k_2Ql$ 计算主梁的内力，过程见表 1-23。

表 1-23　主梁的弯距计算

控制截面	组合值 $M_k=k_1Gl+k_2Ql$ /(kN·m)	$V_{0k}b/2$	$\dfrac{M_k-\dfrac{V_{0k}b}{2}}{\text{kN·m}}$
边跨中	$(0.244\times61.51+0.289\times92.40)\times6.637=276.84$	—	276.84
第一内支座	$(-0.267\times61.51-0.311\times92.40)\times6.619=-298.91$	26.16	-272.75
中间跨中	$(0.067\times61.51+0.200\times92.40)\times6.6=149.17$	—	149.17

注：$V_{0k}=1.000\times61.51+1.222\times92.40=174.42$ kN。

对于受弯构件，按荷载标准组合并考虑长期作用影响的最大裂缝宽度（单位为 mm），可按公式 $w_{max}=1.9\psi\dfrac{\sigma_{sk}}{E_s}\left(1.9c_s+0.08\dfrac{d_{eq}}{\rho_{te}}\right)$ 计算。其中，c_s 为保护层厚度，该主梁的保护层厚度为 30 mm，且 $20\leqslant c_s\leqslant65$，取为 $c_s=30$ mm。E_s 为钢筋的弹性模量，查附表 1-6 得 $E_s=2.0\times10^5$ N/mm²。查附表 1-1 得 $f_{tk}=2.01$。要求 $\rho_{te}\geqslant0.01$。钢筋的相对黏结特性系数 ν_i 根据《混凝土结构设计规范》(GB 50010—2010)第 7.1.2 条，查得 $\nu_i=1.0$。要求 $0.2\leqslant\psi\leqslant1.0$。其他参数计算见表 1-24。

表 1-24　主梁的裂缝宽度验算表

项　次	边跨中	第一内支座	中间跨中
M_k/(kN·m)	276.84	-272.75	149.17
A_s/mm²	2122	2 189.5	1 147.4
$d_{eq}=\dfrac{\sum n_id_i^2}{\sum n_i\nu_id_i}$ /mm	22	20	20
$A_{te}=0.5bh$ /mm²	105 000	—	105 000
$A_{te}=0.5bh+(b_f-b)h_f$ /mm²	—	257 000	—
$\rho_{te}=\dfrac{A_s}{A_{te}}$	0.020 2	0.008 5<0.01	0.010 9

续表

项　次	边跨中	第一内支座	中间跨中
$\sigma_{sk} = \dfrac{M_k}{0.87h_0A_s}$ /(kN·m^{-2})	234.31	234.73	233.49
$\psi = 1.1 - 0.65\dfrac{f_{tk}}{\rho_{te}\sigma_{sk}}$	0.824	0.543	0.587
$l_m = 1.9c_s + 0.08\dfrac{d}{\rho_{te}}$ /mm	144.13	217.00	203.79
$w_{max} = 1.9\psi\dfrac{\sigma_{sk}}{E_s}l_m$ /mm	0.269	0.281	0.262

由表 1-24 结果可以看出,最大裂缝宽度 w_{max} 均小于最大裂缝宽度限值 $w_{lim} = 0.3$ mm
(0.4 mm)(查《混凝土结构设计规范》(GB 50010—2010)第 3.4.5 条可得 w_{lim})。如果截面裂
缝宽度超过限值,可采取如下措施:选用细直径钢筋(优先),或提高混凝土强度等级,减小保护
层厚度,或增大截面有效高度等。

由此看出,主梁的裂缝宽度满足正常使用要求。

(4)主梁的挠度验算。

根据经验,当梁的截面尺寸满足高跨比 $\left(\dfrac{1}{14} \sim \dfrac{1}{8}\right)$ 和宽高比 $\left(\dfrac{1}{3} \sim \dfrac{1}{2}\right)$ 时,一般可不作挠度
验算。认为挠度满足要求。

1.1.3　绘制施工图

1. 一层楼盖结构平面布置及板配筋图

根据板的计算结果,考虑《混凝土结构设计规范》(GB 50010—2010)第 9.1.3~9.1.7 条
构造要求,多跨连续单向板采用分离式配筋时,跨中正弯矩钢筋宜全部伸入支座;支座负弯矩
钢筋向跨内的延伸长度应覆盖负弯矩图并满足钢筋锚固的要求。为了直观表示构造配筋,给
出连续单向板的构造钢筋示意图,如图 1-10 所示。此处给出按塑性内力重分布方法计算结
果绘制的施工图如图 1-11 所示。

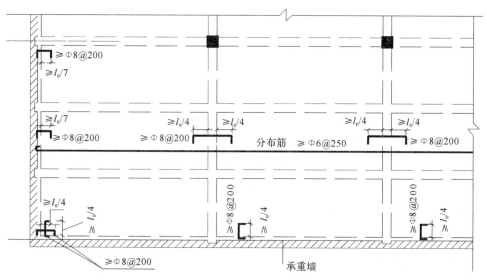

图 1-10　连续单向板的构造钢筋示意图(l_0 为板的短边跨度)

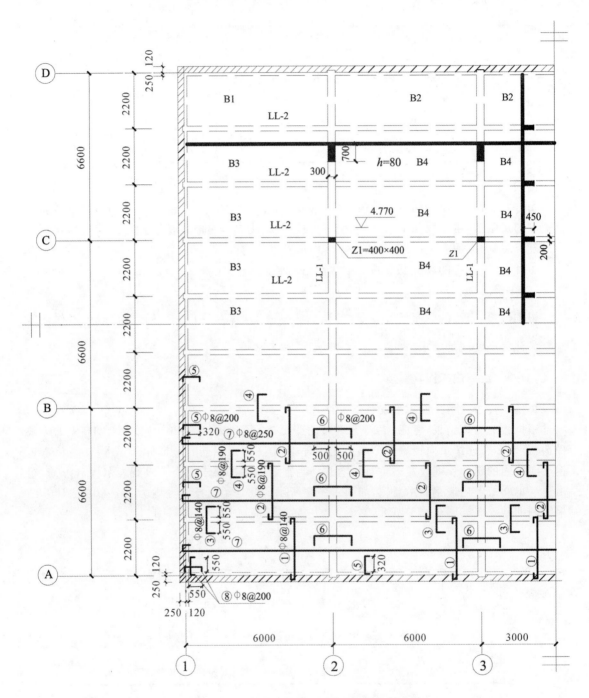

图 1-11　一层楼盖结构平面布置及板配筋图

2.次梁配筋图

次梁配筋采用连续式,根据次梁按塑性内力重分布方法的计算结果,并依据《混凝土结构设计规范》(GB 50010—2010)第 9.2 条的构造要求,钢筋布置可参阅图 1-12。绘制的次梁配筋图如图 1-13 所示。

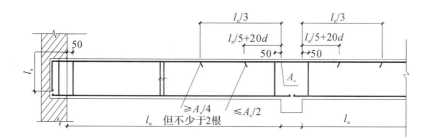

图 1-12 次梁连续式配筋截断位置示意图

3. 主梁配筋图

主梁配筋采用弯起式,主梁受力钢筋的弯起和截断应根据主梁的抵抗弯矩图确定。

(1)主梁中纵筋的弯起。

1)钢筋弯起后的抵抗弯矩图应包在设计弯矩包络图外面,以满足正截面抗弯强度的要求。

2)纵筋弯起的数量是根据斜截面抗剪强度计算确定的。当弯起的纵筋不满足斜截面要求的数量时,应加设鸭筋抗剪。另外,为保证斜裂缝与弯起筋相交,斜筋与支座、斜筋与斜筋之间不能相隔太远,支座边到第一排斜筋上弯点,以及前一排斜筋的下弯点到次一排斜筋上弯点的距离,都不得大于箍筋的最大间距 s_{max},此最大间距 s_{max} 可根据《混凝土结构设计规范》(GB 50010—2010)第 9.2.9 条的规定来确定。

3)为保证斜截面抗弯要求,在梁的受拉区中,纵筋弯起点应设在按正截面抗弯强度计算该钢筋的充分利用点以外,其距离应大于或等于 $h_0/2$。同时,弯起钢筋与梁纵轴线的交点应位于该钢筋的不需要点以外。

(2)主梁中纵筋的截断。

纵筋截断时,应延伸至按正截面受弯承载力计算不需要该钢筋的截面以外不小于 $20d$ 处截断。同时,当 $V \leqslant 0.7 f_t bh_0$ 时,从该钢筋强度充分利用截面延伸的长度尚不应小于 $1.2 l_a$;当 $V > 0.7 f_t bh_0$ 时,从该钢筋强度充分利用截面延伸的长度尚不应小于 $1.2 l_a + h_0$,并且应延伸至按正截面受弯承载力计算不需要该钢筋的截面以外不小于 h_0 处截断,截断钢筋应同时考虑节约钢筋和方便施工两方面的问题。从节约钢筋的角度考虑,应使所作的抵抗弯矩图尽量与设计弯矩包络图靠近;从施工角度考虑,钢筋截断次数过多会使钢筋形式增多,不利于施工。在设计中,要综合考虑各方面因素来确定钢筋布置方案。

因主梁的腹板高度大于 450 mm,需要在梁侧设置纵向构造钢筋,每侧纵向构造钢筋的截面面积不小于腹板面积的 0.1%(300×620×0.1%＝186 mm²),且其间距不大于 200 mm,每侧选用 2 ⌀ 12(A_s＝226 mm²)。根据计算结果,并依据《混凝土结构设计规范》(GB 50010—2010)第 9.2 条的构造要求,绘制主梁配筋图如图 1-14 所示。

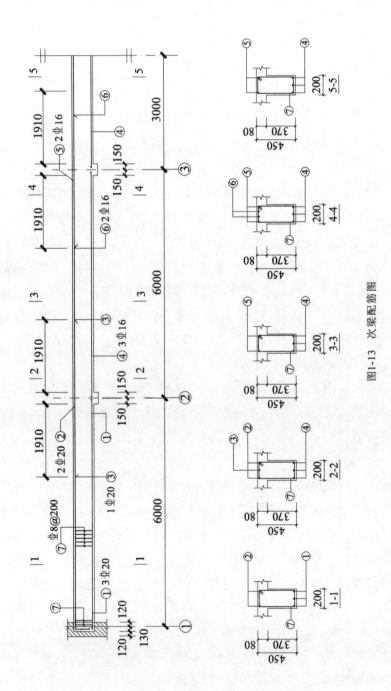

图1-13 次梁配筋图

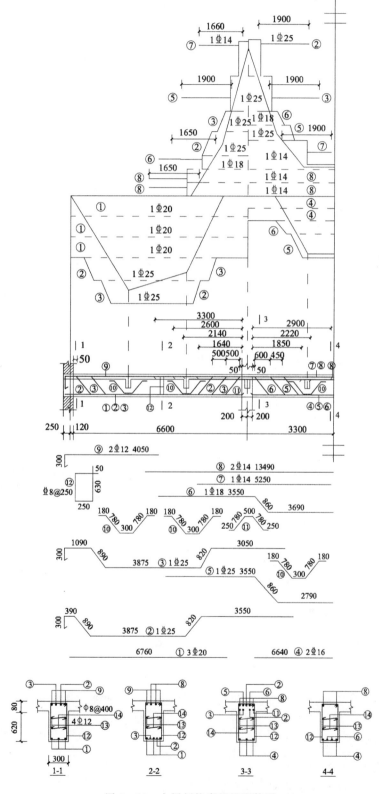

图 1-14　主梁抵抗弯矩及配筋图

1.2 双向板肋梁楼盖课程设计

1.2.1 设计任务书

1.设计资料

(1)结构形式。

某公共洗衣房楼盖平面为矩形,二层楼面建筑标高为+3.3 m,轴线尺寸为 15.3 m×13.5 m,内框架承重体系,外墙均为 370 mm 厚承重砖墙,钢筋混凝土柱截面尺寸为 400 mm×400 mm,混凝土强度等级为 C30,跨中截面钢筋选用 HPB300 级,支座截面钢筋选用 HRB400 级(弹性理论计算),支座截面钢筋选用 HRB335 级(塑性理论计算)。楼盖采用现浇双向板肋梁楼盖,其平面轴网如图 1-15 所示。

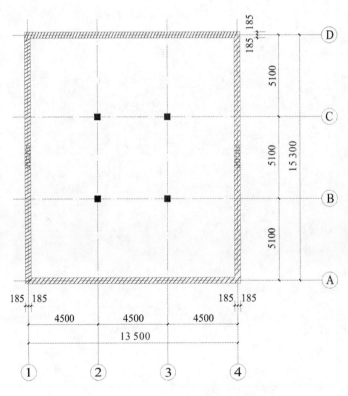

图 1-15 楼盖平面轴网示意图

(2)楼面做法。

30 mm 厚水磨石地面,钢筋混凝土现浇板,15 mm 厚石灰砂浆抹底。

2.设计内容

(1)双向板肋梁楼盖结构布置。

(2)按弹性理论进行板的设计。

(3)按塑性理论进行板的设计。

(4)支承梁的设计。

3.设计成果

(1)设计计算书一份,包括封面、设计任务书、目录、计算书、参考文献、附录。

(2)图纸:

1)结构平面布置图;

2)板的配筋图;

3)支承梁的配筋图。

1.2.2　计算书

1.结构布置及构件尺寸选择

双向板肋梁楼盖由板和支承梁构成。双向板肋梁楼盖中,双向板区格一般以 3~5 m 为宜。支承梁短边的跨度为 4500 mm,支承梁长边的跨度为 5100 mm。根据图 1-15 所示的轴网布置,该双向板肋梁楼盖结构平面布置方案如图 1-16 所示。

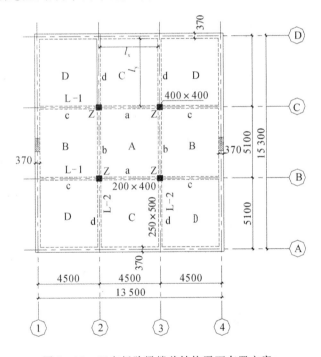

图 1-16　双向板肋梁楼盖结构平面布置方案

板厚的确定:连续双向板的厚度一般为 $h \geqslant l/50 = 4500/50 = 90$ mm,且双向板的厚度不宜小于 80 mm,故取板厚 $h = 120$ mm。

支承梁截面尺寸:根据经验,支承梁的截面高度 $h = \dfrac{l}{14} \sim \dfrac{l}{8}$,截面宽度 $b = \dfrac{h}{3} \sim \dfrac{h}{2}$。故长跨梁截面高度 $h = \left(\dfrac{5100}{14} \sim \dfrac{5100}{8}\right)$ mm $= (364.3 \sim 637.5)$ mm,取 $h = 500$ mm;截面宽度 $b = \left(\dfrac{h}{3} \sim \dfrac{h}{2}\right) = \left(\dfrac{500}{3} \sim \dfrac{500}{2}\right)$ mm $= (166.67 \sim 250)$ mm,取 $b = 250$ mm。

短跨梁截面高度 $h = \left(\dfrac{4500}{14} \sim \dfrac{4500}{8} \right)$ mm $= (321.4 \sim 562.5)$ mm，故取 $h = 400$ mm。

截面宽度 $b = \left(\dfrac{h}{3} \sim \dfrac{h}{2} \right) = \left(\dfrac{400}{3} \sim \dfrac{400}{2} \right)$ mm $= (133.3 \sim 200)$ mm，故取 $b = 200$ mm。

2. 荷载计算

120 mm 厚钢筋混凝土板：$0.12 \times 25 = 3.0$ kN/m²。

30 mm 厚水磨石地砖：0.65 kN/m²。

15 mm 厚石灰砂浆抹底：$0.015 \times 17 = 0.255$ kN/m²。

恒荷载标准值：$g_k = 3 + 0.65 + 0.255 = 3.905$ kN/m²。

活荷载标准值：$q_k = 3.0$ kN/m²。

总荷载设计值：$p = 1.3 \times 3.905 + 1.5 \times 3.0 = 9.58$ kN/m²。

折算恒荷载设计值：$p' = 1.3g + 1.5q/2 = 1.3 \times 3.905 + 1.5 \times 3/2 = 7.33$ kN/m²。

折算活荷载设计值：$p'' = 1.5q/2 = 1.5 \times 3/2 = 2.25$ kN/m²。

3. 按弹性理论设计板

此法假定支承梁不产生竖向位移且不受扭，并且要求同一方向相邻跨度的比值 $l_{0min}/l_{0max} \geqslant 0.75$，以防误差过大。

当求各区格跨中最大弯矩时，活荷载应按棋盘式布置，它可以简化为当内支座固支时 $g + q/2$ 作用下的跨中弯矩值与当内支座铰支时 $\pm q/2$ 作用下的跨中弯矩之和。

支座最大负弯矩可近似按活荷载满布求得，即内支座固支时 $g + q$ 作用下的支座弯矩。

所有区格板按其位置与尺寸分为 A、B、C、D 四类，计算弯矩时，考虑混凝土的泊松比 $\nu = 0.2$（查《混凝土结构设计规范》(GB 50010—2010) 第 4.1.5 条）。

弯矩计算系数可查附表 1-7，该附表中的系数是按混凝土的泊松比 $\nu = 0$ 得来的，当 $\nu \neq 0$ 时，挠度系数不变，支座处负弯矩仍按在总荷载设计值 p 的作用下，$m =$ 表中弯矩系数 $\times pl^2$ 计算；而跨中正弯矩按 $m_x^{(\nu)} = m_x + \nu m_y$，$m_y^{(\nu)} = m_y + \nu m_x$ 计算。

(1) A 区格板计算。

1) 计算跨度（A 区格现浇板四周嵌固）：

$$l_x = 4.5 \text{ m} < 1.1 l_n = 1.1 \times (4.5 - 0.25) = 4.68 \text{ m}$$

$$l_y = 5.1 \text{ m} < 1.1 l_n = 1.1 \times (5.1 - 0.2) = 5.39 \text{ m}$$

取小值 $l_0 = l_x = 4.5$ m。

由 $l_x/l_y = 4.5/5.1 = 0.88$，查附表 1-7 可知 A 区格板的弯矩计算系数（见表 1-25），可用来计算跨中弯矩和支座弯矩。

2) 跨中弯距。

A 区格板的弯矩计算系数见表 1-25。

表 1-25　A 区格板弯矩计算系数

类　　型	l_x/l_y	m_x	m_y	m'_x	m'_y
四边固定	0.88	0.023 1	0.016 1	−0.060 3	−0.054 5
四边简支	0.88	0.047 6	0.035 1		

$$M_x = 弯矩系数 \times p'l_x^2 + 弯矩系数 \times p''l_x^2 =$$

$$(0.023\,1 + 0.2 \times 0.016\,1) \times 7.33 \times 4.5^2 + (0.047\,6 + 0.2 \times 0.035\,1) \times$$

$$2.25 \times 4.5^2 = 6.40 \text{ kN} \cdot \text{m/m}$$

$$M_y = 弯矩系数 \times p'l_x^2 + 弯矩系数 \times p''l_x^2 =$$

$$(0.016\,1 + 0.2 \times 0.023\,1) \times 7.33 \times 4.5^2 + (0.035\,1 + 0.2 \times 0.047\,6) \times$$

$$2.25 \times 4.5^2 = 5.11 \text{ kN} \cdot \text{m/m}$$

2)支座弯距(kN·m/m)。

图 1-16 中的 a,b 支座弯矩计算：

b 支座：

$$M_x^b = 弯矩系数 \times pl_x^2 = -0.060\,3 \times 9.58 \times 4.5^2 = -11.70 \text{ kN} \cdot \text{m/m}$$

a 支座：

$$M_y^a = 弯矩系数 \times pl_x^2 = -0.054\,5 \times 9.58 \times 4.5^2 = -10.57 \text{ kN} \cdot \text{m/m}$$

3)配筋计算。

截面有效高度：由于是双向配筋，两个方向的截面有效高度不同。考虑到短跨方向的弯矩比长跨方向的大，故应将短跨方向的跨中受力钢筋放置在长跨方向的外侧。因此，跨中截面：$h_{0x} = 120 - 20 = 100$ mm(短跨方向)，$h_{0y} = 120 - 30 = 90$ mm(长跨方向)，支座截面 $h_0 = 100$ mm。

对 A 区格板，考虑到该该四周与梁整浇在一起，整块板内存在穹顶作用，使板内弯矩减小，故其弯矩设计值应乘以折减系数 0.8，近似取 γ_s 为 0.95。

跨中截面配筋计算(钢筋选用 HPB300)：

$$A_{sx} = \frac{0.8M_x}{f_y \gamma_s h_0} = \frac{0.8 \times 6.40 \times 10^6}{270 \times 0.95 \times 100} = 199.61 \text{ mm}^2$$

$$A_{sy} = \frac{0.8M_y}{f_y \gamma_s h_0} = \frac{0.8 \times 5.11 \times 10^6}{270 \times 0.95 \times 90} = 177.08 \text{ mm}^2$$

支座配筋见 B,C 区格板计算，因为相邻区格板分别求得的同一支座负弯矩不相等时，取绝对值的较大值作为该支座最大负弯矩。

(2)B 区格板计算。

1)计算跨度：

$$l_x = l_n + \frac{h+b}{2} = 4.5 - 0.185 - 0.25/2 + \frac{0.12 + 0.25}{2} =$$

$$4.38 \text{ m} < 1.025l_n + b/2 = 4.42 \text{ m}$$

$$l_y = 5.1 \text{ m}, \quad l_x/l_y = 4.38/5.1 = 0.86$$

由 $l_x/l_y = 0.86$，查附表 1-7 可知 B 区格板的弯矩计算系数(见表 1-26)，可用来计算跨中弯矩和支座弯矩。

表 1-26　B 区格板弯矩计算系数

类　　型	l_x/l_y	m_x	m_y	m'_x	m'_y
三边固定,一边简支	0.86	0.028 5	0.014 2	-0.068 7	-0.056 6
四边简支	0.86	0.049 6	0.034 9		

2)跨中弯距：

$$M_x = 弯矩系数 \times p'l_x^2 + 弯矩系数 \times p''l_x^2 =$$
$$(0.028\,5 + 0.2 \times 0.014\,2) \times 7.33 \times 4.38^2 + (0.049\,6 + 0.2 \times 0.034\,9) \times$$
$$2.25 \times 4.5^2 = 6.85 \text{ kN} \cdot \text{m/m}$$
$$M_y = 弯矩系数 \times p'l_x^2 + 弯矩系数 \times p''l_x^2 =$$
$$(0.014\,2 + 0.2 \times 0.028\,5) \times 7.33 \times 4.38^2 + (0.034\,9 + 0.2 \times 0.049\,6) \times$$
$$2.25 \times 4.38^2 = 4.73 \text{ kN} \cdot \text{m/m}$$

3) 支座弯距。

图 1-16 中的 b,c 支座弯矩计算：

b 支座：

$$M_x^b = 弯矩系数 \times pl_x^2 = -0.068\,7 \times 9.58 \times 4.38^2 = -12.63 \text{ kN} \cdot \text{m/m}$$

c 支座：

$$M_y^c = 弯矩系数 \times pl_x^2 = -0.056\,6 \times 9.58 \times 4.38^2 = -10.41 \text{ kN} \cdot \text{m/m}$$

4) 配筋计算。

近似取 $\gamma_s = 0.95, h_{0x} = 100 \text{ mm}, h_{0y} = 90 \text{ mm}$。

跨中截面配筋计算（钢筋选用 HPB300）：

$$A_{sx} = \frac{M_x}{f_y \gamma_s h_0} = \frac{6.85 \times 10^6}{270 \times 0.95 \times 100} = 267.06 \text{ mm}^2$$

$$A_{sy} = \frac{M_y}{f_y \gamma_s h_0} = \frac{4.73 \times 10^6}{270 \times 0.95 \times 90} = 204.89 \text{ mm}^2$$

支座截面配筋计算（钢筋选用 HRB400）：

b 支座：取较大弯矩值为 $-12.63 \text{ kN} \cdot \text{m/m}$，则有

$$A_{sx}^b = \frac{M_{x,\max}^b}{f_y \gamma_s h_0} = \frac{12.63 \times 10^6}{360 \times 0.95 \times 100} = 369.30 \text{ mm}^2$$

c 支座配筋见 D 区格板计算。

(3)C 区格板计算。

1) 计算跨度：

$$l_y = l_n + \frac{b+h}{2} = 5.1 - 0.185 - 0.2/2 + \frac{0.2 + 0.12}{2} =$$
$$4.98 \text{ m} < 1.025 l_n + b/2 = 5.04 \text{ m}$$
$$l_x = 4.5 \text{ m}, \quad l_x/l_y = 4.5/4.98 = 0.90$$

查附表 1-7,可知 C 区格板的弯矩计算系数（见表1-27),可用来计算跨中弯矩和支座弯矩。

表 1-27 C 区格板弯矩计算系数

类　　型	l_x/l_y	m_x	m_y	m_x'	m_y'
三边固定,一边简支	0.90	0.026 8	0.015 9	-0.066 3	-0.056 3
四边简支	0.90	0.045 6	0.035 3		

2)跨中弯距：

$$M_x = 弯矩系数 \times p'l_x^2 + 弯矩系数 \times p''l_x^2 =$$
$$(0.026\ 8 + 0.2 \times 0.015\ 9) \times 7.33 \times 4.5^2 + (0.045\ 6 + 0.2 \times 0.035\ 3) \times$$
$$2.25 \times 4.5^2 = 6.85\ \text{kN} \cdot \text{m/m}$$

$$M_y = 弯矩系数 \times p'l_x^2 + 弯矩系数 \times p''l_x^2 =$$
$$(0.015\ 9 + 0.2 \times 0.026\ 8) \times 7.33 \times 4.5^2 + (0.035\ 3 + 0.2 \times 0.045\ 6) \times$$
$$2.25 \times 4.5^2 = 5.18\ \text{kN} \cdot \text{m/m}$$

3）支座弯距(kN·m/m)。

图1-16中的a,d支座弯矩的计算：

d支座：

$$M_x^d = 弯矩系数 \times pl_x^2 = -0.066\ 3 \times 9.58 \times 4.5^2 = -12.86\ \text{kN} \cdot \text{m/m}$$

a支座：

$$M_y^a = 弯矩系数 \times pl_x^2 = -0.056\ 3 \times 9.58 \times 4.5^2 = -10.92\ \text{kN} \cdot \text{m/m}$$

4）配筋计算。

近似取 $\gamma_s = 0.95, h_{0x} = 100\ \text{mm}, h_{0y} = 90\ \text{mm}$。

跨中正弯矩配筋计算（钢筋选用HPB300）：

$$A_{sx} = \frac{M_x}{f_y \gamma_s h_0} = \frac{6.85 \times 10^6}{270 \times 0.95 \times 100} = 267.06\ \text{mm}^2$$

$$A_{sy} = \frac{M_y}{f_y \gamma_s h_0} = \frac{5.18 \times 10^6}{270 \times 0.95 \times 90} = 224.39\ \text{mm}^2$$

支座截面配筋计算（钢筋选用HRB400）：

a支座：弯矩值为 $-10.92\ \text{kN} \cdot \text{m/m}$，则有

$$A_{sy}^a = \frac{M_y^a}{f_y \gamma_s h_0} = \frac{10.92 \times 10^6}{360 \times 0.95 \times 100} = 319.30\ \text{mm}^2$$

d支座配筋见D区格板计算。

(4)D区格板计算。

1）计算跨度。

由 $l_x = 4.38\ \text{m}$（同B区格板），$l_y = 4.98\ \text{m}$（同C区格板），$l_x/l_y = 4.38/4.98 = 0.88$，查附表1-7可知D区格板的弯矩计算系数（见表1-28），可用来计算跨中弯矩和支座弯矩。

表1-28 D区格板弯矩计算系数

类　型	l_x/l_y	m_x	m_y	m_x'	m_y'
两邻边固定,两邻边简支	0.88	0.030 3	0.022 0	−0.079 7	−0.072 3
四边简支	0.88	0.047 6	0.035 1		

2）跨中弯距：

$$M_x = 弯矩系数 \times p'l_x^2 + 弯矩系数 \times p''l_x^2 =$$
$$(0.030\ 3 + 0.2 \times 0.022\ 0) \times 7.33 \times 4.38^2 + (0.047\ 6 + 0.2 \times 0.035\ 1) \times$$
$$2.25 \times 4.38^2 = 7.24\ \text{kN} \cdot \text{m/m}$$

$$M_y = 弯矩系数 \times p'l_x^2 + 弯矩系数 \times p''l_x^2 =$$
$$(0.022\ 0 + 0.2 \times 0.030\ 3) \times 7.33 \times 4.38^2 + (0.035\ 1 + 0.2 \times 0.047\ 6) \times$$

$$2.25 \times 4.38^2 = 5.87 \text{ kN} \cdot \text{m/m}$$

3）支座弯距。

图 1-16 中的 d，c 支座：

d 支座：

$$M_x^d = 弯矩系数 \times pl_x^2 = -0.079\ 7 \times 9.58 \times 4.38^2 = -14.65 \text{ kN} \cdot \text{m/m}$$

c 支座：

$$M_y^c = 弯矩系数 \times pl_x^2 = -0.072\ 3 \times 9.58 \times 4.38^2 = -13.29 \text{ kN} \cdot \text{m/m}$$

4）配筋计算。

近似取 $\gamma_s = 0.95, h_{0x} = 100 \text{ mm}, h_{0y} = 90 \text{ mm}$。

跨中正弯矩配筋计算（钢筋选用 HPB300）：

$$A_{sx} = \frac{M_x}{f_y \gamma_s h_0} = \frac{7.24 \times 10^6}{270 \times 0.95 \times 100} = 282.26 \text{ mm}^2$$

$$A_{sy} = \frac{M_y}{f_y \gamma_s h_0} = \frac{5.87 \times 10^6}{270 \times 0.95 \times 90} = 254.28 \text{ mm}^2$$

支座截面配筋计算（钢筋选用 HRB400）：

d 支座：取较大弯矩值为 -14.65 kN·m/m，则有

$$A_{sx}^d = \frac{M_{x,\max}^d}{f_y \gamma_s h_0} = \frac{14.65 \times 10^6}{360 \times 0.95 \times 100} = 428.36 \text{ mm}^2$$

c 支座：取较大弯矩值为 -13.29 kN·m/m，则有

$$A_{sy}^c = \frac{M_{y,\max}^c}{f_y \gamma_s h_0} = \frac{13.29 \times 10^6}{360 \times 0.95 \times 100} = 388.60 \text{ mm}^2$$

（5）选配钢筋。

各区格跨中截面配筋见表 1-29，支座截面配筋见表 1-30。

表 1-29 跨中截面配筋

截　　面	A 区格板跨中		B 区格板跨中		C 区格板跨中		D 区格板跨中	
	x 方向	y 方向	x 方向	y 方向	x 方向	y 方向	x 方向	y 方向
计算钢筋面积/mm²	199.61	177.08	267.06	204.89	267.06	224.39	282.26	254.28
选用钢筋	Φ8@200	Φ8@200	Φ8@170	Φ8@170	Φ8@180	Φ8@200	Φ8@170	Φ8@180
实际配筋面积/mm²	251	251	296	279	279	251	296	279

表 1-30 支座截面配筋

截　　面	a 支座	b 支座	c 支座	d 支座
计算钢筋面积/mm²	319.3	369.30	388.6	428.36
选用钢筋	Φ8@130	Φ8@130	Φ8@125	Φ8@110
实际配筋面积/mm²	387	387	402	457

4. 按塑性理论设计板

钢筋混凝土为弹塑性体,因而按弹性理论计算结果不能反映结构的刚度随荷载而改变的特点,与已考虑材料塑性性质的截面计算理论也不协调。塑性铰线法是最常用的塑性理论计算方法之一。塑性铰线法是在塑性铰线位置确定的前提下,利用虚功原理建立外荷载与作用在塑性铰线上的弯矩二者间的关系式,从而求出各塑性铰线上的弯矩值,并依次对各截面进行配筋计算的方法。

其基本公式为

$$2M_x + 2M_y + M'_x + M''_x + M'_y + M''_y = \frac{1}{12}(g+q)l_y^2(3l_x - l_y)$$

令 $n = \frac{l_y}{l_x}, \alpha = \frac{m_y}{m_x}, \beta = \frac{m'_x}{m'_y} = \frac{m''_x}{m_x} = \frac{m'_y}{m_y} = \frac{m''_y}{m_y}$,考虑到节省钢材和配筋方便,一般取 $\beta = 1.5 \sim 2.5$。为在使用阶段两方向的截面应力较为接近,宜取 $\alpha = \left(\frac{1}{n}\right)^2 = \left(\frac{l_x}{l_y}\right)^2$。

(1) 采用弯起式钢筋。

通常可将两个方向承受跨中弯矩的钢筋在距支座不大于 $l_x/4$ 处弯起 50%,承担部分支座负弯矩。此时 $M_x = m_x\left(l_y - \frac{l_x}{4}\right), M_x = \frac{3}{4}\alpha m_x l_x, M'_x = m'_x l_y, M''_x = m''_x l_y, M'_y = m'_y l_x, M''_y = m''_y l_x$。

代入基本公式,得

$$m_x = \frac{pl_x^2}{8} \frac{(n - 1/3)}{n\beta + \alpha\beta + \left(n - \frac{1}{4}\right) + \frac{3}{4}\alpha}$$

(2) 采用分离式配筋,有

$$M_x = m_x l_y, \quad M'_x = m'_x l_y, \quad M''_x = m''_x l_y$$
$$M_y = m_y l_x, \quad M'_y = m'_y l_x, \quad M''_y = m''_y l_x$$

代入基本公式,得

$$m_x = \frac{pl_x^2}{8} \frac{(n - 1/3)}{(n\beta + \alpha\beta + n + \alpha)}$$

先计算中间区格板,然后将中间区格板计算得出的各支座弯矩值作为计算相邻区格板支座的已知弯矩值,由内向外直至外区格可一一解出。对边区格、角区格板,按实际的边界支承情况进行计算。本例采用分离式配筋。

1) A 区格板弯矩计算。

计算跨度:

$$l_x = 4.5 - 0.25 = 4.25 \text{ m}(b \text{ 为梁宽}), \quad l_y = 5.1 - 0.2 = 4.9 \text{ m}$$

$$n = \frac{l_y}{l_x} = 4.9/4.25 = 1.15$$

$$\alpha = \left(\frac{1}{n}\right)^2 = 0.75$$

β 取为 2.0,则

$$m_x = \frac{pl_x^2}{8} \frac{(n - 1/3)}{n\beta + \alpha\beta + n + \alpha} =$$

$$\frac{9.58 \times 4.25^2}{8} \frac{(1.15 - 1/3)}{1.15 \times 2.0 + 0.75 \times 2.0 + 1.15 + 0.75} = 3.10 \text{ kN} \cdot \text{m/m}$$

$$m_y = \alpha m_x = 0.78 \times 3.10 = 2.33 \text{ kN} \cdot \text{m/m}$$

$$m'_x = m''_x = \beta m_x = -2.0 \times 3.10 = -6.20 \text{ kN} \cdot \text{m/m}（负号表示支座弯矩）$$

$$m'_y = m''_y = \beta m_y = -2.0 \times 2.33 = -4.66 \text{ kN} \cdot \text{m/m}$$

2）B 区格板弯矩计算。

计算跨度：

$$l_x = l_n + \frac{h}{2} = 4.5 \text{m} - 0.185 - 0.25/2 + 0.12/2 = 4.25 \text{ m}$$

$$l_y = 5.1 - 0.2 = 4.9 \text{ m}, \quad n = \frac{l_y}{l_x} = 4.9/4.25 = 1.15$$

$$\alpha = \left(\frac{1}{n}\right)^2 = 0.75, \beta \text{取为} 2.0, \text{将 A 区格板算得的长边支座弯矩} m''_x = 6.20 \text{ kN} \cdot \text{m/m} \text{作为}$$

B 区格板的 m'_x 已知值代入基本公式中，化简可得

$$m_x = \frac{\frac{pl_x^2}{8}(n - 1/3) - \frac{nm'_x}{2}}{\alpha\beta + n + \alpha} =$$

$$\frac{\frac{9.58 \times 4.25^2}{8}(1.15 - 1/3) - \frac{1.15 \times 6.20}{2}}{0.75 \times 2.0 + 1.15 + 0.75} = 4.15 \text{ kN} \cdot \text{m/m}$$

$$m_y = \alpha m_x = 0.75 \times 4.15 = 3.11 \text{ kN} \cdot \text{m/m}$$

$$m'_x = -6.20 \text{ kN} \cdot \text{m/m}（负号表示支座弯矩）$$

$$m''_x = 0 \text{ kN} \cdot \text{m/m}$$

$$m'_y = m''_y = \beta m_y = -2.0 \times 3.11 = -6.22 \text{ kN} \cdot \text{m/m}$$

3）C 区格板计算。

计算跨度：

$$l_x = 4.5 - 0.25 = 4.25 \text{ m}$$

$$l_y = 5.1 - 0.185 - 0.2/2 + 0.12/2 = 4.875 \text{ m}, \quad n = \frac{l_y}{l_x} = 4.875/4.25 = 1.15$$

$$\alpha = \left(\frac{1}{n}\right)^2 = 0.76, \beta \text{取为} 2.0, \text{将 A 区格板算得的短边支座弯矩} m''_y = 4.66 \text{ kN} \cdot \text{m/m} \text{作为}$$

B 区格板的 m'_y 已知值，则

$$m_x = \frac{\frac{pl_x^2}{8}(n - 1/3) - \frac{m'_y}{2}}{n\beta + n + \alpha} =$$

$$\frac{\frac{9.58 \times 4.25^2}{8}(1.15 - 1/3) - \frac{4.66}{2}}{1.15 \times 2.0 + 1.15 + 0.76} = 3.64 \text{ kN} \cdot \text{m/m}$$

$$m_y = \alpha m_x = 0.76 \times 3.64 = 2.77 \text{ kN} \cdot \text{m/m}$$

$$m'_y = -4.66 \text{ kN} \cdot \text{m/m}（负号表示支座弯矩）$$

$$m''_y = 0$$

$$m'_x = m''_x = \beta m_x = -2.0 \times 3.64 = -7.28 \text{ kN} \cdot \text{m/m}$$

4)D 区格板计算。

计算跨度:

$$l_x = 4.25 \text{ m(同 B 区格板)}, \quad l_y = 4.875 \text{ m(同 C 区格板)}$$

$$n = \frac{l_y}{l_x} = 4.875/4.25 = 1.15$$

$\alpha = \left(\dfrac{1}{n}\right)^2 = 0.76$,$\beta$ 取为 2.0,该区格板的支座配筋分别与 B 区格板和 C 区格板相同,故支座弯矩 m'_x、m'_y 已知,则

$$m_x = \frac{\dfrac{pl_x^2}{8}(n-1/3) - \dfrac{m'_y}{2} - \dfrac{nm'_x}{2}}{n+\alpha} =$$

$$\frac{\dfrac{9.58 \times 4.25^2}{8}(1.15-1/3) - \dfrac{6.22}{2} - \dfrac{1.15 \times 7.28}{2}}{1.15 + 0.76} = 5.43 \text{ kN·m/m}$$

$$m_y = \alpha m_x = 0.76 \times 5.43 = 4.13 \text{ kN·m/m}$$

$$m'_y = -6.22 \text{ kN·m/m(负号表示支座弯矩)}$$

$$m''_y = 0, \quad m''_x = 0$$

$$m'_x = -7.28 \text{ kN·m/m}$$

5)配筋计算。

截面有效高度:由于是双向配筋,两个方向的截面有效高度不同。考虑到短跨方向的弯矩比长跨方向的大,故应将短跨方向的跨中受力钢筋放置在长跨方向的外侧。因此,跨中截面:$h_{0x} = 120-20 = 100$ mm(短跨方向),$h_{0y} = 120-30 = 90$ mm(长跨方向);支座截面 $h_0 = 100$ mm。

对 A 区格板,考虑到该板四周与梁整浇在一起,整块板内存在穹顶作用,板内弯矩大大减小,故对其跨中弯矩设计值应乘以折减系数 0.8。近似取 γ_s 为 0.95。计算配筋截面面积的近似计算公式为

$$A_s = \frac{M}{0.95 f_y h_0}$$

跨中正弯矩配筋计算:钢筋选用 HPB300,跨中截面配筋见表 1-31。根据《混凝土结构设计规范》(GB 50010—2010)第 9.1.6 条规定,受力钢筋的间距不宜大于 200 mm。

表 1-31　跨中截面配筋

截　面	A 区格板跨中		B 区格板跨中		C 区格板跨中		D 区格板跨中	
	x 方向	y 方向	x 方向	y 方向	x 方向	y 方向	x 方向	y 方向
$\dfrac{M}{\text{kN·m/m}}$	0.8×3.1	0.8×2.33	4.15	3.11	3.64	2.77	5.43	4.13
h_0/mm	100	90	100	90	100	90	100	90
$\dfrac{\text{计算钢筋面积}}{\text{mm}^2}$	96.69	80.75	161.79	134.72	141.91	119.99	211.70	178.90
选用钢筋	$\Phi 8@200$	$\Phi 8@200$	$\Phi 8@200$	$\Phi 8@200$	$\Phi 8@200$	$\Phi 8@200$	$\Phi 8@200$	$\Phi 8@200$
$\dfrac{\text{实际配筋面积}}{\text{mm}^2}$	251	251	251	251	251	251	251	251

支座负弯矩配筋计算:钢筋选用 HRB335,支座截面配筋见表 1-32。

表 1-32 支座截面配筋

截面	a 支座	b 支座	c 支座	d 支座
$\dfrac{M}{\text{kN}\cdot\text{m/m}}$	4.66	6.20	6.22	7.28
h_0/mm	100	100	100	100
计算钢筋面积 mm^2	163.51	217.54	218.25	255.44
选用钢筋	Φ8@200	Φ8@200	Φ8@200	Φ10@180
实际配筋面积 mm^2	251	251	251	279

5.双向板支承梁设计

按弹性理论设计支承梁。双向板支承梁承受的荷载如图 1-17 所示。

(1)纵向支承梁 L-1 设计。

1)计算跨度。

边跨: $l_1 = l_{n1} + (a+b)/2 = 4.5 - 0.185 - 0.2 + (0.37 + 0.4)/2 = 4.50$ m

$1.025 l_{n1} + b/2 = 1.025 \times (4.5 - 0.185 - 0.2) + 0.4/2 = 4.418$ m

取小值 $l_1 = 4.418$ m。

中跨:取支承中心线间的距离 $l_2 = 4.5$ m。

平均跨度: $(4.418 + 4.5)/2 = 4.459$ m

跨度差:$(4.5 - 4.418)/4.5 = 1.82\% < 10\%$,可按等跨连续梁计算。

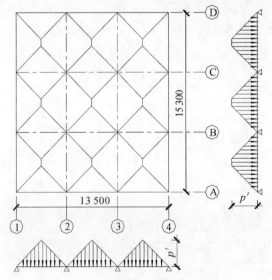

图 1-17 双向板支承梁承受的荷载

2)荷载计算。

由板传来的恒荷载设计值：$g'=1.3\times3.905\times4.5=22.844$ kN/m。

由板传来的活荷载设计值：$q'=1.5\times3\times4.5=20.25$ kN/m。

梁自重：$0.2\times(0.4-0.12)\times25=1.4$ kN/m。

梁粉刷抹灰：$0.015\times2\times(0.4-0.12)\times17=0.143$ kN/m。

梁自重及抹灰产生的均布荷载设计值：$g=1.3\times(1.4+0.143)=2.005\,9$ kN/m。

注意：由于纵向梁(短跨方向)上的荷载为三角形分布,受荷面积应采用短跨的计算跨度。

纵向支承梁 L-1 的计算简图如图 1-18 所示。

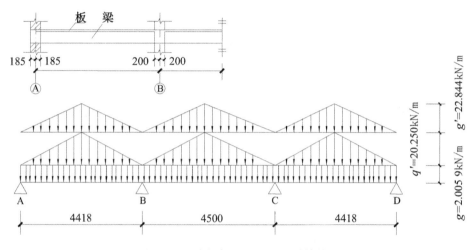

图 1-18 纵向支承梁 L-1 的计算简图

3)内力计算。

(a)弯距计算：

$$M=k_1gl_0^2+k_2g'l_0^2+k_3q'l_0^2 \quad （k\text{ 值由附表 1-5 查得}）$$

边跨：
$$gl_0^2=2.005\,9\times4.418^2=39.15 \text{ kN}\cdot\text{m}$$
$$g'l_0^2=22.844\times4.418^2=445.89 \text{ kN}\cdot\text{m}$$
$$q'l_0^2=20.25\times4.418^2=395.25 \text{ kN}\cdot\text{m}$$

中跨：
$$gl_0^2=2.005\,9\times4.5^2=40.62 \text{ kN}\cdot\text{m}$$
$$g'l_0^2=22.844\times4.5^2=462.59 \text{ kN}\cdot\text{m}$$
$$q'l_0^2=20.25\times4.5^2=410.06 \text{ kN}\cdot\text{m}$$

平均跨(计算支座弯矩时取用)：
$$gl_0^2=2.005\,9\times4.459^2=39.88 \text{ kN}\cdot\text{m}$$
$$g'l_0^2=22.844\times4.5^2=454.20 \text{ kN}\cdot\text{m}$$
$$q'l_0^2=20.25\times4.459^2=402.62 \text{ kN}\cdot\text{m}$$

纵向支承梁 L-1 弯矩计算见表 1-33。

表 1-33 纵向支承梁 L-1 弯矩计算

项　次	荷载简图	$\dfrac{k}{M_1}$	$\dfrac{k}{M_B}$	$\dfrac{k}{M_2}$	$\dfrac{k}{M_C}$
① 恒荷载		$\dfrac{0.080}{3.13}$	$\dfrac{-0.100}{-4.0}$	$\dfrac{0.025}{1.02}$	$\dfrac{-0.100}{-4.0}$
② 恒荷载		$\dfrac{0.054}{24.08}$	$\dfrac{-0.063}{-28.61}$	$\dfrac{0.021}{9.71}$	$\dfrac{-0.063}{-28.61}$
③ 活荷载		$\dfrac{0.068}{26.88}$	$\dfrac{-0.031}{-12.48}$	-12.48	$\dfrac{-0.031}{-12.48}$
④ 活荷载		6.12	$\dfrac{-0.031}{-12.48}$	$\dfrac{0.052}{21.32}$	$\dfrac{-0.031}{-12.48}$
⑤ 活荷载		$\dfrac{0.050}{19.76}$	$\dfrac{-0.073}{-29.39}$	$\dfrac{0.038}{15.58}$	$\dfrac{-0.021}{-8.46}$
⑥ 活荷载		$\dfrac{0.063}{24.90}$	$\dfrac{-0.042}{-16.91}$	-10.47	$\dfrac{0.010}{4.03}$
内力组合	①+②+③	54.09	−45.08	−1.75	−45.09
	①+②+④	33.33	−45.08	32.05	−45.09
	①+②+⑤	46.97	−61.99	26.31	−41.07
	①+②+⑥	52.11	−49.51	0.26	−28.58
最不利内力	$M_{\min}$组合项次	①+②+④	①+②+⑤	①+②+③	①+②+④
	$M_{\min}$组合值	33.33	−61.99	−1.75	−45.09
	$M_{\max}$组合项次	①+②+③	①+②+④	①+②+④	①+②+⑥
	$M_{\max}$组合值	54.09	−45.08	32.05	−28.58

注:无 k 值系数的弯矩是根据结构力学的方法由比例关系求出的。表中弯矩的单位为"kN·m"。

(b)剪力计算:

$$V = k_1 g l_0 + k_2 g' l_0 + k_3 q' l_0 \quad (k \text{ 值由附表 } 1-5 \text{ 查得})$$

边跨:
$$g l_0 = 2.005\,9 \times 4.418 = 8.86 \text{ kN}$$
$$g' l_0 = 22.844 \times 4.418 = 100.92 \text{ kN}$$
$$q' l_0 = 20.25 \times 4.418 = 89.46 \text{ kN}$$

中跨：
$$gl_0 = 2.005\,9 \times 4.418 = 9.03\ \text{kN}$$
$$g'l_0 = 22.844 \times 4.5 = 102.80\ \text{kN}$$
$$q'l_0 = 20.25 \times 4.5 = 91.13\ \text{kN}$$

平均跨(计算支座弯矩时取用)：
$$gl_0 = 2.005\,9 \times 4.459 = 8.94\ \text{kN}$$
$$g'l_0 = 22.844 \times 4.459 = 101.86\ \text{kN}$$
$$q'l_0 = 20.25 \times 4.459 = 90.29\ \text{kN}$$

纵向支承梁 L-1 的剪力计算见表 1-34。

表 1-34　纵向支承梁 L-1 剪力计算

项　次	荷载简图	$\dfrac{k}{V_A}$	$\dfrac{k}{V_{BL}}$	$\dfrac{k}{V_{BR}}$
① 恒荷载		$\dfrac{0.400}{3.54}$	$\dfrac{-0.600}{-5.32}$	$\dfrac{0.500}{4.52}$
② 恒荷载		$\dfrac{0.183}{18.47}$	$\dfrac{-0.313}{-31.59}$	$\dfrac{0.250}{25.70}$
③ 活荷载		$\dfrac{0.219}{19.59}$	$\dfrac{-0.281}{-25.14}$	$\dfrac{0}{0}$
④ 活荷载		$\dfrac{0.031}{2.77}$	$\dfrac{-0.031}{-2.77}$	$\dfrac{0.250}{22.78}$
⑤ 活荷载		$\dfrac{0.177}{15.83}$	$\dfrac{-0.323}{-28.89}$	$\dfrac{0.302}{27.52}$
⑥ 活荷载		$\dfrac{0.208}{18.60}$	$\dfrac{-0.292}{-26.12}$	$\dfrac{0.052}{4.74}$
内 力 组 合	①+②+③	41.60	−62.05	30.22
	①+②+④	24.78	−39.68	53.00
	①+②+⑤	37.84	−65.80	57.74
	①+②+⑥	40.61	−63.03	34.96
V_{min}	组合项次	①+②+④	①+②+⑤	①+②+③
	组合值	24.78	−65.80	30.22
V_{max}	组合项次	①+②+③	①+②+④	①+②+⑤
	组合值	41.60	−39.68	57.74

注：表中剪力的单位为"kN"。

4)正截面承载力计算。

(a)确定翼缘宽度。

跨中截面按 T 形截面计算。根据《混凝土结构设计规范》(GB 50010—2010)第 5.2.4 条的规定,翼缘宽度取较小值。

边跨:
$$b'_f = l/3 = 4.418/3 = 1.473 \text{ m}$$
$$b'_f = b + S_n = 0.200 + 4.815 = 5.015 \text{ m}$$

取较小值 $b'_f = 1.473$ m。

中间跨:
$$b'_f = l/3 = 4.500/3 = 1.500 \text{ mm}$$
$$b'_f = b + S_n = 0.200 + 4.900 = 5.100 \text{ mm}$$

取较小值 $b'_f = 1.500$ mm。

支座截面仍按矩形截面计算。

(b)判断截面类型。

在纵横梁交接处,由于板、横向梁及纵向梁的负弯矩钢筋相互交叉重叠,短跨方向梁(纵梁)的钢筋一般均在长跨方向梁(横向支承梁)钢筋的下面,梁的有效高度减小。因此,进行短跨方向梁(纵向支承梁)支座截面承载力计算时,应根据其钢筋的实际位置来确定截面的有效高度 h_0,一般取值为:单排钢筋时,$h_0 = h - (50 \sim 60)$;双排钢筋时,$h_0 = h - (80 \sim 90)$。取 $h_0 = 340$ mm(跨中),$h_0 = 310$ mm(支座),则有
$$\alpha_1 f_c b'_f h'_f (h_0 - h'_f/2) = 1.0 \times 14.3 \times 1473 \times 120 \times (340 - 120/2) =$$
$$707.75 \text{ kN} \cdot \text{m} > 54.09 \text{ kN} \cdot \text{m}(或 32.05 \text{ kN} \cdot \text{m})$$

属于第一类 T 形截面。

(c)正截面承载力计算。

按弹性理论计算连续梁内力时,中间跨的计算跨度取为支座中心线间的距离,故所求的支座弯矩和支座剪力都是指支座中心线的,而实际上正截面受弯承载力和斜截面受剪承载力的控制截面在支座边缘,计算配筋时,应将其换算到截面边缘。

纵向支承梁 L-1 正截面受弯承载力计算见表 1-35。受力钢筋选用 HRB400 级,箍筋选用 HPB300 级。

根据《混凝土结构设计规范》(GB 50010—2010)第 8.5.1 条的规定,纵向受力钢筋的最小配筋率为 0.2% 和 $0.45 f_t/f_y$ 中的较大值,即 0.2%。表 1-35 中的配筋率满足要求。为方便施工,配筋形式采用分离式。

表 1-35 纵向支承梁 L-1 正截面受弯承载力计算

截面	边跨中	B 支座	中间跨中	
$M/(\text{kN} \cdot \text{m})$	54.09	-61.99	32.05	-1.75
$V\dfrac{b_Z}{2}/\text{kN}$	—	$57.74 \times 0.4/2 =$ 11.55(近似)	—	—
$M_b = M - V\dfrac{b_Z}{2}/(\text{kN} \cdot \text{m})$	54.09	-50.44	32.05	-1.75
$\alpha_s = \dfrac{M_b}{\alpha_1 f_c b(b'_f) h_0^2}$	0.022 2	0.183 5	0.012 9	0.000 7

续 表

截 面	边跨中	B 支座	中间跨中	
$\xi = 1 - \sqrt{1 - 2\alpha_s}$	$0.022\,5 \leqslant \xi_b = 0.518$	$0.204\,4 \leqslant \xi_b = 0.518$	$0.013\,0 \leqslant \xi_b = 0.518$	$0.000\,7 \leqslant \xi_b = 0.518$
$\gamma_s = 0.5(1 + \sqrt{1 - 2\alpha_s})$	0.989	0.898	0.993	0.999
$A_s = \dfrac{M_b}{f_y \gamma_s h_0}/\text{mm}^2$	446.83	503.31	263.69	14.31
选用钢筋	2 ⏀ 18	3 ⏀ 16	2 ⏀ 14	2 ⏀ 12
实际配筋面积/mm²	509	603	308	226
配筋率 $\rho = \dfrac{A_s}{bh}$	0.64%	0.75%	0.39%	0.28%

5)斜截面受剪承载力计算。

纵向支承梁 L-1 斜截面受剪承载力计算见表 1-36。根据《混凝土结构设计规范》(GB 50010—2010)第 9.2.9 条的规定,该梁中箍筋最大间距为 200 mm。

表 1-36 纵向支承梁 L-1 斜截面受剪承载力计算

截 面	A 支座	B 支座左	B 支座右
V/kN	41.60	65.80	57.74
$0.25\beta_c f_c bh_0/\text{kN}$	$0.25 \times 1.0 \times 14.3 \times 200 \times 310 = 221.65$ kN$>V$		截面满足要求
$0.7 f_t bh_0/\text{kN}$	62.06 kN$>V$	62.06 kN$<V$	62.06 kN$>V$
箍筋直径和肢数	⏀ 8　双肢		
A_{sv}/mm^2	$2 \times 50.3 = 100.6$	$2 \times 50.3 = 100.6$	$2 \times 50.3 = 100.6$
$s = \dfrac{1.25 f_{yv} A_{sv} h_0}{V - 0.7 f_t bh_0}/\text{mm}$	按构造配箍	>200	按构造配箍
实配间距/mm	200	200	200
配筋率 ρ_{sv}	$\rho_{sv} = A_{sv}/(bs) = 100.6/(200 \times 200) = 0.25\% > \rho_{sv,\min} = 0.114\%$		

(2)横向支承梁 L-2 设计。

1)计算跨度。

边跨:　$l_1 = l_{n1} + \dfrac{a+b}{2} = 5.1 - 0.185 - 0.2 + (0.37 + 0.4)/2 = 5.100$ m

$\qquad 1.025 l_{n1} + \dfrac{b}{2} = 1.025 \times (5.1 - 0.185 - 0.2) + 0.4/2 = 5.033$ m

取小值 $l_1 = 5.033$ m。

中跨:取支承中心线间的距离 $l_2 = 5.100$ m。

平均跨度:　　　　　　$(5.033 + 5.100)/2 = 5.067$ m

跨度差:$(5.100 - 5.033)/5.100 = 1.31\% < 10\%$,可按等跨连续梁计算。

2)荷载计算。

由板传来的恒荷载设计值：$g' = 1.3 \times 3.905 \times 4.5 = 22.844$ kN/m。

由板传来的活荷载设计值：$q' = 1.5 \times 3 \times 4.5 = 20.25$ kN/m。

梁自重：$0.25 \times (0.5 - 0.12) \times 25 = 2.375$ kN/m。

梁粉刷抹灰：$0.015 \times 2 \times (0.5 - 0.12) \times 17 = 0.194$ kN/m。

梁自重及抹灰产生的均布荷载设计值：$g = 1.3 \times (2.375 + 0.194) = 3.34$ kN/m。

横向支承梁 L-2 的计算简图如图 1-19 所示。

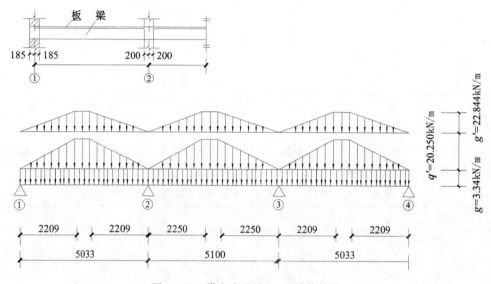

图 1-19　横向支承梁 L-2 计算简图

3）内力计算。

按弹性理论设计计算梁的支座弯矩时，可按支座弯矩等效的原则，将梯形荷载等效为均布荷载，可由附表 1-5 求得，跨中弯矩取脱离体求得，则有

$$g'_E = (1 - 2\alpha^2 + \alpha^3) g' = (1 - 2 \times 0.440^2 + 0.440^3) \times 22.844 = 15.945 \text{ kN/m}$$

$$q'_E = (1 - 2\alpha^2 + \alpha^3) q' = (1 - 2 \times 0.440^2 + 0.440^3) \times 20.25 = 14.134 \text{ kN/m}$$

注意：$\alpha = a/l$，边跨 $\alpha = a/l = 2209/5033 = 0.439$，中跨 $\alpha = a/l = 2250/5100 = 0.441$，为由附表 1-5 求支座弯矩，取均值，$\alpha = (0.439 + 0.441)/2 = 0.440$。

（a）弯距计算：

$$M = k_1 g l_0^2 + k_2 g'_E l_0^2 + k_3 q'_E l_0^2 \quad （k 值由附表 1-5 查得）$$

边跨：

$$g l_0^2 = 3.34 \times 5.033^2 = 84.61 \text{ kN} \cdot \text{m}$$

$$g'_E l_0^2 = 15.945 \times 5.033^2 = 403.90 \text{ kN} \cdot \text{m}$$

$$q'_E l_0^2 = 14.134 \times 5.033^2 = 358.03 \text{ kN} \cdot \text{m}$$

中间跨：

$$g l_0^2 = 3.34 \times 5.1^2 = 86.87 \text{ kN} \cdot \text{m}$$

$$g'_E l_0^2 = 15.945 \times 5.1^2 = 414.73 \text{ kN} \cdot \text{m}$$

$$q'_E l_0^2 = 14.134 \times 5.1^2 = 367.63 \text{ kN} \cdot \text{m}$$

平均跨（计算支座弯矩时取用）：

$$g l_0^2 = 3.34 \times 5.067^2 = 85.75 \text{ kN} \cdot \text{m}$$

$$g'_E l_0^2 = 15.945 \times 5.067^2 = 409.38 \text{ kN} \cdot \text{m}$$
$$q'_E l_0^2 = 14.134 \times 5.067^2 = 362.88 \text{ kN} \cdot \text{m}$$

以表 1-37 中 ② 恒荷载作用下的支座剪力和跨中弯矩 M_1 的求解为例说明计算过程。取脱离体 AB 杆件,所受荷载及内力如图 1-20 所示。求边跨中的弯矩,所取脱离体如图 1-21 所示。

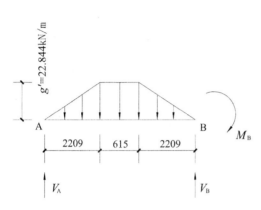

图 1-20　AB 杆件脱离体

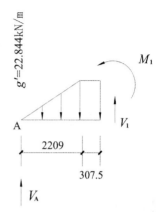

图 1-21　求边跨中弯矩时所取的脱离体

对 A 点取矩,得 $V_B \times (2.209 \times 2 + 0.615) = M_B + 22.844 \times 2.209/2 \times 2.209 \times 2/3 + 22.844 \times 0.615 \times (2.209 + 0.615/2) + 22.844 \times 2.209/2 \times (2.209 + 0.615 + 2.209/3)$。

由表 1-37 可知:$M_B = 40.94 \text{ kN} \cdot \text{m}$,求得 $V_B = 40.39 \text{ kN}$。

由竖向合力等于零,求得 $V_A = 24.12 \text{ kN}$。

近似认为跨中最大弯矩在跨中截面位置,对 1 点取矩,得

$$V_A \times (2.209 + 0.3075) = M_1 + 22.844 \times 2.209/2 \times (2.209/3 + 0.307\ 5) + 22.844 \times 0.3075^2/2$$

计算可得　　　　　　　　　　　$M_1 = 33.28 \text{ kN} \cdot \text{m}$

其他跨中弯矩同理求得,结果见表 1-37。

横向支承梁 L-2 弯矩计算结果见表 1-37。

(b) 剪力计算:

$$V = k_1 g l_0 + V'_g + V''_q \quad (k \text{ 值由附表 1-5 查得})$$

边跨:　　　　　　$gl_0 = 3.34 \times 5.033 = 16.81 \text{ kN}$

中跨:　　　　　　$gl_0 = 3.34 \times 5.1 = 17.03 \text{ kN}$

横向支承梁 L-2 剪力计算见表 1-38。

表 1-37　横向支承梁 L-2 弯矩计算

项　次	荷载简图	$\dfrac{k}{M_1}$	$\dfrac{k}{M_B}$	$\dfrac{k}{M_2}$	$\dfrac{k}{M_C}$
① 恒荷载		0.080 6.77	−0.100 −8.58	0.025 2.17	−0.100 −8.58

续 表

项 次	荷载简图	$\dfrac{k}{M_1}$	$\dfrac{k}{M_B}$	$\dfrac{k}{M_2}$	$\dfrac{k}{M_C}$
② 恒荷载		33.28	$\dfrac{-0.100}{-40.94}$	14.05	$\dfrac{-0.100}{-40.94}$
③ 活荷载		38.58	$\dfrac{-0.050}{-18.14}$	−18.14	$\dfrac{-0.050}{-18.14}$
④ 活荷载		−9.06	$\dfrac{-0.050}{-18.14}$	30.60	$\dfrac{-0.050}{-18.14}$
⑤ 活荷载		26.42	$\dfrac{-0.117}{-42.46}$	21.53	$\dfrac{-0.033}{-11.98}$
⑥ 活荷载		35.53	$\dfrac{-0.067}{-24.31}$	−9.06	$\dfrac{0.017}{6.17}$
内力组合	①+②+③	78.63	−67.66	−1.92	−67.66
	①+②+④	30.99	−67.66	46.82	−67.66
	①+②+⑤	66.47	−91.98	37.75	−61.50
	①+②+⑥	75.58	−73.83	7.16	−43.35
最不利内力	M_{min}组合项次	①+②+④	①+②+⑤	①+②+③	①+②+④
	M_{min}组合值	30.99	−91.98	−1.92	−67.66
	M_{max}组合项次	①+②+③	①+②+④	①+②+④	①+②+⑥
	M_{max}组合值	78.63	−67.66	46.82	−43.35

注:跨中弯矩是根据求得的支座弯矩按未等效前的实际荷载取脱离体求出。表中弯矩的单位为"kN·m"。

表 1-38 横向支承梁 L-2 剪力计算

项　次	荷载简图	$\dfrac{k}{V_A}$	$\dfrac{k}{V_{BL}}$	$\dfrac{k}{V_{BR}}$
① 恒荷载		$\dfrac{0.400}{6.72}$	$\dfrac{-0.600}{-10.09}$	$\dfrac{0.500}{8.52}$
② 恒荷载		24.12	−40.39	32.55
③ 活荷载		24.99	−32.20	0

续　表

项　次	荷载简图	$\dfrac{k}{V_A}$	$\dfrac{k}{V_{BL}}$	$\dfrac{k}{V_{BR}}$
④ 活荷载	A 1 B 2 C 1 D	3.60	−3.60	28.85
⑤ 活荷载	A 1 B 2 C 1 D	20.16	−37.03	34.83
⑥ 活荷载	A 1 B 2 C 1 D	23.78	−33.42	5.98
内力组合	①＋②＋③	55.83	−82.68	41.07
	①＋②＋④	34.44	−54.08	69.92
	①＋②＋⑤	51.0	−87.51	75.90
	①＋②＋⑥	54.62	−83.90	47.05
V_{min}	组合项次	①＋②＋④	①＋②＋⑤	①＋②＋③
	组合值	34.44	−87.51	41.07
V_{max}	组合项次	①＋②＋③	①＋②＋④	①＋②＋⑤
	组合值	55.83	−54.08	75.90

注:表中剪力的单位为"kN"。

4)正截面承载力计算。

(a)确定翼缘宽度。

跨中截面按 T 形截面计算。根据《混凝土结构设计规范》(GB 50010—2010)第 5.2.4 条的规定,翼缘宽度取较小值。

边跨:
$$b'_f=5.033/3=1.678 \text{ m}$$
$$b'_f=b+S_n=0.250+4.190=4.440 \text{ m}$$

取较小值 $b'_f=1.678$ m。

中间跨:
$$b'_f=l_0/3=5.100/3=1.700 \text{ m}$$
$$b'_f=b+S_n=0.250+4.250=4.500 \text{ m}$$

取较小值 $b'_f=1.700$ m。

支座截面仍按矩形截面计算。

(b) 判断截面类型。

按单排钢筋考虑,取
$$h_0=440 \text{ mm(跨中)}, \quad h_0=410 \text{ mm(支座)}$$
$$\alpha_1 f_c b'_f h'_f(h_0-h'_f/2)=1.0\times14.3\times1678\times120\times(440-120/2)=$$
$$1\,094.19 \text{ kN}\cdot\text{m} > 85.45 \text{ kN}\cdot\text{m}(45.17 \text{ kN}\cdot\text{m})$$

属于第一类 T 形截面。

(c)正截面受弯承载力计算。

按弹性理论计算连续梁内力时,中间跨的计算跨度取为支座中心线间的距离,故所求的支座弯矩和支座剪力都是指支座中心线的,而实际上正截面受弯承载力和斜截面受剪承载力的控制截面在支座边缘,计算配筋时,应将其换算到截面边缘。

横向支承梁 L-2 正截面受弯承载力计算见表 1-39。受力钢筋选 HRB400 级,箍筋选 HPB300 级。

根据《混凝土结构设计规范》(GB 50010—2010)第 8.5.1 条的规定,纵向受力钢筋的最小配筋率为 0.2% 和 $0.45f_t/f_y$ 中的较大值,即 0.2%。表 1-39 中的配筋率满足要求。配筋形式采用分离式。

表 1-39 横向支承梁 L-2 正截面受弯承载力计算

截 面	边跨中	B 支座	中间跨中	
$M/(kN \cdot m)$	78.63	−91.98	46.82	−1.92
$V\dfrac{b_z}{2}/kN$	—	$75.9 \times 0.4/2 =$ 15.18(近似)	—	—
$M_b = M - V\dfrac{b_z}{2}/(kN \cdot m)$	78.63	−76.8	46.82	−1.92
$\alpha_s = \dfrac{M_b}{\alpha_1 f_c b(b_f')h_0^2}$	0.017	0.128	0.010	0.000 4
$\xi = 1 - \sqrt{1-2\alpha_s}$	$0.017 \leqslant \xi_b = 0.518$	$0.137 \leqslant \xi_b = 0.518$	$0.001 \leqslant \xi_b = 0.518$	$0.000\,4 \leqslant \xi_b = 0.518$
$\gamma_s = 0.5(1 + \sqrt{1-2\alpha_s})$	0.991	0.923	0.995	0.999
$A_s = \dfrac{M_b}{f_y \gamma_s h_0}/mm^2$	500.91	563.73	297.07	12.13
选用钢筋	2Φ18	3Φ16	2Φ14	2Φ14
实际配筋面积/mm²	509	603	308	308
配筋率 $\rho = \dfrac{A_s}{bh}$	0.41%	0.48%	0.25%	0.25%

5)斜截面受剪承载力计算。

横向支承梁 L-2 斜截面受剪承载力计算见表 1-40。根据《混凝土结构设计规范》(GB 50010—2010)第 9.2.9 条的规定,该梁中箍筋最大间距为 200 mm。

表 1-40 横向支承梁 L-2 斜截面受剪承载力计算

截 面	A 支座	B 支座左	B 支座右
V/kN	55.83	87.51	75.90
$0.25\beta_c f_c bh_0/kN$	$0.25 \times 1.0 \times 14.3 \times 250 \times 410 = 366.44$ kN$>V$ 截面满足要求		
$0.7f_t bh_0/kN$	$0.7 \times 1.43 \times 250 \times 410 = 102.60$ kN$>V$ 按构造配箍		
箍筋直径和肢数	Φ8 双肢		
A_{sv}/mm^2	$2 \times 50.3 = 100.6$	$2 \times 50.3 = 100.6$	$2 \times 50.3 = 100.6$
$s = \dfrac{1.25 f_{yv} A_{sv} h_0}{V - 0.7 f_t bh_0}/mm$	按构造配箍	按构造配箍	按构造配箍

续表

截　　面	A 支座	B 支座左	B 支座右
实配间距/mm	200	200	200
配筋率 ρ_{sv}	$\rho_{sv} = A_{sv}/(bs) = 100.6/(250 \times 200) = 0.20\% > \rho_{sv,\min} = 0.114\%$		

1.2.3　绘制施工图

1.双向板结构平面布置图及板配筋图

根据计算结果并考虑构造要求,分别绘制按弹性理论计算的板配筋图和按塑性理论计算的板配筋图,如图 1-22 和图 1-23 所示。

2.双向板支承梁配筋图

根据计算结果并考虑构造要求,分别绘制纵向支承梁 L-1 和横向支承梁 L-2 的配筋图,如图 1-24 和图 1-25 所示。

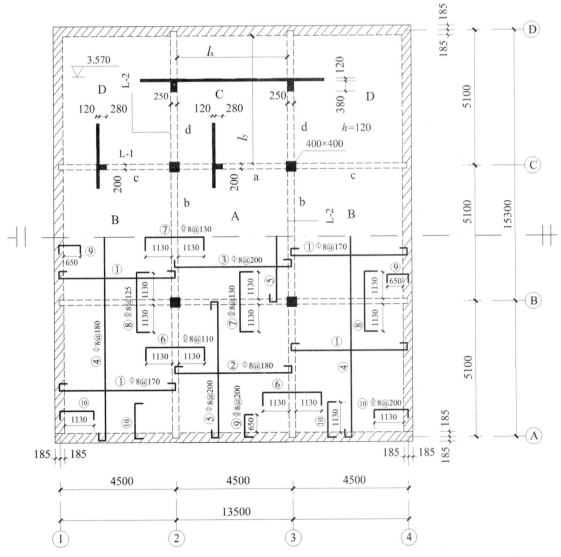

图 1-22　按弹性理论设计的板结构平面布置图及板配筋图

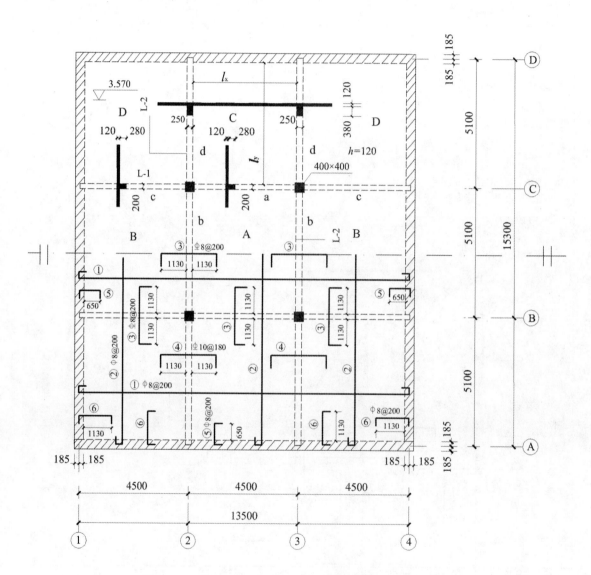

图 1-23 按塑性理论设计的板结构平面布置图及板配筋图

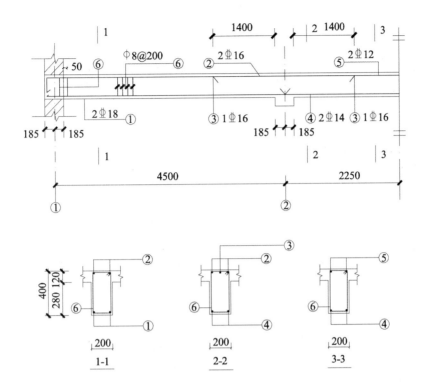

图 1-24 纵向支承梁 L-1 配筋图

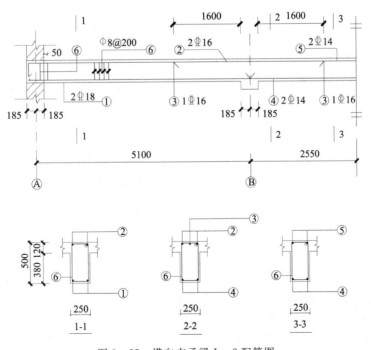

图 1-25 横向支承梁 L-2 配筋图

1.3 梁式楼梯设计

1.3.1 设计任务书

1.设计资料

某砖混结构住宅楼梯二层平面示意图如图1-26所示,二层楼面建筑标高为+3.6 m,开间3900 mm,进深6000 mm,踏步高150 mm,宽300 mm,楼面面层瓷砖贴面,梁板的天花抹灰为15 mm厚混合砂浆,楼梯活荷载标准值为2.5 kN/m²,混凝土强度等级采用C30,当$d \leqslant 10$ mm时,钢筋采用HPB300级;当$d \geqslant 12$ mm时,钢筋采用HRB335级。请按梁式楼梯进行设计。

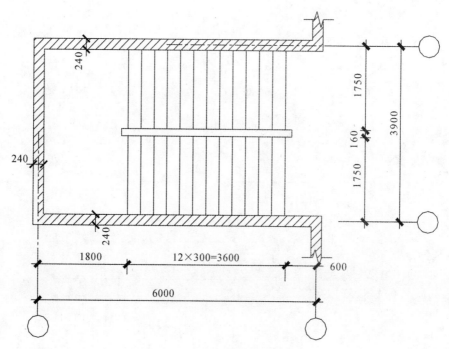

图1-26 楼梯平面示意图

2.设计内容

(1)结构平面布置:确定踏步板、斜梁、平台板、平台梁、布置,并确定构件截面尺寸。

(2)踏步板设计。

(3)斜梁设计。

(4)平台板设计。

(5)平台梁设计。

(6)施工图绘制:

1)绘制楼梯平面结构布置图。

2)绘制踏步板、平台板配筋图。

3)绘制斜梁配筋图。

4)绘制平台梁配筋图。

3.设计成果

(1)设计计算书一份,包括封面、设计任务书、目录、计算书、参考文献、附录。

(2)图纸(1 张 A2 图):

1)结构平面布置图。

2)梯段板、平台板配筋图。

3)平台梁、斜梁配筋图。

1.3.2 计算书

1.结构平面布置

由于梯段板水平长度为 3.60 m>3.0 m,故采用梁式楼梯较为经济。梁式楼梯由踏步板、斜梁、平台板和平台梁组成。

根据经验,梁式楼梯的踏步板厚一般为(30~40)mm,取为 40 mm;平台板厚按跨高比要求,$h \geqslant l/30 = 1800/30 = 60$ mm,取为 80 mm。

斜梁、平台梁的截面尺寸取法和本书第 1.1.2 节第 1 条相同,根据跨度初选梁截面高度,根据高度初选梁截面的宽度。本设计中,斜梁 TL1:$b \times h = 200$ mm$\times 400$ mm;平台梁 TL2 和 TL3:$b \times h = 200$ mm$\times 450$ mm。平台梁 TL4:$b \times h = 150$ mm$\times 300$ mm。梁式楼梯结构平面布置图如图 1-27 所示。

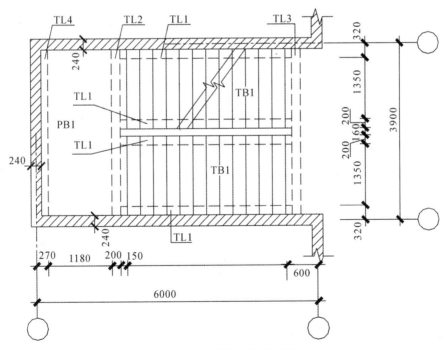

图 1-27 梁式楼梯结构平面布置图

2.踏步板 TB1 的设计

踏步板两端支承在斜梁上,按两端简支的单向板计算,一般取一个踏步作为计算单元。踏步板为梯形截面,板的截面高度可近似取平均高度。按受弯构件正截面强度计算配筋。

(1)荷载计算(取 $b=300$ mm 为计算单元)。

踏步板自重:$\left(1/2\times0.15+0.04\times\dfrac{\sqrt{5}}{2}\right)\times0.3\times25=0.90$ kN/m。

面层重:$(0.3+0.15)\times0.025\times24=0.27$ kN/m。

板底抹灰重:$0.015\times0.3\times17\times\dfrac{\sqrt{5}}{2}=0.09$ kN/m。

恒荷载标准值:$g_k=0.9+0.27+0.09=1.26$ kN/m。

活荷载标准值:$q_k=2.5\times0.3=0.75$ kN/m。

根据《建筑结构可靠性设计统一标准》(GB 50068—2018)第 8.2.9 条规定,荷载设计值为

$$p=\gamma_G g_k+\gamma_Q q_k=1.3\times1.26+1.5\times0.75=2.76 \text{ kN/m}$$

(2)内力计算。

计算跨度:

$$l_0=l_n+b=1.35+0.2=1.55 \text{ m}$$

跨中弯矩:

$$M=\frac{1}{8}pl_0^2=2.76\times1.55^2/8=0.83 \text{ kN}\cdot\text{m}$$

(3)配筋计算($\gamma_0=1.0$)。

为简化计算,板的高度 h 可近似取平均高度,即

$$h=1/2\times150+40\times\frac{\sqrt{5}}{2}=119.72 \text{ mm}, \quad \alpha_1=1.0$$

$$\alpha_s=\frac{\gamma_0 M}{\alpha_1 f_c bh_0^2}=\frac{1.0\times0.83\times10^6}{1.0\times14.3\times300\times99.72^2}=0.019$$

$$\gamma_s=0.5(1+\sqrt{1-2\alpha_s})=0.990$$

$$A_s=\frac{\gamma_0 M}{f_y \gamma_s h_0}=\frac{1.0\times0.83\times10^6}{270\times0.990\times99.72}=31.14 \text{ mm}^2$$

选用 $2\Phi8(100.6 \text{ mm}^2)$,即每步放置 2 根 $\Phi8$ 主筋,沿斜长间距 150 mm。

3. 斜梁 TL1 的设计

斜梁承受踏步板传来的均布荷载及自重,按简支受弯构件进行截面设计。因踏步板与斜梁整浇在一起,计算截面取为倒 L 形。

(1)荷载计算(梁高 400 mm)。

踏步板传来的荷载:$2.76\times(1.35/2+0.2)/0.3=8.05$ kN/m。

斜梁自重:$0.2\times(0.4-0.04)\dfrac{\sqrt{5}}{2}\times25=2.01$ kN/m。

斜梁侧面和底面抹灰:$0.015\times[0.2+2\times(0.4-0.04)]\times\dfrac{\sqrt{5}}{2}\times17=0.262$ kN/m。

荷载设计值:$p=8.05+1.3\times(2.01+0.262)=11.0$ kN/m。

(2)内力计算。

斜梁的倾角:

$$\cos\alpha=\frac{2}{\sqrt{5}}=0.894\ 4$$

计算跨度：

$$l_0 = l_n + a = 3.6 + 0.15 \times 2 + 0.2 = 4.1 \text{ m}$$

$$M = \frac{1}{8}pl^2 = 11.0 \times 4.1^2/8 = 23.11 \text{ kN} \cdot \text{m}$$

$$V = \frac{1}{2}pl_0\cos\alpha = 11.0 \times 3.9 \times 0.894\ 4/2 = 19.18 \text{ kN}$$

（3）配筋计算（$\gamma_0 = 1.0$）。

1）纵向钢筋计算（按倒 L 形截面）。

翼缘宽度：

$$b'_f = l/6 = 3900/6 = 650 \text{ mm}$$

$$b'_f = b + \frac{S_n}{2} = 200 + 1350/2 = 875 \text{ mm}$$

取小值 $b'_f = 650$ m。

判断截面类型：

$$\alpha_1 f_c b'_f h'_f (h_0 - h'_f/2) = 1.0 \times 14.3 \times 650 \times 40 \times (365 - 40/2) =$$
$$128.3 \text{ kN} \cdot \text{m} > 23.11 \text{ kN} \cdot \text{m}$$

属于第一类 T 形截面，则有

$$\alpha_s = \frac{\gamma_0 M}{\alpha_1 f_c b h_0^2} = \frac{1.0 \times 23.11 \times 10^6}{1.0 \times 14.3 \times 650 \times 365^2} = 0.018\ 7$$

$$\gamma_s = 0.5(1 + \sqrt{1 - 2\alpha_s}) = 0.991$$

$$A_s = \frac{\gamma_0 M}{f_y \gamma_s h_0} = \frac{1.0 \times 23.11 \times 10^6}{300 \times 0.991 \times 365} = 212.97 \text{ mm}^2$$

选用钢筋 2 Φ 12（实配面积 226 mm²）。

2）腹筋计算。

截面校核：

$$0.25\beta_c f_c b h_0 = 0.25 \times 1.0 \times 14.3 \times 200 \times 365 = 260.98 \text{ kN} > 19.27 \text{ kN}$$

截面尺寸满足要求。

$$0.7 f_t b h_0 = 0.7 \times 1.43 \times 200 \times 365 = 73.1 \text{ kN} > 19.27 \text{ kN}$$

不需按计算配置箍筋。

根据根据《混凝土结构设计规范》（GB 50010—2010）第 9.2.9 条的规定，该斜梁中箍筋最大间距为 300 mm，故选用构造配箍双肢 Φ 8@300。

4. 平台板 PB1 的设计

（1）荷载计算（取 1 m 板宽计算）。

平台梁截面尺寸：TL2 为 200 mm×450 mm，TL4 为 150 mm×300 mm。

平台板自重：0.08×1.0×25＝2.0 kN/m。

面层重：0.02×1.0×24＝0.48 kN/m。

板底抹灰重：0.015×1.0×17＝0.255 kN/m。

恒荷载标准值：$g_k = 2.0 + 0.48 + 0.255 = 2.735$ kN/m。

活荷载标准值：$q_k = 2.5 \times 1.0 = 2.5$ kN/m。

根据《建筑结构可靠性设计统一标准》(GB 50068—2018)第 8.2.9 条的规定,荷载设计值为

$$p = \gamma_G g_k + \gamma_Q q_k = 1.3 \times 2.735 + 1.5 \times 2.5 = 7.31 \text{ kN/m}$$

(2)内力计算。

计算跨度:

$$l = l_0 + h/2 = 1.36 + 0.08/2 = 1.40 \text{ m}$$

板跨中弯矩:

$$M = \frac{1}{8} P l^2 = 7.31 \times 1.4^2 / 8 = 1.79 \text{ kN} \cdot \text{m}$$

(3)配筋计算:

$$\alpha_1 = 1.0, \quad h_0 = 80 - 20 = 60 \text{ mm}$$

$$\alpha_s = \frac{\gamma_0 M}{\alpha_1 f_c b h_0^2} = \frac{1.0 \times 1.79 \times 10^6}{1.0 \times 14.3 \times 1000 \times 60^2} = 0.034\,8$$

$$\gamma_s = 0.5(1 + \sqrt{1 - 2\alpha_s}) = 0.982$$

$$A_s = \frac{\gamma_0 M}{f_y \gamma_s h_0} = \frac{1.0 \times 1.79 \times 10^6}{270 \times 0.982 \times 60} = 112.52 \text{ mm}^2$$

选用钢筋Φ8@200(251 mm²),分布筋根据构造要求选用Φ8@250。

5.平台梁 TL2 的设计

平台梁 TL2 主要承受斜梁传来的集中荷载(由上、下跑楼梯斜梁传来)、平台板传来的均布荷载和平台梁自重,按简支梁进行截面设计。

(1)荷载计算(梁高 450 mm)。

斜梁传来的荷载:11.0×0.8944×3.9/2=19.18 kN。

平台梁自重:0.2×(0.45-0.08)×25=1.85 kN/m。

梁侧面和底面抹灰:0.015×(0.2+0.45-0.08)×2×17=0.306 kN/m。

平台板传来的均布荷载:7.31×1.4/2=5.12 kN/m。

集中荷载设计值:$p_1 = 19.18$ kN。

均布荷载设计值:$p_2 = 5.12 + 1.3 \times (1.85 + 0.306) = 7.92$ kN/m。

(2)计算简图。

计算跨度:

$$l = l_0 = 3900 \text{ mm}$$

平台梁的计算简图如图 1-28 所示。

(3)内力计算:

$$M = \frac{1}{8} p_2 l^2 - V_A \times 3.9/2 - p_1 \times (0.18 + 3.9/2 - 0.22) =$$

$$7.92 \times 3.9^2 / 8 + 53.8 \times 1.95 - 19.18 \times (0.18 + 3.9/2 - 0.22) = 83.33 \text{ kN} \cdot \text{m}$$

$$V = \frac{1}{2} p_2 l_0 + \frac{4 p_1}{2} = 7.92 \times 3.9/2 + 19.18 \times 2 = 53.80 \text{ kN}$$

(4)配筋计算($\gamma_0 = 1.0$)。

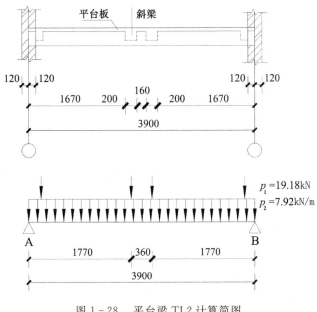

图 1-28　平台梁 TL2 计算简图

1) 纵向受力钢筋计算(按倒 L 形截面)。

翼缘宽度:

$$b'_f = l/6 = 3.900/6 = 0.650 \text{ m}$$

$$b'_f = b + \frac{S_n}{2} = 0.200 + 1.180/2 = 0.790 \text{ m}$$

取小值 $b'_f = 650$ mm。

判断截面类型:

$$\alpha_1 f_c b'_f h'_f (h_0 - h'_f/2) = 1.0 \times 14.3 \times 650 \times 80 \times (410 - 80/2) =$$
$$275.132 \text{ kN} \cdot \text{m} > 83.33 \text{ kN} \cdot \text{m}$$

属于第一类 T 形截面,则有

$$\alpha_s = \frac{\gamma_0 M}{\alpha_1 f_c b h_0^2} = \frac{1.0 \times 83.33 \times 10^6}{1.0 \times 14.3 \times 650 \times 410^2} = 0.053\ 3$$

$$\gamma_s = 0.5(1 + \sqrt{1 - 2\alpha_s}) = 0.973$$

$$A_s = \frac{\gamma_0 M}{f_y \gamma_s h_0} = \frac{1.0 \times 83.33 \times 10^6}{300 \times 0.973 \times 410} = 696.28 \text{ mm}^2$$

选用钢筋 3 Φ 18(实配面积 763 mm²)。

2) 腹筋计算。

截面校核:

$$0.25 \beta_c f_c b h_0 = 0.25 \times 1.0 \times 14.3 \times 200 \times 410 = 293.15 \text{ kN} > 53.8 \text{ kN}$$

截面尺寸满足要求。

$$0.7 f_t b h_0 = 0.7 \times 1.43 \times 200 \times 410 = 82.08 \text{ kN} > 53.8 \text{ kN}$$

故不需按计算配置箍筋,根据《混凝土结构设计规范》(GB 50010—2010)第 9.2.9 条规定,构造配箍双肢 Φ 8@300。

配箍率 $\rho_{sv} = \dfrac{A_{sv}}{bs} = 2 \times 50.3/(200 \times 300) = 0.17\% > 0.24 f_t/f_y = 0.24 \times 1.27/300 = 0.10\%$。箍筋最大间距为 300 mm。

3）附加横向钢筋的计算。

斜梁与平台梁 TL2 相交处，在平台梁 TL2 高度范围内受到斜梁传来的集中荷载的作用，为了防止发生局部破坏，需设附加横向钢筋。

斜梁传给平台梁 TL2 的集中荷载为：$F = 19.18$ kN，$h_1 = 450 - 400 = 50$ mm，附加箍筋布置范围 $s = 2h_1 + 3b = 2 \times 50 + 3 \times 200 = 700$ mm。取附加箍筋 $\Phi 8@250$ 双肢，则在长度 s 内可布置附加箍筋的排数，$m = 700/250 + 1 = 4$ 排，两侧各布置 2 排，$m \cdot n A_{sv} f_{yv} = 4 \times 2 \times 270 \times 50.3 = 108.65 > 19.18$ kN。满足要求。

平台梁 TL3，TL4 的计算过程同平台梁 TL2。

1.3.3　绘制施工图

1.楼梯结构平面布置图

绘制楼梯结构平面布置图，如图 1 - 27 所示。

2.楼梯踏步板及平台板配筋图

踏步板的受力钢筋为 $2\Phi 8$（101 mm^2），即每步放置两根 $\Phi 8$ 主筋。根据《混凝土结构设计规范》（GB 50010—2010）第 9.1.7 条规定，分布钢筋直径不小于 6 mm，间距不宜大于 250 mm。故选用分布筋为 $\Phi 8@250$。

配筋图如图 1 - 29 所示。

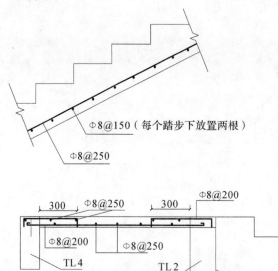

图 1 - 29　TB1、PB1 配筋图

3. 斜梁的配筋图

斜梁的受力钢筋为 2 Φ 12。根据《混凝土结构设计规范》(GB 50010—2010)第 9.2.9 条规定,箍筋钢筋直径不小于 6 mm,间距不宜大于 300 mm。故选用分布筋为 Φ 8@300。

根据《混凝土结构设计规范》(GB 50010—2010)第 9.2.6 条规定,当梁端按简支计算但实际受到部分约束,应在支座区上部设置纵向构造钢筋,其截面面积不应小于梁跨中下部纵向受力钢筋的 1/4,且不应少于 2 根;该纵向构造钢筋自支座边缘向跨内伸出的长度不应小于该跨计算长度的 1/5。经计算该跨的构造钢筋截面面积为:226/4 = 56.5 mm²,配置 2 Φ 8(100.6 mm²),其伸入支座的锚固长度为 $l_a = \alpha \dfrac{f_y}{f_t} d = 0.16 \times 270 \times 8 / 1.43 = 243$ mm,取为 250 mm。

根据《混凝土结构设计规范》(GB 50010—2010)第 9.2.2 条的规定,梁下部纵向受力钢筋伸入支座内的锚固长度为 $5d$(当 $V < 0.7 f_t bh_0$ 时),即 $5 \times 12 = 60$ mm。

配筋图如图 1-30 所示。

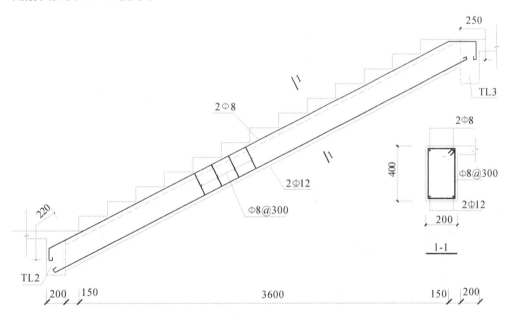

图 1-30 TL1 配筋图

4. 平台梁配筋图

根据计算结果:受力钢筋为 3 Φ 18,箍筋为双肢 Φ 8@300,平台梁与斜梁相交处在 $s = 700$ mm 范围内配置附加箍筋 Φ 8@250 双肢。与斜梁构造配筋同理,在上部配置构造钢筋截面面面积为:763/4 = 191 mm²,配置 2 Φ 12(226 mm²),其伸入支座的锚固长度为

$$l_a = \alpha \frac{f_y}{f_t} d = 0.14 \times 300 \times 12 / 1.43 = 352 \text{ mm}$$

取为 400 mm。

平台梁 TL2 配筋图如图 1-31 所示。

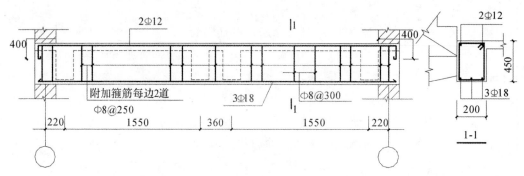

图 1-31 TL2 配筋图

1.4 板式楼梯设计

1.4.1 设计任务书

1.设计资料

某砖混住宅楼梯建筑平面示意图如图 1-32 所示,踏步高为 150 mm,宽为 300 mm,楼面面层为瓷砖贴面,梁板的天花抹灰为 15 mm 厚混合砂浆,楼面活荷载标准值为 2.5 kN/m²,混凝土采用 C30,当 $d \leqslant 10$ mm 时,钢筋采用 HPB300,当 $d \geqslant 12$ mm 时,钢筋采用 HRB335。请按板式楼梯进行设计。

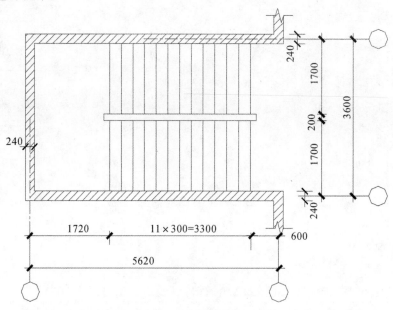

图 1-32 楼梯平面示意图

2.设计内容

(1)结构平面布置:确定梯段板、平台板、平台梁布置,并确定构件截面尺寸。

(2)梯段板的设计。

(3)平台板设计。

(4)平台梁设计。

(5)施工图绘制:

1)绘制楼梯平面结构布置图;

2)绘制梯段板、平台板配筋图;

3)绘制平台梁配筋图。

3.设计成果

(1)设计计算书一份,包括封面、设计任务书、目录、计算书、参考文献、附录。

(2)图纸(1 张 A2 图):

1)结构平面布置图;

2)梯段板、平台板配筋图;

3)平台梁配筋图。

1.4.2　计算书

1.结构平面布置

采用板式楼梯。板式楼梯由梯段板、平台板和平台梁组成。

根据经验,板式楼梯的梯段板厚一般取 $h=\dfrac{l}{25}\sim\dfrac{l}{30}=3500/25\sim3500/30=140\sim117$ mm,取

为 120 mm;平台板厚按跨高比要求 $h\geqslant\dfrac{l}{30}=1350/30=45$ mm,单向板最小厚度为 60 mm,取为

70 mm。

平台梁的截面尺寸取法和本书第 1.1.2 节第 1 条相同,根据跨度初选梁截面高度,根据高度初选梁截面的宽度。本设计中,平台梁 TL1:$b\times h=200$ mm$\times300$ mm;平台梁 TL2:$b\times h=150$ mm$\times300$ mm,TL3:$b\times h=200$ mm$\times300$ mm。板式楼梯结构平面布置图如图 1-33 所示。

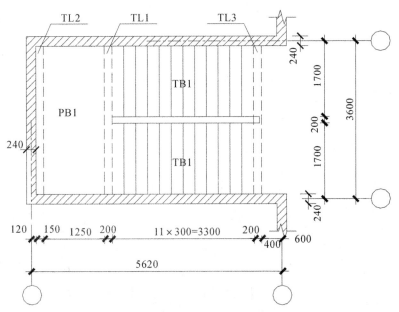

图 1-33　板式楼梯结构平面布置图

2.梯段板的设计(TB1)

梯段板按斜放的简支梁计算。

(1)荷载计算(取 1 m 板宽计算)。

楼梯斜板的倾角:$\cos\alpha=\dfrac{2}{\sqrt{5}}=0.894\ 4$。

踏步重:$1/2\times1.0\times0.3\times0.15\times25\div0.3=1.875$ kN/m。

斜板重:$0.12\times1.0\times25\div0.8944=3.35$ kN/m。

面层重:$(0.3+0.15)\times1.0\times0.02\times24\div0.3=0.72$ kN/m。

板底抹灰重:$0.015\times1.0\times17\div0.894\ 4=0.29$ kN/m。

恒荷载标准值:$g_k=1.875+3.35+0.72+0.29=6.24$ kN/m。

活荷载标准值:$q_k=2.5\times1.0=2.5$ kN/m。

根据《建筑结构可靠性设计统一标准》(GB 50068—2018)第 8.2.9 条规定,荷载设计值为

$$p=\gamma_G g_k+\gamma_Q q_k=1.3\times6.24+1.5\times2.5=11.86\ \text{kN/m}$$

(2)内力计算。

跨中弯矩:考虑到梯段板与平台板整浇,平台对斜板的转动变形有一定的约束作用,故计算板的跨中正弯矩时,常近似取

$$M=\frac{1}{10}pl^2=11.86\times3.5^2/10=14.53\ \text{kN}\cdot\text{m}$$

(3)配筋计算($\gamma_0=1.0$):

$$\alpha_1=1.0,\quad h_0=120-20=100\ \text{mm}$$

$$\alpha_s=\frac{\gamma_0 M}{\alpha_1 f_c b h_0^2}=\frac{1.0\times14.53\times10^6}{1.0\times14.3\times1000\times100^2}=0.101\ 6$$

$$\gamma_s=0.5(1+\sqrt{1-2\alpha_s})=0.946\ 3$$

$$A_s=\frac{\gamma_0 M}{f_y\gamma_s h_0}=\frac{1.0\times14.53\times10^6}{270\times0.946\ 3\times100}=568.69\ \text{mm}^2$$

选用钢筋$\Phi 10@130$(604 mm²)。

3.平台板的设计(PB1)

平台板一般设计成单向板,可取 1 m 宽板带进行计算。

(1)荷载计算(取 1 m 板宽计算)。

平台板自重:$0.07\times1.0\times25=1.75$ kN/m。

面层重:$0.02\times1.0\times24=0.48$ kN/m。

板底抹灰重:$0.015\times1.0\times17=0.255$ kN/m。

恒荷载标准值:$g_k=1.75+0.48+0.255=2.49$ kN/m。

活荷载标准值:$q_k=2.5\times1.0=2.5$ kN/m。

根据《建筑结构荷载规范》(GB 50009—2012)的规定,荷载设计值为

$$p=\gamma_G g_k+\gamma_Q q_k=1.3\times2.49+1.5\times2.5=7.00\ \text{kN/m}$$

(2)内力计算。

由于平台板两端与平台梁整浇,故其计算跨度取支承中心线间的距离,即

$$l=l_0=1.25+(0.15+0.2)/2=1.425\ \text{m}$$

故板跨中弯矩：

$$M = \frac{1}{8} pl^2 = 7.00 \times 1.425^2 / 8 = 1.78 \text{ kN} \cdot \text{m}$$

（3）配筋计算：

$$\alpha_1 = 1.0, \quad h_0 = 70 - 15 = 55 \text{ mm}$$

$$\alpha_s = \frac{\gamma_0 M}{\alpha_1 f_c b h_0^2} = \frac{1.0 \times 1.78 \times 10^6}{1.0 \times 14.3 \times 1000 \times 55^2} = 0.041$$

$$\gamma_s = 0.5(1 + \sqrt{1 - 2\alpha_s}) = 0.980$$

$$A_s = \frac{\gamma_0 M}{f_y \gamma_s h_0} = \frac{1.0 \times 1.78 \times 10^6}{270 \times 0.980 \times 55} = 122.30 \text{ mm}^2$$

选用钢筋 $\phi 8@200$（251 mm²）。

4. 平台梁的设计（TL1）

(1) 荷载计算。

梯段板传来的荷载：$11.86 \times 3.5 / 2 = 20.96$ kN/m。

平台板传来荷载：$7.00 \times 1.425 / 2 = 4.99$ kN/m。

梁自重：$0.2 \times (0.3 - 0.07) \times 25 + 0.02 \times (0.3 - 0.07) \times 17 = 1.228$ kN/m。

荷载设计值为：$p = 20.96 + 4.99 + 1.3 \times 1.228 = 27.55$ kN/m。

(2) 内力计算。

计算跨度：

$$l_0 = l_n + a = 3.36 + 0.24 = 3.6 \text{ m}$$

$$1.05 l_n = 1.05 \times 3.36 = 3.53 \text{ m}$$

取小值 $l = 3.53$ m。

跨中弯矩：

$$M = \frac{1}{8} pl^2 = 27.55 \times 3.53^2 / 8 = 42.91 \text{ kN} \cdot \text{m}$$

$$V = \frac{1}{2} pl_0 = 27.55 \times 3.36 / 2 = 46.28 \text{ kN（取支座边缘截面处剪力）}$$

（3）配筋计算（$\gamma_0 = 1.0$）。

1) 纵向钢筋计算（按倒 L 形截面）。

翼缘宽度：

$$b'_f = l/6 = 3.530/6 = 0.588 \text{ m}$$

$$b'_f = b + \frac{S_n}{2} = 0.200 + 1.250/2 = 0.825 \text{ mm}$$

取小值 $b'_f = 0.588$ mm。

判断截面类型，则有

$$\alpha_1 f_c b'_f h'_f (h_0 - h'_f/2) = 1.0 \times 14.3 \times 588 \times 70 \times (265 - 70/2) =$$
$$135.38 \text{ kN} \cdot \text{m} > 46.28 \text{ kN} \cdot \text{m}$$

属于第一类 T 形截面，则有

$$\alpha_s = \frac{\gamma_0 M}{\alpha_1 f_c b h_0^2} = \frac{1.0 \times 42.91 \times 10^6}{1.0 \times 14.3 \times 588 \times 265^2} = 0.073$$

$$\gamma_s = 0.5(1 + \sqrt{1 - 2\alpha_s}) = 0.962$$

$$A_s = \frac{\gamma_0 M}{f_y \gamma_s h_0} = \frac{1.0 \times 42.91 \times 10^6}{300 \times 0.962 \times 265} = 561.10 \text{ mm}^2$$

选用钢筋 2Φ16+1Φ18（实配面积为 402+254.5=656.5 mm²）。

2）腹筋计算

截面校核：

$$0.25\beta_c f_c bh_0 = 0.25 \times 1.0 \times 14.3 \times 20 \times 265 = 189.48 \text{ kN} > 46.28 \text{ kN}$$

截面尺寸满足要求。

由于 $\quad 0.7 f_t bh_0 = 0.7 \times 1.43 \times 200 \times 265 = 53.05 \text{ kN} > 46.28 \text{ kN}$

故不需按计算配置箍筋，根据《混凝土结构设计规范》(GB 50010—2010)第 9.2.9 条规定，箍筋钢筋直径不小于 6 mm，间距不宜大于 200 mm，故选用构造配箍Φ8@200。

平台梁 TL2,TL3 的计算同 TL1 的计算过程。

1.3.3　绘制施工图

1. 楼梯结构平面布置图

绘制楼梯结构平面布置图，如图 1-33 所示。

2. 楼梯踏步板及平台板配筋图

踏步板的受力钢筋为Φ10@100。根据《混凝土结构设计规范》(GB 50010—2010)第 9.1.7 条规定，分布钢筋直径不小于 6 mm，间距不宜大于 250 mm。故踏步板和平台板的分布钢筋选用Φ8@250。

板的支座负弯矩钢筋伸入支座的锚固长度为

$$l_a = \alpha \frac{f_y}{f_t} d = 0.16 \times 270 \times 8/1.27 = 243 \text{ mm}$$

取为 250 mm。

PB1 和 TB1 配筋图如图 1-34 所示。

3. 平台梁配筋图

根据计算结果：受力钢筋为 2Φ16+1Φ18，箍筋为双肢Φ8@200。根据《混凝土结构设计规范》(GB 50010—2010)第 9.2.6 条规定，梁段实际受到部分约束按简支计算时，应在支座区上部设置纵向构造钢筋，其截面面积不应小于梁跨中下部纵向受力钢筋的 1/4，且不应少于两根；在上部配置构造钢筋截面面积为：555.9/4=139 mm²，配置 2Φ10(157 mm²)，其伸入支座的锚固长度为

$$l_a = \alpha \frac{f_y}{f_t} d = 0.16 \times 270 \times 10/1.43 = 302.1 \text{ mm}$$

取为 310 mm。

平台梁 TL1 的配筋图如图 1-35 所示。

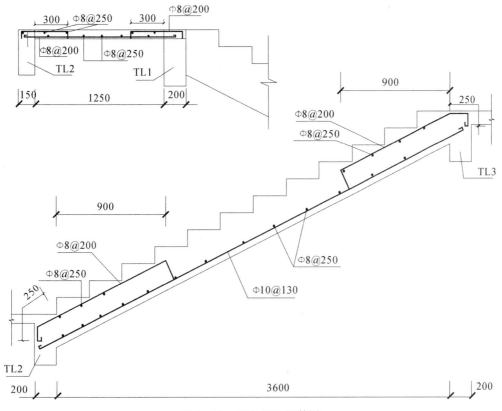

图 1－34　PB1、TB1 配筋图

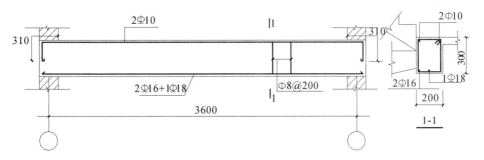

图 1－35　TL1 配筋图

第2章 单层工业厂房结构设计

2.1 单跨工业厂房结构设计

2.1.1 设计任务书

1.设计题目

某金工车间单层单跨等高工业厂房结构设计。

2.设计任务

(1)单层厂房结构布置;

(2)标准构件的选用;

(3)排架柱及柱下基础设计。

3.设计内容

(1)确定上、下柱的高度及截面尺寸;

(2)选用屋面板、天沟板、屋架、基础梁、吊车梁及轨道连接件等标准构件;

(3)计算排架所承受的各种荷载;

(4)计算各种荷载作用下排架柱的内力,进行内力组合;

(5)排架柱及牛腿的设计;

(6)柱下独立基础设计;

(7)绘制施工图:

1)绘制结构布置图(屋架、天窗架、屋面板、屋盖支撑、吊车梁、柱及柱间支撑等);

2)绘制基础施工图(基础平面布置图及配筋图);

3)绘制排架柱施工图(柱模板图及柱配筋图)。

4.设计资料

(1)该金工车间为单跨单层无天窗厂房,跨度为 18 m,柱距为 6 m,车间总长 66 m,厂房剖面图如图 2-1 所示。

(2)吊车:该厂房设置 2 台 10/3 t 桥式软钩吊车,吊车工作级别为 A5 级,吊车轨顶标高为 +9.90 m。

(3)建筑地点:西安市北郊(不考虑地震作用),设计合理使用年限为 50 年。

(4)工程地质及水文条件:场地位于渭河二级阶地,地形平坦,土壤冻深为 0.5 m。厂区地层自上而下为厚 0.5 m 的耕地土层;厚 3 m 的黏土层,地基承载力标准值 $f_{ak}=180$ kN/m² ,可作持力层;中沙;卵石;基岩。厂区地层地下水位较低,且无腐蚀性,设计时不考虑地下水的影响。

(5)自然条件:基本风压 $w_0=0.35$ kN/m² ,基本雪压 $s_0=0.25$ kN/m² ,屋面活荷载为

$0.5\ \mathrm{kN/m^2}$。

(6)混凝土：柱混凝土强度等级为 C30,基础混凝土强度等级为 C20。

(7)钢筋：纵向受力钢筋选用 HRB335,箍筋采用 HPB300。

(8)建筑构造：

1)屋面采用改性沥青卷材防水屋面；

2)墙体为 240 mm 厚双面清水砖墙,塑钢门窗,窗宽为 3600 mm；

3)室内地面采用素混凝土地面,室内外高差为 150 mm。

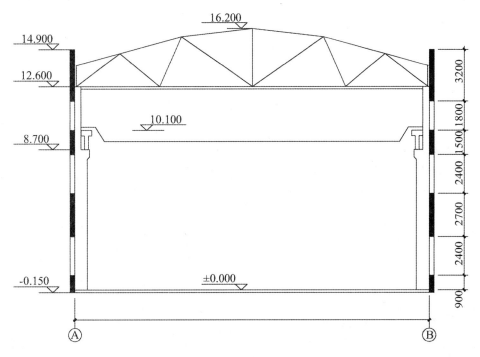

图 2-1 厂房剖面图

2.1.2 计算书

根据该厂房的跨度为 18 m,且轨顶标高大于 8 m,选择钢筋混凝土排架结构。对装配式钢筋混凝土排架结构,当结构布置符合建筑模数且尺寸在常规的范围内时,除柱与基础应单独设计外,其他构件均可从标准设计图集中选用。通用图集一般包括设计说明、构件选用表、结构布置图、模板图、配筋图、预埋件详图、钢筋及钢筋用量表等内容。它们属于结构施工图,可作为施工的依据。因此,设计中正确选用合适的构件,进行正确的构件表示,可不必进行逐个构件设计。

1.结构构件的选型和布置

(1)屋面结构。

选用无檩体系的屋盖,保证屋盖的整体性和刚度。建设地点在西安,屋面坡度较小,选用预应力混凝土折线形屋架和预应力混凝土屋面板比较经济。吊车起重量不大,可选用普通钢筋混凝土吊车梁。

1)屋面板。

屋面板(包括檐口板,嵌板)选用:采用全国通用工业厂房结构构件标准图集04G410(一)1.5 m×6 m预应力钢筋混凝土屋面板(卷材防水)和04G410(二)1.5 m×6 m预应力钢筋混凝土屋面板(卷材防水嵌板、檐口板)。首先计算屋面板所承受的外加荷载的标准值,然后在图集中查找屋面板,保证允许外加荷载大于或等于板所承受的外加荷载,最后选作屋面板。选用过程和结果见表2-1。

表 2-1 结构构件的选型表

构件名称	标准图集	选用型号	外加荷载	允许荷载	构件自重

屋面板	04G410(一)
	1.5m×6m预应力钢筋混凝土屋面板
		YWB-2Ⅱ(中间跨)
		YWB-2Ⅱs(端跨)
			二毡三油防水层 0.35 kN/m²
			20mm水泥砂浆找平层
			    20×0.02=0.40 kN/m²
			100mm水泥蛭石保温层
			    5×0.1=0.50 kN/m²
			一毡二油防水层 0.05 kN/m²
			20mm水泥砂浆找平层 0.40 kN/m²
			恒荷载 1.70 kN/m²
			屋面活荷载 0.50 kN/m²,雪荷载
			0.25 kN/m²
			活荷载 Max(0.5,0.25)=0.5 kN/m²
			合计 2.20 kN/m²
				2.46 kN/m²	板自重
					1.30 kN/m²;
					灌缝重
					0.1 kN/m²

	04G410(二) 1.5m×6m预应力钢筋混凝土屋面板(卷材防水嵌板、檐口板)	KWB-1(中间跨) KWB-1s(端跨)	外加荷载计算同上	2.50 kN/m²	板自重 1.65 kN/m²; 灌缝重 0.1 kN/m²

天沟板	04G410(三)
	1.5m×6m预应力钢筋混凝土屋面板(卷材防水天沟板)
		TGB62-1(中间跨)
		TGB62-1a(中间跨右端开洞)
		TGB62-1b(中间跨左端开洞)
		TGB62-1sa(端跨右端开洞)
		TGB62-1sb(端跨左端开洞)
			积水深为230mm(与高肋齐)
			    10×0.23×0.46=1.06 kN/m²
			二毡三油防水层
			    0.35×0.9=0.32 kN/m²
			20mm水泥砂浆找平层
			    20×0.02×0.09=0.36 kN/m²
			80mm水泥蛭石保温层
			    5×0.08×0.5=0.20 kN/m²
			一毡二油隔气层
			    0.05×1.18=0.06 kN/m²
			20mm水泥砂浆找平层
			    20×0.02×1.18=0.47 kN/m²
			合计 2.47 kN/m²
				3.05 kN/m²	1.91 kN/m²

续 表

构件名称	标准图集	选用型号	外加荷载		允许荷载	构件自重
屋架	04G415(一)预应力钢筋混凝土折线形屋架(跨度18m)	YWJA-18-1Aa	屋面板以上恒荷载　1.70 kN/m² 活荷载　0.75 kN/m² 屋架以上荷载　2.45 kN/m²		3.50 kN/m²	68.20 kN/榀;支撑重0.25 kN/m²
吊车梁	G323(二)钢筋混凝土吊车梁(中、轻级工作制)	DL-6Z(中间跨) DL-6B(边跨)				27.50 kN/根(中间跨);28.20 kN/根(边跨)
基础梁	04G320 钢筋混凝土基础梁	JL-3(中间跨) JL-18(边跨)				16.70 kN/根(中间跨);15.1 kN/根(边跨)
轨道联结	04G325 吊车轨道联结	DGL-13	$P=1.27×185=234.95$ kN		最大设计轮压$p(t)≤370$ kN	0.8 kN/m

2)天沟板。

天沟板的选择须配合屋架选用进行,应选用合适的天沟板型号。

采用 04G410(三)1.5 m×6 m 预应力钢筋混凝土屋面板(卷材防水天沟板),由屋面排板计算,得天沟板的宽度为 620 mm。

屋面排板计算:

半跨屋架上弦坡面总长 $=2.906+3.059+3.015=8.980$ m

当排放 5 块屋面板和 1 块 890mm 嵌板时,则有

$$8.980-0.89-1.49×5=0.640 \text{ m}$$

根据图集选用一块宽为 620 mm 的天沟板(见表 2-1),其布置如图 2-2 所示。

该厂房沿长方向每侧布置 4 根落水管,天沟板内坡度为 5‰。垫层最薄处为 20 mm,最厚处为 80 mm。按最厚处的一块天沟板计算其所受的外荷载标准值,选择时应注意天沟板的开洞位置。

3)屋架。

屋架的选用应根据厂房使用要求、跨度大小、屋面荷载的大小、有无天窗及天窗类别、檐口类别等进行。本设计选用 04G415(一)预应力钢筋混凝土折线形屋架(跨度 18 m)。选用结果见表 2-1。

(2)排架柱。

1)排架柱尺寸的选定。

(a)柱高。

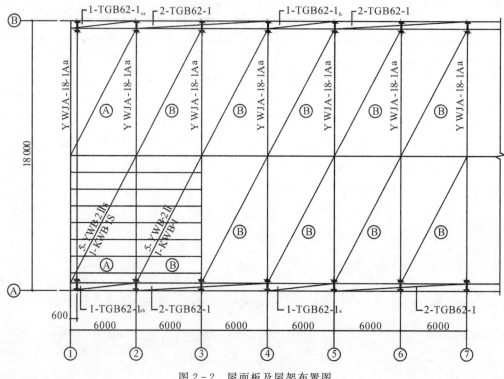

图 2-2 屋面板及屋架布置图

给定的厂房轨顶标高为+9.900 m(一般由生产工艺工程师提供),吊车吨位为 10/3 t,工作级别为 A5 级,吊车的跨度 $L_k=18-0.75 \times 2=16.5$ m。查附表 2-1 可得吊车轨顶以上高度为(吊车轨顶至小车顶面的距离)为 2.140 m,选定吊车梁的高度 1.200 m,轨道垫高取 0.20 m。

柱顶标高=轨顶标高+吊车轨顶以上高度+吊车顶端与柱顶的净空尺寸=9.900+2.140+0.220=12.260 m。

牛腿顶面标高=轨顶标高-吊车梁高度-轨顶垫高=9.900-1.200-0.200=8.500 m (取为 8.700 m)。

因此,柱顶标高=牛腿顶面标高+吊车梁高度+轨顶垫高+吊车轨顶以上高度+吊车顶端与柱顶的净空尺寸=8.700+1.200+0.200+2.140+0.220=12.460m(取为 12.600 m)。

综上,最终确定的柱顶标高为 12.600 m;上柱柱高 $H_u=12.600-8.700=3.900$ m;全柱柱高 $H=12.600+0.500=13.100$ m;下柱柱高为 $H_1=13.100-3.900=9.200$ m;实际轨顶标高=8.700+1.200+0.200=10.100 m,与 9.900 m 要求相差不到 0.200 m,故满足要求。

(b)柱截面尺寸初选。

参考附表 2-2,可得

$$b \geqslant \frac{H_1}{22}=\frac{9200}{22}=418 \text{ mm}$$

$$h \geqslant \frac{H_1}{14}=\frac{9200}{14}=657 \text{ mm}$$

然后,参考附表 2-3,柱截面尺寸取为:

A(B)柱:

$$上柱:矩形\ b×h=400×400\ mm$$

$$下柱:工字形\ b_f×h×b×h_f=400×800×100×150\ mm$$

(c)牛腿尺寸初选。

由牛腿几何尺寸的构造规定,$α≤45°,h_1≥\dfrac{h}{3}$,且 $h_1≥200\ mm$,故取 $α=45°,h_1=450\ mm$。$c_1≥75\ mm$,取 $c_1=75\ mm$,如图 2-3 所示。

A(B)柱:

$$c=750+\frac{b}{2}+c_1-800=750+125+75-800=150\ mm$$

$$h=450+150=600\ mm$$

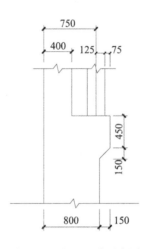

图 2-3　牛腿尺寸示意图

2)根据柱间支撑的布置原则,柱间支撑布置在该厂房中部⑥和⑦轴线间,设置上柱柱间支撑和下柱柱间支撑。

3)吊车梁。

首先应根据工艺要求和吊车的特点,结合当地施工技术条件和材料供应情况,选用合理的吊车梁形式。选用吊车梁除了要满足承载力、抗裂度和刚度要求外,还要满足疲劳强度的要求。

采用04G323(二)钢筋混凝土吊车梁(工作制 A1~A5)。选定吊车梁形式后,可根据吊车的起重量、吊车的台数、吊车的跨度、工作级别等因素直接选用吊车梁型号。选用结果见表2-1。

4)吊车轨道连接。

根据吊车吨位和厂房跨度等选用04G325吊车轨道连接详图,见表 2-1。

(3)基础平面布置。

1)基础编号。

首先区分排架类型,分标准排架、端部排架、伸缩缝处排架等。然后对各类排架和边柱的基础分别编号,还有抗风柱的基础也需编号。编号结果如附图 2-1(插页)所示。

2)基础梁。

基础梁通常采用预制构件,按图集 04G320 钢筋混凝土基础梁选取。选用时应符合图集的适用范围。选用结果见表 2-1。

2. 排架结构计算

(1)计算简图及排架柱的计算参数。

1)计算简图。

通过相邻纵向柱间的中心线取出有代表性的一榀排架作为整个结构的横向平面排架的计算单元。所取计算单元如图 2-4 所示。计算简图如图 2-5 所示。

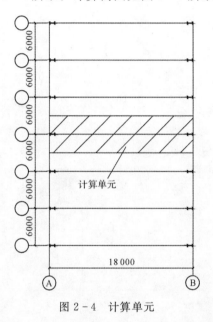

图 2-4 计算单元

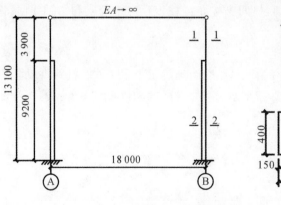
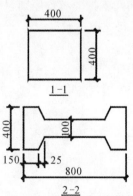

图 2-5 计算简图

2)柱的计算参数。

根据柱的截面尺寸,查附表 2-6,可得出柱的计算参数(见表 2-2)。

(2)计算荷载。

1)恒荷载。

(a)屋盖自重标准值。

为了简化计算,对于天沟板及相应构造层的恒荷载,取与一般屋面恒荷载相同:

二毡(改性沥青防水卷材)三油防水层	0.35 kN/m^2
20 mm 厚水泥砂浆找平层	$20 \times 0.02 = 0.40 \text{ kN/m}^2$
100 mm 厚水泥蛭石保温层	$5 \times 0.1 = 0.50 \text{ kN/m}^2$
一毡二油隔气层	0.05 kN/m^2
20 mm 厚水泥砂浆找平层	$20 \times 0.02 = 0.40 \text{ kN/m}^2$
预应力混凝土大型屋面板	1.40 kN/m^2
屋盖钢支撑	0.05 kN/m^2

合计 $\qquad$ 3.15 kN/m

屋架自重为 68.2 kN/榀,则作用于柱顶的屋盖结构的自重标准值为

$$G_{1k} = 3.15 \times 6 \times \frac{1}{2} \times 18 + 68.2 \times \frac{1}{2} = 204.2 \text{ kN}$$

表 2-2　柱的计算参数

柱　号		计算参数			
		截面尺寸/mm	面积/mm²	惯性矩/mm⁴	自重/kN
A(B)	上柱	矩形 400×400	1.6×10^5	21.3×10^8	15.6
	下柱	Ⅰ形 400×800×100×150	1.775×10^5	144×10^8	40.83

(b)柱自重标准值:

A(B)轴上柱:　　　$G_{2k} = g_k H_u = 0.4 \times 0.4 \times 25 \times 3.9 = 15.6$ kN

下柱:　　　$G_{3k} = 1.775 \times 10^{-1} \times 25 \times 9.2 = 40.83$ kN

(c)吊车梁及轨道自重标准值:

$$G_{4k} = 27.5 + 0.8 \times 6 = 32.3 \text{ kN}$$

各项恒荷载及其作用位置如图 2-6 所示。

2)屋面活荷载标准值。

由《建筑结构荷载规范》(GB 50009—2012)查得屋面活荷载标准值为 0.5 kN/m^2,屋面雪荷载标准值为 0.25 kN/m^2。因屋面活荷载大于雪荷载,两者选大值,故不考虑雪荷载。

作用于柱顶的屋面活荷载标准值为

$$Q_{1k} = 0.5 \times 6 \times \frac{18}{2} = 27.00 \text{ kN}$$

Q_{1k} 的作用位置与 G_{1k} 作用位置相同,如图 2-6 所示。

3)吊车荷载。

由附表 2-1 查得吊车计算参数见表 2-3。

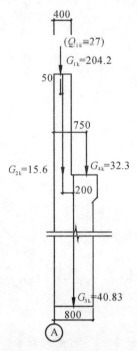

图 2-6　荷载及其作用位置

表 2-3　吊车计算参数

跨度 m	起重量 Q kN	跨度 L_k m	最大轮压 P_{max} kN	最小轮压 P_{min} kN	轮距 K m	吊车宽 B m	吊车重 G kN	小车重 g kN
18	100	16.5	115	25	4.4	5.55	180	38

根据吊车宽 B 及轮距 K,算得吊车梁支座反力影响线中各轮压对应点位置如图 2-7 所示,由此可求得吊车作用于柱上的吊车荷载。

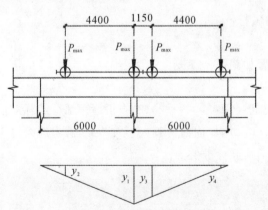

图 2-7　求 $D_{max,k}$ 时的吊车各轮压对应点位置图

（a）吊车竖向荷载标准值。

根据图 2-7，按照三角形比例关系，有

$$D_{\max,k} = \beta p_{\max,k} \sum y_i = 0.9 \times 115 \times 2.15 = 222.53 \text{ kN}$$

$$D_{\min,k} = \beta p_{\min,k} \sum y_i = 0.9 \times 25 \times 2.15 = 48.38 \text{ kN}$$

(b) 吊车横向水平荷载标准值。

吊车额定起吊重量 $Q \leqslant 100$ kN 时，$\alpha = 0.12$，则一个大车轮子传递的吊车横向水平荷载标准值为

$$T_{100} = \frac{\alpha}{4}(Q + g) = \frac{0.12}{4} \times (100 + 38) = 4.14 \text{ kN}$$

$$T_{\max,k} = T_{100} \sum y_i = 4.14 \times 2.15 = 8.90 \text{ kN}$$

4）风荷载。

该地区基本风压为 $w_0 = 0.35$ kN/m²，按 B 类地面粗糙度，查附表 2-7 可得风压高度变化系数，进行线性内插，可得

柱顶（按 12.60 m 取）：

$$\mu_z = 1.073$$

屋顶（按檐口 $H = 14.90$ m 取）：

$$\mu_z = 1.137$$

由附表 2-8 得风载体型系数 μ_s，如图 2-8(a) 所示，故风荷载标准值为

$$w_{1k} = \beta_z \mu_{s1} \mu_z w_0 = 1.0 \times 0.8 \times 1.073 \times 0.35 = 0.300 \text{ kN/m}^2$$

$$w_{2k} = \beta_z \mu_{s2} \mu_z w_0 = 1.0 \times 0.5 \times 1.073 \times 0.35 = 0.188 \text{ kN/m}^2$$

则作用于排架计算简图 [见图 2-8(b)] 上的风荷载标准值为

$$q_1 = 0.300 \times 6.0 = 1.80 \text{ kN/m}, \quad q_2 = 0.188 \times 6.0 = 1.13 \text{ kN/m}$$

$$h_1 = 14.90 - 12.60 = 2.30 \text{ m}, \quad h_2 = 16.20 - 14.90 = 1.30 \text{ m}$$

$$F_w = [(\mu_{s1} + \mu_{s2})\mu_z h_1] + [(\mu_{s3} + \mu_{s4})\mu_z h_2]\beta_z w_0 B =$$
$$[(0.8 + 0.5) \times 1.137 \times 2.3 + (-0.6 + 0.5) \times 1.137 \times 1.3] \times$$
$$1.0 \times 0.35 \times 6.0 = 6.83 \text{ kN}$$

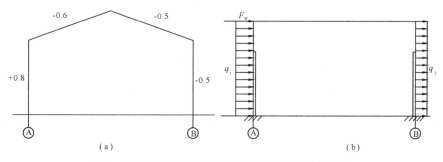

图 2-8　风载体型系数及风荷载作用下的计算简图

(a) 风荷载体型系数；　(b) 计算简图

(3) 内力分析。

1）恒荷载作用下。

由于单层厂房多属于装配式结构，柱、吊车梁及轨道的自重是在预制柱吊装就位完毕而屋

架尚未安装时施加在柱子上的,此时尚未构成排架结构。但在设计中,为了与其他荷载项计算方法一致,并考虑到使用过程的实际受力情况,在柱、吊车梁及轨道的自重作用下,仍按排架结构进行内力计算。

在屋盖自重 G_{1k}、上柱自重 G_{2k}、吊车轨道及联结重 G_{4k} 的作用下,由于结构对称,荷载对称,故可简化为如图 2-9 所示的计算简图。

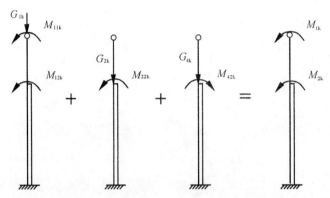

图 2-9　恒荷载作用下的计算简图

(a) 在 G_{1k} 作用下:
$$M_{11k} = G_{1k}e_1 = -204.2 \times 0.05 = -10.21 \text{ kN} \cdot \text{m}$$
$$M_{12k} = G_{1k}e_2 = -204.2 \times 0.2 = -40.84 \text{ kN} \cdot \text{m}$$

(b) 在 G_{2k} 作用下:
$$M_{22k} = G_{2k}e_2 = -15.6 \times 0.2 = -3.12 \text{ kN} \cdot \text{m}$$

(c) 在 G_{4k} 作用下:
$$M_{42k} = G_{4k}e_4 = 32.3 \times 0.35 = 11.31 \text{ kN} \cdot \text{m}$$

叠加以上弯矩,得
$$M_{1k} = M_{11k} = -10.21 \text{ kN} \cdot \text{m}$$
$$M_{2k} = M_{12k} + M_{22k} + M_{42k} = -40.84 - 3.12 + 11.31 = -32.65 \text{ kN} \cdot \text{m}$$

根据 $n = \dfrac{I_1}{I_2} = 0.15, \lambda = \dfrac{H_u}{H} = 0.298$ 由附图 2-4-2 可得

$$C_1 = \frac{3}{2} \times \frac{1 - \lambda^2\left(1 - \frac{1}{n}\right)}{1 + \lambda^3\left(\frac{1}{n} - 1\right)} = \frac{3}{2} \times \frac{1 - 0.298^2 \times \left(1 - \frac{1}{0.15}\right)}{1 + 0.298^3 \times \left(\frac{1}{0.15} - 1\right)} = 1.96$$

在 M_{1k} 作用下,有
$$R_1 = C_1 \frac{M_{1k}}{H} = 1.96 \times \frac{10.21}{13.1} = 1.53 \text{ kN}$$

由附图 2-4-3 得
$$C_3 = \frac{3}{2} \times \frac{1 - \lambda^2}{1 + \lambda^3\left(\frac{1}{n} - 1\right)} = \frac{3}{2} \times \frac{1 - 0.298^2}{1 + 0.298^3 \times \left(\frac{1}{0.15} - 1\right)} = 1.19$$

在 M_{2k} 作用下,有

$$R_2 = C_3 \frac{M_{2k}}{H} = 1.19 \times \frac{32.65}{13.1} = 2.97 \text{ kN}$$

故，在 G_{1k}，G_{2k}，G_{3k}，G_{4k} 共同作用下的弯矩图和轴力图如图 2-10 所示。

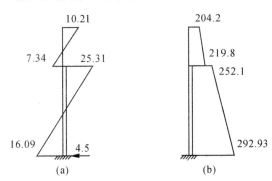

图 2-10　恒荷载作用下的 M 图、N 图

(a)M 图(kN・m)；　(b)N 图(kN)

2）活荷载作用下：

（a）在屋面活荷载 Q_{1k} 作用下，由于 Q_{1k} 作用位置与 G_{1k} 相同，则有

$$M_{Q_{11k}} = Q_{1k}e_1 = -27 \times 0.05 = -1.35 \text{ kN} \cdot \text{m}$$

$$M_{Q_{12k}} = Q_{1k}e_2 = -27 \times 0.2 = -5.4 \text{ kN} \cdot \text{m}$$

$$R_{Q_{1k}} = C_1 \frac{M_{Q_{11k}}}{H} = 1.96 \times \frac{1.35}{13.1} = 0.20 \text{ kN}$$

$$R_{Q_{2k}} = C_3 \frac{M_{Q_{12k}}}{H} = 1.19 \times \frac{5.4}{13.1} = 0.49 \text{ kN}$$

在 Q_{1k} 作用下的计算简图、弯矩图和轴力图如图 2-11 所示。

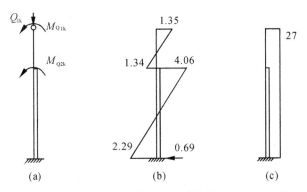

图 2-11　屋面活荷载作用下的计算简图、M 图、N 图

(a) 计算简图；(b)M 图(kN・m)　(c)N 图(kN)

（b）吊车竖向荷载作用下。当 $D_{max,k}$ 作用在 A 柱时，有

A 柱　　　　　$M_{A,k} = D_{max,k}e_4 = 222.53 \times 0.35 = 77.89 \text{ kN} \cdot \text{m}$

B 柱　　　　　$M_{B,k} = D_{min,k}e_4 = 48.38 \times 0.35 = 16.93 \text{ kN} \cdot \text{m}$

与恒荷载计算方法相同，得 $C_3 = 1.19$。则

A 柱　$R_A = C_3 \dfrac{M_{max,k}}{H} = -1.19 \times \dfrac{77.89}{13.1} = -7.08 \text{ kN}(\leftarrow)$,　$V_{A1} = -7.08 \text{ kN}(\leftarrow)$

B 柱　$R_B = C_3 \dfrac{M_{min,k}}{H} = 1.19 \times \dfrac{16.93}{13.1} = 1.54 \text{ kN}(\rightarrow)$,　$V_{B1} = 1.54 \text{ kN}(\rightarrow)$

A 柱与 B 柱相同,剪力分配系数为 0.5,则

$$V_{A2} = V_{B2} = -0.5(R_A + R_B) = -0.5 \times (-7.08 + 1.54) = 2.77 \text{ kN}(\rightarrow)$$

$$V_A = V_{A1} + V_{A2} = -7.08 + 2.77 = -4.31 \text{ kN}(\leftarrow),　V_B = 4.31 \text{ kN}(\rightarrow)$$

吊车竖向荷载作用下的计算简图、M 图、N 图,如图 2-12 所示。当 $D_{max,k}$ 作用在 B 柱时的弯矩图和轴力图可参照图 2-12 画出,只须将 A 柱和 B 柱的内力对换,注意改变内力方向。

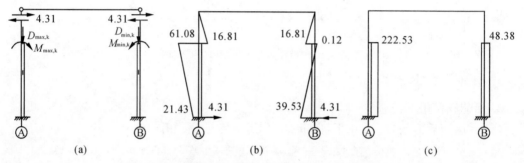

图 2-12　吊车竖向荷载作用下的计算简图、M 图、N 图

(a) 计算简图；　(b) M 图(kN·m)；　(c) N 图(kN)

(c) 在吊车水平荷载作用下。当 $T_{max,k}$ 向左作用时,由附图 2-4-4 和附图 2-4-5 计算可得

$$\frac{y}{H_u} = \frac{3.9 - 1.2}{3.9} = 0.692,　n = \frac{I_1}{I_2} = 0.15,　\lambda = \frac{H_u}{H} = 0.298$$

当 $y = 0.6 H_u$ 时,$C_5 = 0.672$；当 $y = 0.7 H_u$ 时,$C_5 = 0.624$。

线性插值得:当 $y = 0.692 H_u$ 时,

$$C_5 = 0.628$$

$$R_A = R_B = C_5 T_{max,k} = 0.628 \times 8.90 = 5.59 \text{ kN},　V_{A1} = V_{B1} = 5.59 \text{ kN}(\rightarrow)$$

考虑空间作用分配系数,由附表 2-10 查得 $\mu = 0.85$,则

$$V_{A2} = V_{B2} = -0.5\mu(R_A + R_B) = -0.5 \times 0.85 \times (5.59 + 5.59) = -4.75 \text{ kN}(\leftarrow)$$

$$V_A = V_{A1} + V_{A2} = 5.59 - 4.75 = 0.84 \text{ kN}(\rightarrow),　V_B = 0.84 \text{ kN}(\rightarrow)$$

$T_{max,k}$ 向左作用时的弯矩图如图 2-13(a) 所示。

当 $T_{max,k}$ 向右作用时的弯矩图可由对称性画出,如图 2-13(b) 所示。

(d) 在风荷载作用下。风从左向右作用时,在 q_1,q_2 的作用下,由附图 2-4-8 可得

$$C_{11} = \frac{3}{8} \times \frac{1 + \lambda^4 \left(\dfrac{1}{n} - 1\right)}{1 + \lambda^3 \left(\dfrac{1}{n} - 1\right)} = 0.34$$

$$R_1 = -C_{11} q_{1k} H = -0.34 \times 1.80 \times 13.1 = -8.02 \text{ kN}(\leftarrow),　V_{A1} = R_1 = -8.02 \text{ kN}(\leftarrow)$$

$$R_2 = -C_{11} q_{2k} H = -0.34 \times 1.13 \times 13.1 = -5.03 \text{ kN}(\leftarrow),　V_{B1} = R_2 = -5.03 \text{ kN}(\leftarrow)$$

$$V_{A2}=V_{B2}=0.5(F_{w,k}-R_1-R_2)=0.5\times(6.83+8.02+5.03)=9.94\ \text{kN}(\rightarrow)$$

$$V_A=V_{A1}+V_{A2}=-8.02+9.94=1.92\ \text{kN}(\rightarrow)$$

$$V_B=V_{B1}+V_{B2}=-5.03+9.94=4.91\ \text{kN}(\rightarrow)$$

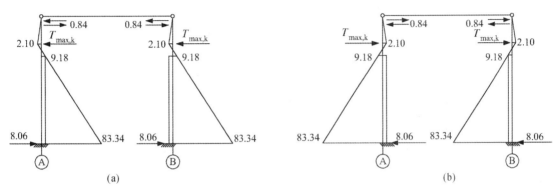

图 2 - 13　$T_{max,k}$ 作用时的 M 图(kN·m)

(a) $T_{max,k}$ 向左作用时的 M 图；　(b) $T_{max,k}$ 向右作用时的 M 图

左风荷载作用下的弯矩图如图 2 - 14(a) 所示。右风荷载作用下的弯矩图只须将 A 柱和 B 柱弯矩图对换，改变方向即可，如图 2 - 14(b) 所示。

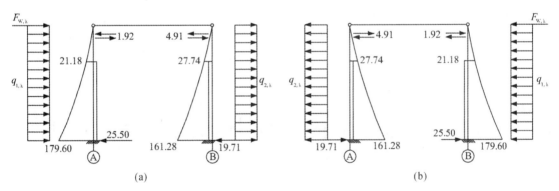

图 2 - 14　风荷载作用下的 M 图(kN·m)

(a) 左风荷载作用下的 M 图；　(b) 右风荷载作用下的 M 图

(4) 不利内力组合。

首先，取控制截面。对单阶柱，上柱为 Ⅰ—Ⅰ 截面，下柱为 Ⅱ—Ⅱ，Ⅲ—Ⅲ 截面。A 柱各控制截面的内力标准值汇总表见表 2 - 4。

根据《建筑结构可靠性设计统一标准》(GB 50068—2018) 第 8.2.4 条规定，荷载效应组合的设计值 S 应按下式组合选取最不利的值确定，有

$$S_d=S\Big(\sum_{i\geqslant1}\gamma_{G_i}G_{ik}+\gamma_P P+\gamma_{Q_1}\gamma_{L_1}Q_{1k}+\sum_{j>1}\gamma_{Q_j}\psi_{cj}\gamma_{L_j}Q_{jk}\Big)$$

对本排架结构，考虑 $S_d=1.3S_{Gk}+1.5S_{Q_{1k}}$，$S_d=1.3S_{Gk}+0.9\times1.5\sum_{i=1}^{n}S_{Q_{ik}}$ 两种组合。

在每种荷载组合中，对柱仍可以产生多种的弯矩 M 和轴力 N 的组合。由于 M 及 N 的同

时存在,很难直接看出哪一种组合为最不利。但对 I 字形或矩形截面柱,从分析偏心受压计算公式来看,通常 M 越大,相应的 N 值越小,其偏心距 e_0 就越大,可能形成大偏心受压,对受拉钢筋不利;当 M 和 N 都大,可能对受拉钢筋不利;但若 M 和 N 都同时增加,而 N 增加得多些,由于 e_0 值减小少,可能使钢筋面积减少;有时由于 N 大或混凝土强度等级过低,其配筋量也增加。本设计考虑以下 4 种内力组合:

$+M_{max}$ 及相应的 N、V;

$-M_{max}$ 及相应的 N、V;

N_{max} 及相应的 M、V;

N_{min} 及相应的 M、V。

在这 4 种内力组合中,前三种组合主要是考虑柱可能出现大偏心受压破坏的情况;第四种组合考虑柱可能出现小偏心受压破坏的情况,从而使柱能够避免任何一种形式的破坏。

表 2-5 和表 2-6 为 A 柱内力组合值汇总表。

表 2-4　A柱各控制截面的内力标准值汇总表

截　面	内力	荷载项							
		恒荷载	屋面活荷载	吊车竖向荷载		吊车水平荷载		风荷载	
		$G_{1,k}G_{2,k}$ $G_{3,k}G_{4,k}$	$Q_{1,k}$	$D_{max,k}$ 在 A 柱	$D_{min,k}$ 在 A 柱	$T_{max,k}$ 向左	$T_{max,k}$ 向右	左风	右风
		①	②	③	④	⑤	⑥	⑦	⑧
I—I	M_k	7.34	1.34	−16.81	−16.81	−9.18	9.18	21.18	−27.74
	N_k	219.80	27	0	0	0	0	0	0
II—II	M_k	−25.31	−4.06	61.08	0.12	−9.18	9.18	21.18	−27.74
	N_k	252.10	27	222.53	48.38	0	0	0	0
III—III	M_k	16.09	2.29	21.43	−39.53	−83.34	83.34	179.60	−161.28
	N_k	292.93	27	222.53	48.38	0	0	0	0
	V_k	4.5	0.69	−4.31	−4.31	−8.06	8.06	25.50	−19.17

注:M 的单位为 kN·m,N 的单位为 kN。

表 2 - 5 A 柱内力组合值(一)

截　面	内　力		1.3 恒荷载＋1.5 任一活荷载							
		组合项	M_{max} 及相应 N,V	组合项	M_{min} 及相应 N,V	组合项	N_{max} 及相应 M,V	组合项	N_{min} 及相应 M,V
Ⅰ—Ⅰ	M	$1.3×①$ $+1.5×⑦$	41.31	$1.3×①$ $+1.5×⑧$	−32.07	$1.3×①$ $+1.5×②$	11.55	$1.3×①$ $+1.5×⑦$	41.31
	N		285.74		285.74		326.24		285.74
	M_k	①＋⑦	28.52	①＋⑧	−20.40	①＋②	8.68	①＋⑦	28.52
	N_k		219.80		219.80		246.80		219.80
Ⅱ—Ⅱ	M	$1.3×①$ $+1.5×③$	58.72	$1.3×①$ $+1.5×⑧$	−74.51	$1.3×①$ $+1.5×③$	58.72	$1.3×①$ $+1.5×⑧$	−74.51
	N		661.53		327.73		661.53		327.73
	M_k	①＋③	35.77	①＋⑧	−53.05	①＋③	35.77	①＋⑧	−53.05
	N_k		474.63		252.10		474.63		252.10
Ⅲ—Ⅲ	M	$1.3×①$ $+1.5×⑦$	290.32	$1.3×①$ $+1.5×⑧$	−221.00	$1.3×①$ $+1.5×③$	53.06	$1.3×①$ $+1.5×⑦$	290.32
	N		380.81		380.81		714.60		380.81
	V		44.10		−22.91		−0.61		44.10
	M_k	①＋⑦	195.69	①＋⑧	−145.19	①＋③	37.52	①＋⑦	195.69
	N_k		292.93		292.93		515.46		292.93
	V_k		30.00		−14.67		0.19		30.00

注:M 的单位为 kN・m,N 的单位为 kN。

表 2-6　A 柱内力组合值(二)

截面	内力	1.3恒荷载＋1.5×0.9(任意两个或两个以上活荷载)							
		组合项	M_{max} 及相应 N,V	组合项	M_{min} 及相应 N,V	组合项	N_{max} 及相应 M,V	组合项	N_{min} 及相应 M,V
Ⅰ－Ⅰ	M	1.3×①+1.5×0.9(②+⑦)	39.94	1.3×①+1.5×0.9(③+⑤+⑧)	−62.99	1.3×①+1.5×0.9(②+③+⑤+⑧)	−61.18	1.3×①+1.5×0.9(③+⑤+⑧)	−62.99
	N		322.19		285.74		322.19		285.74
	M_k	①+0.9(②+⑦)	27.61	①+0.9(③+⑤+⑧)	−41.02	①+0.9(②+③+⑤+⑧)	−39.81	①+0.9(③+⑤+⑧)	−41.02
	N_k		244.10		219.80		244.10		219.80
Ⅱ－Ⅱ	M	1.3×①+1.5×0.9(③+⑥+⑦)	90.54	1.3×①+1.5×0.9(②+⑧)	−75.83	1.3×①+1.5×0.9(②+③+⑦)	72.67	1.3×①+1.5×0.9×(⑤+⑧)	−82.75
	N		628.15		364.18		664.60		327.73
	M_k	①+0.9(③+⑥+⑦)	56.99	①+0.9(②+⑧)	−53.93	①+0.9(②+③+⑦)	45.07	①+0.9×(⑤+⑧)	−58.54
	N_k		452.38		276.40		476.68		252.10
Ⅲ－Ⅲ	M	1.3×①+1.5×0.9(②+③+⑥+⑦)	407.91	1.3×①+1.5×0.9(④+⑤+⑧)	−362.69	1.3×①+1.5×0.9(②+③+⑥+⑦)	407.91	1.3×①+1.5×0.9(④+⑤+⑧)	−362.69
	N		717.67		446.12		717.67		446.12
	V		46.27		−36.73		46.27		−36.73
	M_k	①+0.9(②+③+⑥+⑦)	274.08	①+0.9(④+⑤+⑧)	−239.65	①+0.9(②+③+⑥+⑦)	274.08	①+0.9(④+⑤+⑧)	−239.65
	N_k		517.51		336.47		517.51		336.47
	V_k		31.45		−23.89		31.45		−23.89

注:M 的单位为 kN·m,N 的单位为 kN。

内力符号规定及控制截面的位置如图 2-15 所示。

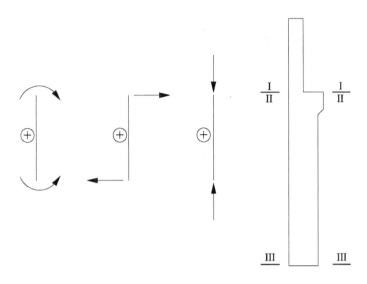

图 2-15　内力符号规定及控制截面

(5)排架柱的设计。

A(B) 柱为偏心受压构件,在不同荷载组合中,同一截面分别承受正负弯矩,但考虑到施工方便,一般采用对称配筋,取 $A_s = A'_s$;混凝土强度等级为 C30,$f_c = 14.3$ N/mm^2,$f_{tk} = 2.01$ N/mm^2;钢筋为 HRB335,$f_y = f'_y = 300$ N/mm^2;箍筋采用 HPB300。

1)选取控制截面最不利内力。

对于对称配筋的偏心受压构件,当 $\eta e_i > 0.3h_0$ 且 $\xi \leqslant \xi_b$ 时,为大偏心受压构件;当 $\eta e_i \leqslant 0.3h_0$ 或虽 $\eta e_i > 0.3h_0$ 但 $\xi > \xi_b$ 时,为小偏心受压构件。在选取控制截面最不利内力时,可取 $\eta = 1.0$ 进行初步判断大小偏心受压。

对于上柱,截面有效高度 $h_0 = 400 - 35 = 365$ mm。用上述方法对上柱 Ⅰ—Ⅰ 截面的 8 组内力进行判别,有 7 组内力为大偏心受压,1 组内力为小偏心受压。其中 1 组小偏心受压的 N 值满足

$$N \leqslant N_b = \alpha_1 f_c b h_0 \xi_b = 1.0 \times 14.3 \times 400 \times 365 \times 0.55 = 1148.29 \text{ kN}$$

说明为构造配筋。对 7 组大偏心受压内力,按照"弯矩相差不多时,轴力越小越不利;轴力相差不多时,弯矩越大越不利"的原则确定上柱的最不利内力为

$$M = -62.99 \text{ kN} \cdot \text{m}, \quad N = 285.74 \text{ kN}$$

对于下柱,可参照上柱的方法选取最不利的内力。经计算判断,对下柱 Ⅲ—Ⅲ 截面的 8 组内力进行判别,有 7 组内力为大偏心受压,1 组内力为小偏心受压。其中 1 组小偏心受压的 N 值满足

$$N \leqslant N_b = \alpha_1 f_c b'_f h_0 \xi_b = 1.0 \times 14.3 \times 400 \times 765 \times 0.55 = 2\,406.69 \text{ kN}$$

说明为构造配筋。选取下柱控制截面的两组最不利内力,有

第一组:　　　　　　　$M = 290.32 \text{ kN} \cdot \text{m}, \quad N = 380.81 \text{ kN}$

第二组： $M=-362.69\ \mathrm{kN\cdot m}, \quad N=446.12\ \mathrm{N}$

2）上柱配筋计算。

选取上柱最不利的内力进行配筋计算，有

$$M_1=0, \quad M_2=-62.99\ \mathrm{kN\cdot m}, \quad N=285.74\ \mathrm{kN}$$

由附表 2-11 查知，有吊车厂房厂房排架方向上柱的计算长度为

$$l_c=l_0=2.0H_u=2\times3.9=7.8\ \mathrm{m}$$

$$e_0=\frac{M_2}{N}=\frac{62.99\times10^3}{285.74}=220.45\ \mathrm{mm}$$

经计算，$l_c/i=7800/115.4=67.59>34-12M_1/M_2=34$，因此，应考虑弯矩增大系数。$e_a$ 取 20 mm 和 $h/30$ 两者中的较大值，即

$$e_a=\max\left(\frac{400}{30},20\right)=20\ \mathrm{mm}$$

可得，初始偏心距为

$$e_i=e_0+e_a=220.45+20=240.45\ \mathrm{mm}$$

$$\zeta_c=\frac{0.5f_cA}{N}=\frac{0.5\times14.3\times400\times400}{285.74\times10^3}=4.00>1.0 \quad （取\ \zeta_c=1.0）$$

根据《混凝土结构设计规范》（GB 50010—2010）附录 B 第 B.0.4 条，有

$$\eta_s=1+\frac{1}{1500\frac{e_i}{h_0}}\left(\frac{l_0}{h}\right)^2\zeta_c=1+\frac{1}{1500\times\frac{240.45}{365}}\left(\frac{7800}{400}\right)^2\times1.0=1.385$$

$$M=\eta_s M_2=1.385\times62.99=87.24\ \mathrm{kN\cdot m}$$

$$e_i=e_0+e_a=\frac{M}{N}+e_a=\frac{87.24\times10^3}{285.74}+20=325.31\ \mathrm{mm}$$

截面受压区高度为

$$x=\frac{N}{\alpha_1 f_c b}=\frac{285.74\times10^3}{1.0\times14.3\times400}=49.95\ \mathrm{mm}<\xi_b h_0=0.55\times365=200.75\ \mathrm{mm}$$

且 $x<2a'_s=2\times35=70\ \mathrm{mm}$，取 $x=2a'_s$ 计算，则

$$e'=e_i-\frac{h}{2}+a'_s=325.31-\frac{400}{2}+35=160.31\ \mathrm{mm}$$

$$A_s=A'_s=\frac{Ne'}{f'_y(h_0-a'_s)}=\frac{285.74\times10^3\times160.31}{300\times(365-35)}=462.70\ \mathrm{mm}^2$$

选 3⌀20（$A_s=A'_s=941\ \mathrm{mm}^2$），则柱截面全部纵筋的配筋率 $\rho=1.18\%>0.6\%$，截面一侧钢筋的配筋率 $\rho=0.59\%>0.2\%$，满足要求。

按轴心受压构件验算垂直于弯矩作用平面的受压承载力，由附表 2-11 查知垂直于排架方向上柱的计算长度为

$$l_0=1.25\times3.9=4.875\ \mathrm{m}$$

则

$$\frac{l_0}{b}=\frac{4875}{400}=12.19, \quad \varphi=0.95$$

$$N_u=0.9\varphi(f_cA+f'_yA'_s)=0.9\times0.95\times(14.3\times400\times400+300\times941\times2)=$$
$$2438.97\ \mathrm{kN}>N_{\max}=326.24\ \mathrm{kN}$$

满足垂直于弯矩作用平面的受压承载力要求。

3) 下柱配筋计算。

由分析结果可知,下柱取下列两组最不利内力进行配筋计算:

第一组:

下端:$M=290.32$ kN·m　　　　　上端:$M=-74.51$ kN·m

　　　$N=380.81$ kN　　　　　　　　　$N=327.73$ kN

第二组:

下端:$M=-362.69$ kN·m　　　　上端:$M=-82.75$ kN·m

　　　$N=446.12$ kN　　　　　　　　　$N=327.73$ kN

(a) 按第一组最不利内力进行配筋计算:

$$M_1=-74.51 \text{ kN·m}, \quad M_2=290.32 \text{ kN·m}, \quad N=327.73 \text{ kN}$$

由附表 2-11 查知,吊车下柱的计算长度为 $l_c=l_0=1.0H_l=1\times9.2=9.2$ m。

经计算,$M_1/M_2=0.26<0.9$,轴压比为 0.13 小于 0.9,且 $l_c/i=9200/284.8=32.30>34-12M_1/M_2=30.88$,故需考虑弯矩增大系数 η_s,则有

$$e_a=\max\left(\frac{800}{30},20\right)=26.7 \text{ mm}$$

$$e_0=\frac{M}{N}=\frac{290.32\times10^3}{327.73}=885.85 \text{ mm}$$

$$e_i=e_0+e_a=885.85+26.7=912.55 \text{ mm}$$

$$\zeta_c=\frac{0.5f_cA}{N}=\frac{0.5\times14.3\times1.775\times10^5}{327.73\times10^3}=3.9>1.0$$

取 $\zeta_c=1.0$。则有

$$\eta_s=1+\frac{1}{1500e_i/h_0}\left(\frac{l_0}{h}\right)^2\zeta_c=1+\frac{1}{1500\times912.55/765}\left(\frac{9200}{800}\right)^2\times1.0=1.07$$

$$e_i=912.55 \text{ mm}>0.3h_0=0.3\times765=229.5 \text{ mm}$$

故初判为大偏心受压,先假定中和轴位于翼缘内,则

$$x=\frac{N}{\alpha_1f_cb'_f}=\frac{327.73\times10^3}{1.0\times14.3\times400}=57.30 \text{ mm}<h'_f=150 \text{ mm}$$

与假定相符,且 $x<2a'_s=70$ mm,取 $x=2a'_s=70$ mm,则

$$M=\eta_sM_0=1.07\times290.32=310.64 \text{ kN·m}$$

$$e_i=\frac{310.64\times10^3}{327.73}+26.7=974.55 \text{ mm}$$

$$e'=e_i-\frac{h}{2}+a'_s=974.55-\frac{800}{2}+35=609.55 \text{ mm}$$

$$A_s=A'_s=\frac{Ne'}{f'_y(h_0-a'_s)}=\frac{327.73\times10^3\times609.55}{300\times(765-35)}=912.18 \text{ mm}^2$$

(b) 按第二组最不利内力进行配筋计算:

$$M_1=-82.75 \text{ kN·m}, \quad M_2=-362.69 \text{ kN·m}, \quad N=327.73 \text{ kN}$$

且 $l_c=l_0=1.0H_l=1\times9.2=9.2$ m,$M_1/M_2=0.23<0.9$,轴压比 $0.13<0.9$ 而 $l_c/i=9200/284.8=32.3>34-12M_1/M_2=31.24$,故需考虑弯矩增大系数,则有

$$e_0 = \frac{M}{N} = \frac{362.69 \times 10^3}{327.73} = 1106.67 \text{ mm}$$

$$e_a = max\left(\frac{800}{30}, 20\right) = 26.7 \text{ mm}$$

$$e_i = e_0 + e_a = 1106.67 + 26.7 = 1133.37 \text{ mm}$$

$$\zeta_c = \frac{0.5 f_c A}{N} = \frac{0.5 \times 14.3 \times 1.775 \times 10^5}{327.73 \times 10^3} = 3.9 > 1.0$$

取 $\zeta_c = 1.0$，可得

$$\eta_s = 1 + \frac{1}{1500 e_i/h_0}\left(\frac{l_0}{h}\right)^2 \zeta_c = 1 + \frac{1}{1500 \times 1133.37/765}\left(\frac{9200}{800}\right)^2 \times 1.0 = 1.06$$

$$e_i = 1133.37 \text{ mm} > 0.3 h_0 = 0.3 \times 765 = 229.5 \text{ mm}$$

故初判为大偏心受压，先假定中和轴位于翼缘内，有

$$x = \frac{N}{\alpha_1 f_c b'_f} = \frac{327.73 \times 10^3}{1.0 \times 14.3 \times 400} = 57.30 \text{ mm} < h'_f = 150 \text{ mm}$$

与假定符合，且 $x < 2a'_s = 70$ mm，取 $x = 2a'_s = 70$ mm，则

$$M = \eta_s M_0 = 1.06 \times 362.69 = 384.45 \text{ kN} \cdot \text{m}$$

$$e_i = \frac{384.45 \times 10^3}{327.73} + 26.7 = 1199.77 \text{ mm}$$

$$e' = e_i - \frac{h}{2} + a'_s = 1199.77 - \frac{800}{2} + 35 = 834.77 \text{ mm}$$

$$A_s = A'_s = \frac{Ne'}{f'_y(h_0 - a'_s)} = \frac{327.73 \times 10^3 \times 834.77}{300 \times (765 - 35)} = 1249.22 \text{ mm}^2$$

综合上述计算结果，下柱截面选用 $5 \oplus 20 (A_s = A'_s = 1570 \text{ mm}^2)$，则柱截面全部纵筋的配筋率 $\rho = 0.91\% > 0.6\%$，截面一侧钢筋的配筋率 $\rho = 0.46\% > 0.2\%$，满足要求。

按此配筋，经验算柱弯矩作用平面外的承载力也满足要求。

4）柱的裂缝宽度验算。

《混凝土结构设计规范》(GB 50010—2010) 规定，对 $e_0/h_0 > 0.55$ 的偏心受压柱进行裂缝宽度验算。对上柱和下柱，荷载效应标准值组合均取偏心距最大时所对应的不利内力进行裂缝宽度验算。其中上柱 $A_s = 941 \text{ mm}^2$，下柱 $A_s = 1570 \text{ mm}^2$，$E_s = 2.0 \times 10^5 \text{ N/mm}^2$，构件受力特征系数 $\alpha_{cr} = 1.9$，混凝土保护层厚度 c_s 取 35 mm。

从表 2-5 和表 2-6 中选取偏心距最大时所对应的最不利内力（荷载效应的标准组合）：

上柱：$\qquad M_k = -41.02 \text{ kN} \cdot \text{m}, \quad N_k = 219.80 \text{ kN}$

下柱：$\qquad M_k = -239.65 \text{ kN} \cdot \text{m}, \quad N_k = 336.47 \text{ kN}$

上柱：

$$e_0 = \frac{M_k}{N_k} = \frac{41.02 \times 10^3}{219.80} = 186.62 \text{ mm}$$

$$\frac{e_0}{h_0} = \frac{186.62}{365} = 0.51 < 0.55$$

故可以不验算裂缝宽度。

下柱：

$$e_0 = \frac{M_k}{N_k} = \frac{239.65 \times 10^3}{336.47} = 712.25 \text{ mm}$$

$$\frac{e_0}{h_0} = \frac{712.25}{765} = 0.93 > 0.55$$

故需要进行裂缝宽度验算。

裂缝宽度验算如下：

$$e_0 = \frac{M_k}{N_k} = \frac{239.65 \times 10^3}{336.47} = 712.25 \text{ mm}$$

$$\rho_{te} = \frac{A_s}{A_{te}} = \frac{A_s}{0.5bh + (b'_f - b)h'_f} = \frac{1570}{0.5 \times 100 \times 800 + (400 - 100) \times 150} = 0.018$$

$$\eta_s = 1 + \frac{1}{4000e_0/h_0}\left(\frac{l_0}{h}\right)^2 = 1 + \frac{1}{4000 \times \frac{712.25}{765}} \times \left(\frac{9200}{800}\right)^2 = 1.04$$

$$e = \eta_s e_0 + \frac{h}{2} - a_s = 1.04 \times 712.25 + \frac{800}{2} - 35 = 1105.74 \text{ mm}$$

$$r'_f = h'_f(b'_f - b)/bh_0 = 150 \times (400 - 100)/100 \times 765 = 0.588$$

$$\eta h_0 = \left[0.87 - 0.12(1 - r'_f)\left(\frac{h_0}{e}\right)^2\right]h_0 = \left[0.87 - 0.12 \times (1 - 0.588) \times \left(\frac{765}{1\,105.74}\right)^2\right] \times$$

$$765 = 647.45 \text{ mm}$$

注意：此处也可以直接近似取 ηh_0 为 $0.87h_0$，则有

$$\sigma_{sk} = \frac{N_k(e - \eta h_0)}{A_s \eta h_0} = \frac{336.47 \times 10^3 \times (1\,105.74 - 647.45)}{1570 \times 647.45} = 151.70 \text{ N/mm}^2$$

$$\psi = 1.1 - 0.65\frac{f_{tk}}{\rho_{te}\sigma_{sk}} = 1.1 - 0.65 \times \frac{2.01}{0.018 \times 151.70} = 0.62$$

$$w_{max} = \alpha_{cr}\psi\frac{\sigma_{sk}}{E_s}\left(1.9c_s + 0.08\frac{d_{eq}}{\rho_{te}}\right) = 1.9 \times 0.62 \times \frac{151.70}{2.0 \times 10^5} \times$$

$$\left(1.9 \times 35 + 0.08 \times \frac{20}{0.018}\right) = 0.14 \text{ mm} < w_{lim} = 0.2 \text{ mm}$$

裂缝宽度满足要求。

5）柱的箍筋配置。

非地震区的单层厂房柱，其箍筋数量一般由构造要求控制。根据构造要求，上下柱均采用 Φ8@200 箍筋。

6）牛腿设计。

（a）截面尺寸验算。

根据吊车梁支撑位置、截面尺寸及构造要求，初步拟定牛腿尺寸，如图 2-3 所示。

牛腿外形尺寸为：$h_1 = 450$ mm，$h = 600$ mm，$h_0 = 565$ mm，$c = 150$ mm，$c_1 = 75$ mm。

对于支承吊车梁的牛腿，其裂缝控制系数为：$\beta = 0.65$，$f_{tk} = 2.01$ N/mm^2。

作用于牛腿顶面按荷载效应标准组合计算的竖向力为

$$F_{vk} = D_{max} + G_{4k} = \frac{222.53}{0.9} + 32.3 = 247.26 + 32.3 = 279.56 \text{ kN}$$

牛腿顶面无水平荷载，即 $F_{hk} = 0$，则有

$$a = 750 - 800 + 20 = -30 \text{ mm} < 0$$

取 $a = 0$。

验算：

$$\beta\left(1 - 0.5\frac{F_{hk}}{F_{vk}}\right)\frac{f_{tk}bh_0}{0.5 + \frac{a}{h_0}} = 0.65 \times \frac{2.01 \times 400 \times 565}{0.5 + 0} = 590.54 \text{ kN} > F_{vk} = 279.56 \text{ kN}$$

故牛腿截面尺寸满足要求。

（b）正截面承载力计算和配筋构造。

根据 $A_s = \dfrac{F_v a}{0.85 f_y h_0} + 1.2 \dfrac{F_h}{f_y}$ 计算纵向受力钢筋截面面积。因为 $a = 0$ 且 $F_h = 0$，所以纵向受力钢筋可按构造配置：

$$A_s = \rho_{\min} bh = 0.002 \times 400 \times 600 = 480 \ \text{mm}^2$$

实际选用 $4 \ \underline{\Phi} \ 14 (A_s = 616 \ \text{mm}^2)$。

（c）斜截面承载力 —— 水平箍筋和弯起筋的确定。

因为 $a/h_0 < 0.3$，故牛腿可不设弯起钢筋。

箍筋选用 $\underline{\Phi} \ 8@100$，且应满足牛腿上部 $2h_0/3$ 范围内的箍筋总截面面积不应小于承受竖向力的纵向受拉钢筋截面面积的 $1/2$，即

$$\frac{2}{3} \times 565 \times 50.3 \times 2 \times \frac{1}{100} = 378.93 \ \text{mm}^2 > \frac{A_s}{2} = \frac{616}{2} = 308 \ \text{mm}^2$$

满足要求。

（d）局部承受强度验算。

取垫板尺寸为 $400 \ \text{mm} \times 400 \ \text{mm}$，则

$$\sigma_L = \frac{F_{vk}}{A_l} = \frac{279.56 \times 10^3}{400 \times 400} = 1.75 \ \text{N/mm}^2 < 0.75 f_c = 0.75 \times 14.3 = 10.725 \ \text{N/mm}^2$$

满足要求。

7）柱的吊装验算。

柱采用翻身起吊，吊点设在牛腿下部，待混凝土达到设计强度后起吊。由附表 2-12 查知，柱插入杯口深度为 $h_1 = 0.9 \times h = 0.9 \times 800 = 720 \ \text{mm} < 800 \ \text{mm}$，取大值 $h_1 = 800 \ \text{mm}$，则柱吊装时总长为

$$3.9 + 9.2 + 0.80 = 13.90 \ \text{m}$$

柱吊装计算简图如图 2-16 所示。

（a）荷载计算。

柱吊装阶段的荷载为柱的自重，且因考虑动力系数 $\mu = 1.5$，则

$$q_1 = \mu \gamma_G q_{1k} = 1.5 \times 1.3 \times (0.4 \times 0.4 \times 25 = 7.80 \ \text{kN/m}$$
$$q_2 = \mu \gamma_G q_{2k} = 1.5 \times 1.3 \times (0.4 \times 0.95 \times 25) = 18.53 \ \text{kN/m}$$
$$q_3 = \mu \gamma_G q_{3k} = 1.5 \times 1.3 \times (0.1775 \times 25) = 8.65 \ \text{kN/m}$$

注意：0.1775 为下柱的截面面积，查附表 2-6 可得。

（b）内力计算。

在上述荷载作用下，上柱根部与吊点处（牛腿根部）弯矩的设计值分别为

$$M_1 = \frac{1}{2} q_1 H_u^2 = \frac{1}{2} \times 7.80 \times 3.9^2 = 59.32 \ \text{kN} \cdot \text{m}$$

$$M_2 = \frac{1}{2} \times 7.80 \times (3.9 + 0.60)^2 + \frac{1}{2} \times (18.53 - 7.80) \times 0.60^2 = 80.91 \ \text{kN} \cdot \text{m}$$

由 $\sum M_B = 0$，得

$$R_A l_3 - \frac{1}{2} q_3 l_3^2 + M_2 = 0$$

故　$\qquad R_A = \dfrac{1}{2} q_3 l_3 - \dfrac{M_2}{l_3} = \dfrac{1}{2} \times 8.65 \times 9.40 - \dfrac{80.91}{9.40} = 32.05 \text{ kN}$

下柱段最大正弯矩 M_3 计算如下：

$$M_3 = R_A x - \frac{1}{2} q_3 x^2$$

由　$\qquad \dfrac{\mathrm{d}M_3}{\mathrm{d}x} = R_A - q_3 x = 0$

得　$\qquad x = \dfrac{R_A}{q_3} = \dfrac{32.05}{8.65} = 3.7 \text{ m}$

故　$\qquad M_3 = 32.05 \times 3.70 - \dfrac{1}{2} \times 8.65 \times 3.70^2 = 59.38 \text{ kN} \cdot \text{m}$

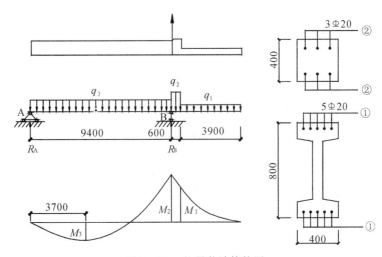

图 2-16　柱吊装计算简图

（c）承载力和裂缝宽度验算。

上柱配筋为 $3 \oplus 20 (A_s = A'_s = 941 \text{ mm}^2)$，其受弯承载力按下式进行验算：

$M_u = f'_y A'_s (h_0 - a'_s) = 300 \times 941 \times (365 - 35) = 93.16 \text{ kN} \cdot \text{m} > \gamma_0 M_1 =$

$1.0 \times 59.32 = 59.32 \text{ kN} \cdot \text{m}$

裂缝宽度验算如下：

$$M_k = \frac{M_1}{\gamma_G} = \frac{59.32}{1.3} = 45.63 \text{ kN} \cdot \text{m}$$

$$\sigma_{sk} = \frac{M_k}{A_s \eta h_0} = \frac{45.63 \times 10^6}{941 \times 0.87 \times 365} = 152.70 \text{ N/mm}^2$$

$$\rho_{te} = \frac{A_s}{A_{te}} = \frac{A_s}{0.5bh} = \frac{941}{0.5 \times 400 \times 400} = 0.0118$$

$$\psi = 1.1 - 0.65 \frac{f_{tk}}{\rho_{te} \sigma_{sk}} = 1.1 - 0.65 \times \frac{2.01}{0.0118 \times 152.70} = 0.375$$

$$w_{max} = \alpha_{cr} \psi \frac{\sigma_{sk}}{E_s} \left(1.9 c_s + 0.08 \frac{d_{eq}}{\rho_{te}} \right) = 1.9 \times 0.375 \times \frac{152.70}{2.0 \times 10^5} \times$$

$$\left(1.9 \times 35 + 0.08 \times \frac{20}{0.0118} \right) = 0.11 \text{ mm} < w_{lim} = 0.2 \text{ mm}$$

上柱裂缝宽度满足要求。

下柱配筋为 $5 \oplus 20 (A_s = A'_s = 1570 \text{ mm}^2)$，其受弯承载力按下式进行验算：

$$M_u = f'_y A'_s (h_0 - a'_s) = 300 \times 1570 \times (765 - 35) = 343.83 \text{ kN} \cdot \text{m} > \gamma_0 M_2 =$$
$$1.0 \times 80.91 = 80.91 \text{ kN} \cdot \text{m}$$

满足要求。

裂缝宽度验算如下：

$$M_k = \frac{M_2}{\gamma_G} = \frac{80.91}{1.3} = 62.24 \text{ kN} \cdot \text{m}$$

$$\sigma_{sk} = \frac{M_k}{A_s \eta h_0} = \frac{62.24 \times 10^6}{1570 \times 0.87 \times 765} = 59.56 \text{ N/mm}^2$$

$$\rho_{te} = \frac{A_s}{A_{te}} = \frac{A_s}{0.5bh + (b_f - b)h_f} = \frac{1570}{0.5 \times 100 \times 800 + (400 - 100) \times 150} = 0.018$$

$$\psi = 1.1 - 0.65 \frac{f_{tk}}{\rho_{te} \sigma_{sk}} = 1.1 - 0.65 \times \frac{2.01}{0.018 \times 59.56} = -0.12 < 0.2$$

取 $\psi = 0.2$，则有

$$w_{max} = \alpha_{cr} \psi \frac{\sigma_{sk}}{E_s} \left(1.9 c_s + 0.08 \frac{d_{eq}}{\rho_{te}} \right) = 1.9 \times 0.2 \times \frac{59.56}{2.0 \times 10^5} \times$$
$$\left(1.9 \times 35 + 0.08 \times \frac{20}{0.018} \right) = 0.018 \text{ mm} < w_{lim} = 0.2 \text{ mm}$$

下柱裂缝宽度满足要求。

A 柱的模板图及配筋图如附图 2-1(插页)所示。

3.基础设计

基础材料：混凝土强度等级为 C20，$f_c = 9.6 \text{ N/mm}^2$，$f_t = 1.10 \text{ N/mm}^2$，钢筋采用 HRB335，$f_y = 300 \text{ N/mm}^2$，基础垫层采用 C10 素混凝土。

(1)荷载。

作用于基础顶面上的内力为柱底(Ⅲ—Ⅲ截面)传给基础的 M、N、V，荷载为围护墙自重重力荷载。按照《建筑地基基础设计规范》(GB 50007—2011)的规定，地基承载力验算取用荷载效应标准组合，基础的受冲切承载力验算和底板配筋计算取用荷载效应基本组合。由于围护墙自重重力荷载大小、方向和作用位置均不变，故基础最不利内力主要取决于柱底(Ⅲ—Ⅲ截面)的不利内力，应选取轴力为最大的不利内力组合及正、负弯矩为最大的不利内力组合。经对表 2-5 和表 2-6 中柱底截面不利内力进行分析可知，基础设计时的不利内力汇总于表2-7。

表 2-7　基础设计时的不利内力

组　别	荷载效应标准组合			荷载效应基本组合		
	$M_k/(\text{kN} \cdot \text{m})$	N_k/kN	V_k/kN	$M/(\text{kN} \cdot \text{m})$	N/kN	V/kN
第一组	274.08	517.51	31.45	407.91	717.67	46.27
第二组	−239.65	336.47	−23.89	−362.69	446.12	−36.73

(2)围护墙自重重力荷载计算。

如图 2-17 所示，每个基础承受的围护墙总宽度为 6.0 m，总高度为 14.90 m，基础顶面标高为－0.500 m,基础梁顶标高为－0.050 m,墙体用 240 mm 厚实心黏土砖砌筑(双面清水),容重为 19 kN/m³,墙上设置塑钢框玻璃窗,按 0.45 kN/m² 计算,每根基础梁自重为 16.7 kN。则每个基础承受的由墙体传来的重力荷载标准值为

基础梁自重	16.7 kN
墙体自重	$19×0.24×[6×14.90-(2.4×2+1.8)×3.6]=299.32$ kN
钢窗自重	$0.45×3.6×(2.4×2+1.8)=10.69$ kN

合计　　　　　　　　　　　　　　　　　　　　　　　　　　$N_{wk}=326.71$ kN

围护墙对基础产生的偏心距为

$$e_w=120+400=520 \text{ mm}$$

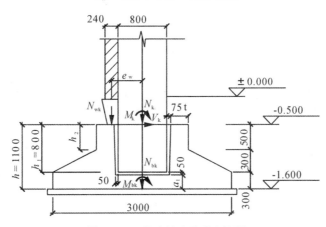

图 2-17　基础尺寸及受力简图

(3)基础底面尺寸及地基承载力计算。

1)基础高度和埋置深度的确定。

由构造要求可知,基础高度为 $h=h_1+a_1+50$ mm,其中 h_1 为柱插入杯口的深度,$h_1=800$ mm;a_1 为杯底厚度,查附表 2-13 得 $a_1 \geqslant 200$ mm,取 $a_1=250$ mm。

故基础高度为

$$h=h_1+a_1+50 \text{ mm}=800+250+50=1100 \text{ mm}$$

基础顶面标高为－0.500 m,室内外高差为 150 mm,则基础埋置深度为

$$d=1100+500-150=1450 \text{ mm}$$

2)基础底面尺寸拟定。

基础底面面积按地基承载力计算确定,并取用荷载效应标准组合。由《建筑地基基础设计规范》(GB 50007—2011)可查得,$\eta_d=1.0$,$\eta_b=0$,取土平均自重 $\gamma_m=20$ kN/m³,则深度修正后的地基承载力特征值 f_a 为

$$f_a=f_{ak}+\eta_d\gamma_m(d-0.5)=180+1.0×20×(1.45-0.5)=199 \text{ kN/m}^2$$

由 N_{max} 的一组荷载,按轴心受压估算基础底面尺寸,取

$$N_k=N_{k,max}+N_{wk}=517.51+326.71=844.22 \text{ kN/m}^2$$

$$A_1=\frac{N_k}{f_a-\gamma_m d}=\frac{844.22}{199-20×1.45}=4.97 \text{ m}^2$$

考虑到偏心的影响，将基础的底面尺寸再增加 30%，则有

$$A = 1.3A_1 = 1.3 \times 4.97 = 6.46 \ \text{m}^2$$

底面选为矩形：

$$l \times b = 2.6 \times 3.0 = 7.80 \ \text{m}^2$$

则基础底面的弹性抵抗矩为

$$W = \frac{1}{6}lb^2 = \frac{1}{6} \times 2.6 \times 3.0^2 = 3.9 \ \text{m}^3$$

3) 地基承载力验算。

基础自重和土重为（基础及其上的填土的平均重度取 $\gamma_m = 20 \ \text{kN/m}^3$），则有

$$G_k = \gamma_m dA = 20 \times 1.45 \times 7.8 = 226.2 \ \text{kN}$$

由表 2-6 可知，选取以下二组不利内力组合进行基础底面面积计算：

第一组：　　$M_k = 274.08 \ \text{kN} \cdot \text{m}, \quad N_k = 517.51 \ \text{kN}, \quad V_k = 31.45 \ \text{kN}$

第二组：　$M_k = -239.65 \ \text{kN} \cdot \text{m}, \quad N_k = 336.47 \ \text{kN}, \quad V_k = -23.89 \ \text{kN}$

先按第一组不利内力计算，基础底面相应于荷载效应标准组合时的竖向力值和力矩值分别为

$$N_{bk} = N_k + G_k + N_{wk} = 517.51 + 226.2 + 326.71 = 1070.42 \ \text{kN}$$

$$M_{bk} = M_k + V_k h \pm N_{wk} e_w = 274.08 + 31.45 \times 1.10 - 326.71 \times 0.52 = 138.79 \ \text{kN} \cdot \text{m}$$

基础底面边缘的压力为

$$P_{k,max} = \frac{N_{bk}}{A} + \frac{M_{bk}}{W} = \frac{1070.42}{7.8} + \frac{138.79}{3.9} = 172.82 \ \text{kN/m}^2$$

$$P_{k,min} = \frac{N_{bk}}{A} - \frac{M_{bk}}{W} = \frac{1070.42}{7.8} - \frac{138.79}{3.9} = 101.65 \ \text{kN/m}^2$$

地基承载力验算，即

$$P_k = \frac{P_{k,max} + P_{k,min}}{2} = \frac{172.82 + 101.65}{2} = 137.24 \leqslant f_a = 199 \ \text{kN/m}^2$$

$$P_{k,max} = 172.82 \ \text{kN/m}^2 \, 1.2 f_a = 1.2 \times 199 = 238.8 \ \text{kN/m}^2$$

满足要求。

取第二组不利内力进行计算，基础底面相应于荷载效应标准组合时的竖向力值和力矩值分别为

$$N_{bk} = N_k + G_k + N_{wk} = 336.47 + 226.2 + 326.71 = 889.38 \ \text{kN}$$

$$M_{bk} = M_k + V_k h \pm N_{wk} e_w = -239.65 - 23.89 \times 1.10 - 326.71 \times 0.52 = -435.82 \ \text{kN} \cdot \text{m}$$

基础底面边缘的压力为

$$P_{k,max} = \frac{N_{bk}}{A} + \frac{M_{bk}}{W} = \frac{889.38}{7.8} + \frac{435.82}{3.9} = 225.77 \ \text{kN/m}^2$$

$$P_{k,min} = \frac{N_{bk}}{A} - \frac{M_{bk}}{W} = \frac{889.38}{7.8} - \frac{435.82}{3.9} = 2.27 \ \text{kN/m}^2$$

地基承载力验算，即

$$P_k = \frac{P_{k,max} + P_{k,min}}{2} = \frac{225.77 + 2.27}{2} = 114.02 \, f_a = 199 \ \text{kN/m}^2$$

$$P_{k,max} = 225.77 \ kN/m^2 \ 1.2 f_a = 1.2 \times 199 = 238.8 \ kN/m^2$$

满足要求。

4) 基础受冲切承载力验算。

基础受冲切承载力计算时采用荷载效应的基本组合,并采用基底净反力。

选取下列两组不利内力:

第一组:　　　$M = 407.91 \ kN \cdot m$,　　$N = 717.67 \ kN$,　　$V = 46.27 \ kN$

第二组:　　　$M = -362.69 \ kN \cdot m$,　　$N = 446.12 \ kN$,　　$V = -36.73 \ kN$

先按第一组不利内力进行计算,扣除基础自重及其上土重后相应于恒荷载效应基本组合时的地基土净反力为

$$N_b = N + \gamma_G N_{wk} = 717.67 + 1.3 \times 326.71 = 1142.39 \ kN$$

$$M_b = M + Vh \pm \gamma_G N_{wk} e_w = 407.91 + 46.27 \times 1.10 - 1.3 \times$$
$$326.71 \times 0.52 = 237.95 \ kN \cdot m$$

$$P_{n,max} = \frac{N_b}{A} + \frac{M_b}{W} = \frac{1142.39}{7.8} + \frac{237.95}{3.9} = 207.47 \ kN/m^2$$

$$P_{n,min} = \frac{N_b}{A} - \frac{M_b}{W} = \frac{1142.39}{7.8} - \frac{237.95}{3.9} = 85.45 \ kN/m^2$$

按第二组不利内力计算,地基土净反力为

$$N_b = N + \gamma_G N_{wk} = 446.12 + 1.3 \times 326.71 = 870.84 \ kN$$

$$M_b = M + Vh \pm \gamma_G N_{wk} e_w = -362.69 - 36.73 \times 1.10 - 1.3 \times$$
$$326.71 \times 0.52 = -623.95 \ kN \cdot m$$

$$P_{n,max} = \frac{N_b}{A} + \frac{M_b}{W} = \frac{870.84}{7.8} + \frac{623.95}{3.9} = 271.63 \ kN/m^2$$

$$P_{n,min} = \frac{N_b}{A} - \frac{M_b}{W} = \frac{870.74}{7.8} - \frac{623.95}{3.9} = -48.34 \ kN/m^2$$

因最小净反力为负值,故基础底面净反力应按下式计算:

$$e_0 = \frac{M_b}{N_b} = \frac{623.95}{870.84} = 0.720 \ m$$

$$k = 0.5 b - e_0 = 0.5 \times 3.0 - 0.720 = 0.78 \ m$$

$$P_{n,max} = \frac{2N_b}{3kl} = \frac{2 \times 870.84}{3 \times 0.78 \times 2.6} = 286.27 \ kN/m^2$$

基础的杯壁厚度查附表 2-13 得 $t \geqslant 300 \ mm$,取 $t = 325 \ mm$,则基础顶面宽度为 $t + 75 \ mm = 400 \ mm$,杯壁高度取为 $h_2 = 500 \ mm$,$a_2 > 200$ 且 $a_2 \geqslant a_1$,取 $a_2 = 300 \ mm$。

对变阶处进行受冲切承载力验算,冲切破坏锥面如图 2-18 中虚线所示,有

$$b_t = 400 + 400 + 400 = 1200 \ mm$$

取保护层厚度为 $40 \ mm > 35 \ mm$,则基础变阶处截面的有效高度为

$$h_0 = 600 - 40 = 560 \ mm$$

$$b_b = b_t + 2h_0 = 1200 + 2 \times 560 = 2320 \ mm$$

$$b_m = \frac{b_t + b_b}{2} = \frac{1200 + 2320}{2} = 1760 \ mm$$

$$A_1 = \left(\frac{3.0}{2} - \frac{1.6}{2} - 0.56\right) \times 2.6 - \left(\frac{2.6}{2} - \frac{1.2}{2} - 0.56\right)^2 = 0.34 \text{ m}^2$$

可得 $$F_1 = p_{n,\max} A_1 = 286.27 \times 0.34 = 97.33 \text{ kN}$$

$$0.7 f_t b_m h_0 = 0.7 \times 1.10 \times 1760 \times 560 = 758.91 \text{ kN} > F_1 = 97.33 \text{ kN}$$

故受冲切验算满足要求。

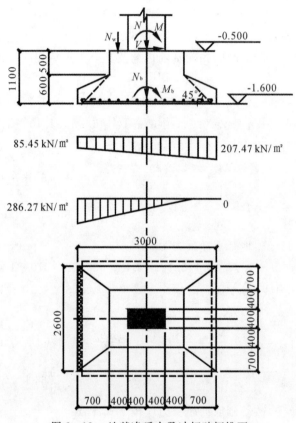

图 2-18 地基净反力及冲切破坏锥面

5)基础底板配筋计算。

(a)柱边及变阶处基底净反力计算。

由表 2-7 中两组不利内力设计值所产生的基底净反力大小见表 2-8,如图 2-18 所示。其中 $P_{j,1}$ 为基础或变阶处所对应的基底净反力。

表 2-8 基底净反力

基底净反力		第一组	第二组
$P_{j,\max}/(\text{kN} \cdot \text{m}^{-2})$		207.47	286.27
$P_{j,1}/(\text{kN} \cdot \text{m}^{-2})$	柱边处	162.73	162.62
	变阶处	179.00	207.59
$P_{j,\min}/(\text{kN} \cdot \text{m}^{-2})$		85.45	0

(b)柱边及变阶处弯矩计算。

柱边弯矩计算：

先按第一组内力计算柱边处截面的弯矩，有

$$e_0 = \frac{M_b}{N_b} = \frac{237.95}{1142.39} = 0.21 \text{ m} < \frac{3.0}{6} = 0.50 \text{ m}$$

长边方向：

$$M_{\mathrm{I}} = \frac{1}{12} a_1^2 \left[(2l + a')(P_{j,\max} + P_{j,\mathrm{I}}) + (P_{j,\max} - P_{j,\mathrm{I}})l \right] =$$

$$\frac{1}{12} \times 1.1^2 \times \left[(2 \times 2.6 + 0.4) \times (207.47 + 162.73) + (207.47 - 162.73) \times 2.6 \right] =$$

220.77 kN · m

短边方向：

$$M_{\mathrm{II}} = \frac{1}{48} (l - a')^2 (2b + b')(P_{j,\max} + P_{j,\min}) =$$

$$\frac{1}{48} \times (2.6 - 0.4)^2 \times (2 \times 3.0 + 0.8) \times (207.47 + 85.45) =$$

200.85 kN · m

再按第二组内力计算，有

长边方向：

$$M_{\mathrm{I}} = \frac{1}{12} a_1^2 \left[(2l + a')(P_{j,\max} + P_{j,\mathrm{I}}) + (P_{j,\max} - P_{j,\mathrm{I}})l \right] =$$

$$\frac{1}{12} \times 1.1^2 \times \left[(2 \times 2.6 + 0.4) \times (286.27 + 162.62) + (286.27 - 162.62) \times 2.6 \right] =$$

285.89 kN · m

短边方向：

$$M_{\mathrm{II}} = \frac{1}{48} (l - a')^2 (2b + b')(P_{j,\max} + P_{j,\min}) =$$

$$\frac{1}{48} \times (2.6 - 0.4)^2 \times (2 \times 3.0 + 0.8) \times (286.27 + 0) =$$

196.29 kN · m

变阶处截面的弯矩计算：

先按第一组内力计算，有

长边方向：

$$M_{\mathrm{I}} = \frac{1}{12} a_1^2 \left[(2l + a')(P_{j,\max} + P_{j,\mathrm{I}}) + (P_{j,\max} - P_{j,\mathrm{I}})l \right] =$$

$$\frac{1}{12} \times 0.7^2 \times \left[(2 \times 2.6 + 1.2) \times (207.47 + 179.00) + (207.47 - 179.00) \times 2.6 \right] =$$

104.02 kN·m

短边方向：

$$M_{II} = \frac{1}{48}(l-a')^2(2b+b')(P_{j,max}+P_{j,min}) =$$

$$\frac{1}{48} \times (2.6-1.2)^2 \times (2 \times 3.0+1.6) \times (207.47+85.45) =$$

90.90 kN·m

再按第二组内力计算，有

长边方向：

$$M_I = \frac{1}{12}a_1^2[(2l+a')(P_{j,max}+P_{j,1})+(P_{j,max}-P_{j,1})l] =$$

$$\frac{1}{12} \times 0.7^2 \times [(2 \times 2.6+1.2) \times (286.27+207.59)+(286.27-207.59) \times 2.6] =$$

137.42 kN·m

短边方向：

$$M_{II} = \frac{1}{48}(l-a')^2(2b+b')(P_{j,max}+P_{j,min}) =$$

$$\frac{1}{48} \times (2.6-1.2)^2 \times (2 \times 3.0+1.6) \times (286.27+0) = 88.84 \text{ kN·m}$$

(c)配筋计算。

基础底板受力钢筋采用 HRB335；$f_y = 300 \text{ N/mm}^2$。

则基础底板沿长边方向的受力钢筋截面面积为

$$A_{sI} = \frac{M_I}{0.9f_yh_{01}} = \frac{285.89 \times 10^6}{0.9 \times 300 \times (1100-40)} = 998.92 \text{ mm}^2$$

$$A_{sI} = \frac{M_I}{0.9f_yh_0} = \frac{137.42 \times 10^6}{0.9 \times 300 \times (600-40)} = 908.86 \text{ mm}^2$$

选用 13 ϕ 10@200，$A_s = 1021 \text{ mm}^2$

基础底板沿短边方向的受力钢筋截面面积为

$$A_{sII} = \frac{M_{II}}{0.9f_y(h_{01}-d)} = \frac{200.85 \times 10^6}{0.9 \times 300 \times (1060-10)} = 708.47 \text{ mm}^2$$

$$A_{sII} = \frac{M_{II}}{0.9f_y(h_0-d)} = \frac{90.90 \times 10^6}{0.9 \times 300 \times (560-10)} = 612.12 \text{ mm}^2$$

选用 15 ϕ 8@200，$A_s = 754.5 \text{ mm}^2$

2.1.3 绘制施工图

根据计算结果和构造要求，绘制的屋面板、屋架及屋架支撑布置图，基础、基础梁、吊车梁布置图，柱模板及配筋图，如附图 2-1(插页)所示。

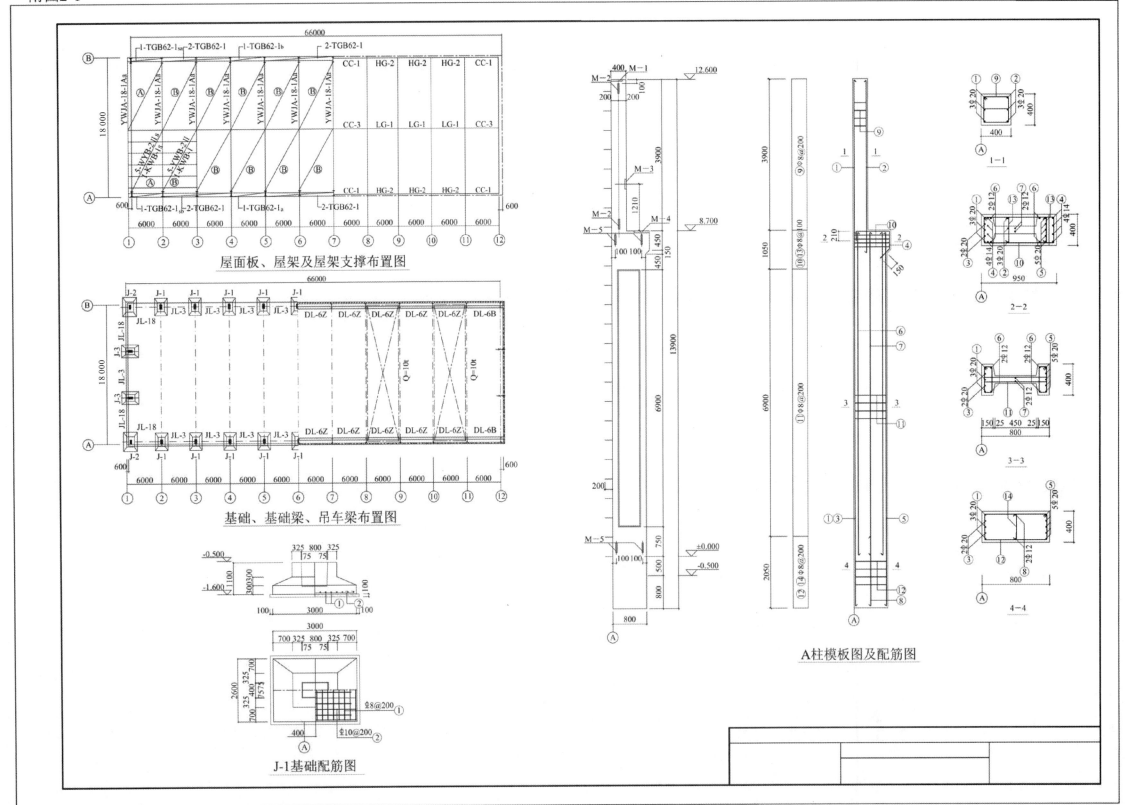

屋面板、屋架及屋架支撑布置图

基础、基础梁、吊车梁布置图

J-1基础配筋图

A柱模板图及配筋图

2.2　双跨等高工业厂房结构设计

2.2.1　设计任务书

1.设计题目

某金工车间双跨等高工业厂房结构设计。

2.设计任务

(1)单层厂房结构布置;

(2)选择标准构件;

(3)排架柱及柱下基础设计。

3.设计内容

(1)确定上、下柱的高度及截面尺寸。

(2)选用屋面板、天沟板、基础梁、吊车梁及轨道连接件等标准构件。

(3)计算排架所承受的各种荷载。

(4)计算各种荷载作用下排架柱的内力,进行内力组合。

(5)排架柱及牛腿的设计。

(6)柱下独立基础的设计。

(7)绘制施工图:

1)结构布置图(屋面板、屋架、屋架支撑、吊车梁、柱及柱间支撑等);

2)柱施工图(柱模板图及柱配筋图);

3)基础施工图(基础平面布置图及配筋图)。

4.设计资料

(1)该金工车间为双跨等高无天窗厂房,每跨跨度为 18 m,柱距为 6 m,车间总长为 72 m。厂房的剖面图如图 2-19 所示。

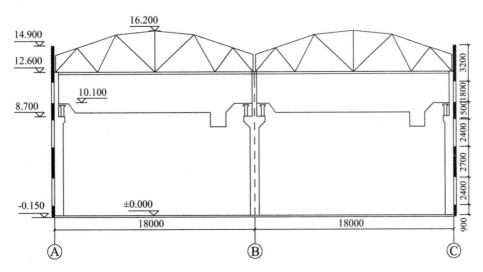

图 2-19　厂房剖面图

（2）建筑地点：西安市北郊（暂不考虑地震作用），设计使用年限为 50 年。

（3）吊车：根据生产工艺要求，车间内设有 2 台 10/3 t 桥式软钩吊车，吊车工作级别为 A5 级，吊车轨顶标高为＋9.60 m。

（4）风荷载：基本风压（50 年）标准值为 0.35 kN/m²，风压高度系数按 B 类地貌取。

（5）雪荷载：基本雪压（50 年）标准值为 0.25 kN/m²。

（6）工程地质及水文条件：厂址位于渭河二级阶地，地形平坦，厂区地层自上而下为：耕土层，厚约 0.5 m；黏土层厚约 3 m，地基承载力标准值 f_k＝180 kN/m²，可作为持力层；中砂；卵石；基岩。厂区地层地下水位较低，且无腐蚀性，设计时不考虑地下水的影响。

（7）混凝土：柱混凝土强度等级为 C30，基础混凝土强度等级为 C20。

（8）钢筋：纵向受力钢筋选用 HRB335，箍筋采用 HPB300。

（9）建筑构造：

1）屋面为改性沥青卷材防水屋面；

2）墙体为 240 mm 厚双面清水砖墙，塑钢门窗，窗宽 3600 mm；

3）室内采用素混凝土地面，室内外高差 150 mm。

2.2.2　计算书

装配式钢筋混凝土排架结构，当结构布置符合建筑模数且尺寸在常规的范围内时，除柱与基础应单独设计完成外，其他构件可从建筑标准图集中选用。通用图集一般包括设计说明、构件选用表、结构布置图、模板图、配筋图、预埋件详图、钢筋及钢筋用量表等内容。它们属于结构施工图，可作为施工的依据。设计中应选用正确合适的构件，对构件进行正确的表示，而不必逐个构件设计。

1.结构构件的选型和布置

（1）屋面结构。

选用无檩体系的屋盖，以保证屋盖的整体性和刚度。建设地点在西安，屋面坡度较小，选用预应力混凝土折线形屋架和预应力混凝土屋面板比较经济。吊车起重量不大，可选用普通钢筋混凝土吊车梁。

1）屋面板。

屋面板（包括檐口板，嵌板）选用方法：采用全国通用工业厂房结构构件标准图集 04G410（一），1.5 m×6 m 预应力钢筋混凝土屋面板（卷材防水）和 04G410（二）1.5 m×6 m 预应力钢筋混凝土屋面板（卷材防水嵌板、檐口板）。首先计算屋面板所承受的外加荷载的标准值，在图集中查找板的允许外加荷载大于或等于板所承受的外加荷载，然后选作屋面板，选用过程和结果见表 2-9。屋面板的布置如图 2-20 及附图 2-2（插页）所示。

表 2 - 9　结构构件的选型表

构件名称	标准图集	选用型号	外加荷载	允许荷载	构件自重
屋面板	04G410(一) 1.5m × 6m 预应力混凝土屋面板	YWB - 2Ⅱ(中间跨) YWB - 2Ⅱs(端跨)	二毡三油防水层　　　0.35 kN/m² 20mm 水泥砂浆找平层 　　　20×0.02＝0.40 kN/m² 100mm 水泥蛭石保温层 　　　5×0.1=0.50 kN/m² 一毡二油防水层　　　0.05 kN/m² 20mm 水泥砂浆找平层　0.40 kN/m² 恒荷载　　　　　　　1.70 kN/m² 屋面活荷载　　　　　0.50 kN/m² 雪荷载　　　　　　　0.25 kN/m² 活荷载取屋面活荷载与雪荷载 的最大值　　　　　　0.50 kN/m² 合计　　　　　　　　2.20 kN/m²	2.46 kN/m²	板自重 1.30 kN/m² 灌缝重 0.1 kN/m²
	04G410(二) 1.5m × 6m 预应力钢筋混凝土屋面板(卷材防水嵌板、檐口板)	KWB - 1(中间跨) KWB - 1s(端跨)	同上	2.50 kN/m²	板自重 1.65 kN/m² 灌缝重 0.1 kN/m²
天沟板	04G410(三) 1.5m × 6m 预应力混凝土屋面板(卷材防水天沟板)	TGB68 - 1(中间跨) TGB68 - 1a(中间跨右端开洞) TGB68 - 1b(中间跨左端开洞) TGB68 - 1sa(端跨右端开洞) TGB68 - 1sb(端跨左端开洞)	积水深为 230mm(与高肋齐) 　　10×0.23×0.46=1.06 kN/m² 二毡三油防水层 　　　0.35×0.9=0.32 kN/m² 20mm 水泥砂浆找平层 　　　20×0.02×0.09=0.36 kN/m² 80mm 水泥蛭石保温层 　　　5×0.08×0.5=0.20 kN/m² 一毡二油隔气层 　　　0.05×1.18=0.06 kN/m² 20mm 水泥砂浆找平层 　　　20×0.02×1.18=0.47 kN/m² 　　　　　　　　　　2.47 kN/m²	3.05 kN/m	1.91 kN/m

续 表

构件名称	标准图集	选用型号	外加荷载	允许荷载	构件自重
屋架	04G415(三)预应力混凝土折线形屋架（跨度18m）	YWJA-18-1Aa	屋面板以上恒荷载 1.70 kN/m² 活荷载 0.75 kN/m² 屋架以上荷载 2.45 kN/m²	3.50 kN/m²	68.2 kN/榀支撑 0.25 kN/m²
吊车梁	04G323(二)钢筋混凝土吊车梁（中、轻级工作制）	DL-6Z(中间跨) DL-6B(边跨)			27.50 kN/根（中间跨） 28.20 kN/根（边跨）
基础梁	04G320 钢筋混凝土基础梁	JL-3(中间跨) JL-18(边跨)			16.7kN/根（中间跨） 15.1 kN/根（边跨）
轨道联结	04G325 吊车轨道连接详图	DGL-13	$P=1.27×185=234.95$ kN	最大设计轮压 $P(t)≤370$ kN	0.8 kN/m

2）天沟板。

天沟板的选择应配合屋架选用天沟板。采用 04G410(三)1.5 m×6 m 预应力钢筋混凝土屋面板(卷材防水天沟板)，由屋面排板计算，天沟板的宽度为 620 mm。具体计算如下：

屋面排板计算：

半跨屋架上弦坡面总长＝2.906＋3.059＋3.015＝8.980 m

当排放 5 块屋面板和 1 块 890 mm 嵌板时，有 8.980－0.89－1.49×5＝0.640 m。

根据图集选用一块宽为 620 mm 的天沟板，选型见表 2－9，其布置如图 2－20 及附图 2－2 所示。

该厂房一侧设 4 根落水管，如图 2－21 所示。天沟板内坡度为 5‰。垫层最薄处为 20 mm，最厚处为 80 mm，按最厚处的一块天沟板(80 mm)计算其所受的外荷载标准值。选择时应注意天沟板的开洞位置。

3）屋架。

屋架的选用应根据厂房使用要求、跨度大小、屋面荷载大小、有无天窗及天窗类别、檐口类别等进行。本设计采用全国通用工业厂房结构构件标准图集 04G415(一)预应力钢筋混凝土折线屋架(跨度 18 m)，选型见表 2－9，屋架布置如图 2－20 及附图 2－2(插页)所示。

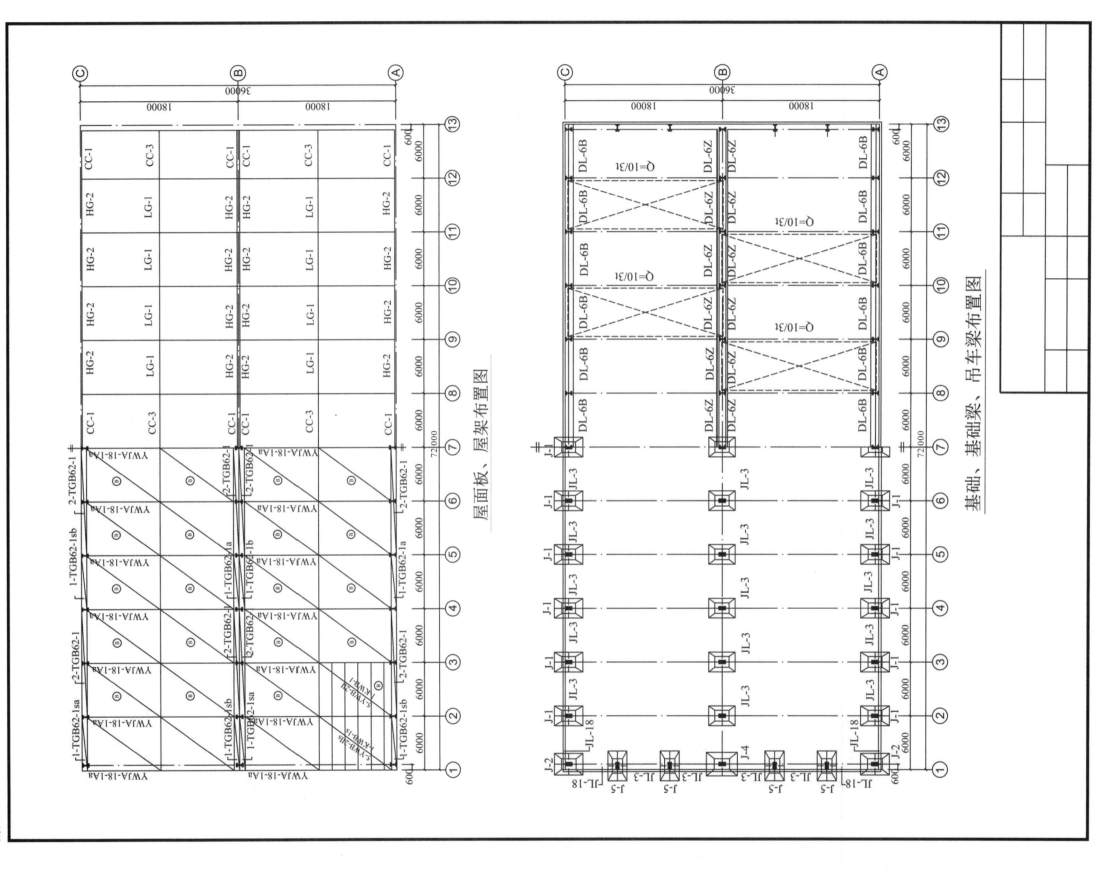

屋面板、屋架布置图

基础、基础梁、吊车梁布置图

附图2-2

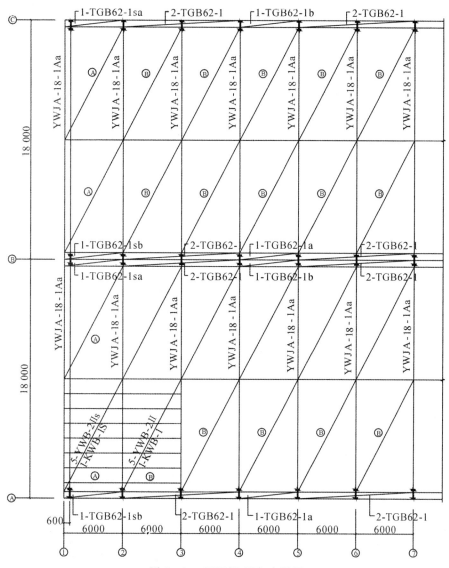

图 2-20　屋面板、屋架布置图

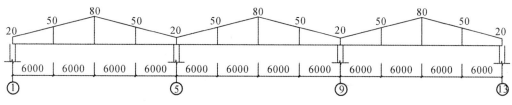

图 2-21　落水管布置图

4）屋盖支撑。

（a）不设置屋架上弦横向水平支撑。

屋架上弦横向水平支撑作用是在屋架上弦平面内形成刚性框，增强屋盖的整体刚度，保证屋架上弦或屋面梁上翼缘平面外的稳定性。同时将抗风柱传来的风荷载传递到（纵向）排架柱顶。但由于采用大型屋面板，每块屋面板与屋架的连接不少于三个焊接点，并沿板缝灌筑 C15 细石混凝土保证了屋面刚度，因此屋面上弦不宜设置上弦横向水平支撑。

（b）不设置屋架下弦支撑。

由于本设计中，厂房的吊车吨位（10/3 t）不大，无振动类设备对屋架下弦产生水平作用力，故无须设置下弦横向水平支撑和下弦纵向支撑。

（c）垂直支撑和水平系杆。

垂直支撑作用是保证屋架承受荷载后在平面外的稳定性并传递纵向水平力，在跨端布置垂直支撑 CC-1，跨中布置垂直支撑 CC-3，如图 2-22 所示。

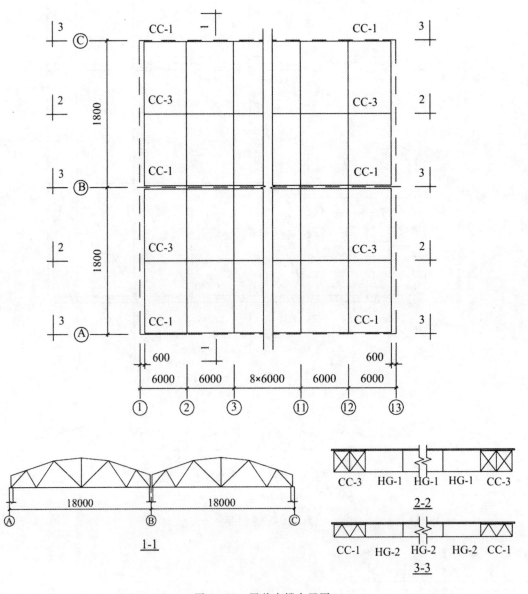

图 2-22 屋盖支撑布置图

下弦水平系杆可防止吊车或其他水平震动时(纵向)屋架下弦发生颤动,一般情况下应在未设置支撑的屋架间相应于垂直支撑平面的屋架下弦节点处设置通长水平系杆。如图 2-22 所示,在屋架端部用 HG-2,屋架中部(跨中)用 HG-1。

(2)排架柱。

1)排架柱尺寸的选定。

(a)柱高。

轨顶标高为 $+9.900$ m,吊车吨位为 $10/3$ t,工作级别为 A5 级,当厂房跨度为 18 m 时,可求得吊车的跨度 $L_k=18-0.75\times2=16.5$ m,查附表 2-1 求得吊车轨顶以上高度(吊车轨顶至小车顶面的距离)为 2.14 m,选定吊车梁的高度 $h_b=1.200$ m,轨道顶面至吊车梁底面的距离(轨顶垫高)$h_a=0.20$ m。

柱顶标高＝轨顶标高＋吊车轨顶以上高度＋吊车顶端与柱顶的净空尺寸＝$9.900+2.140+0.220=12.260$ m。

牛腿顶面标高为:轨顶标高－吊车梁高度－轨顶垫高＝$9.900-1.200-0.200=8.500$ m(取为 8.7 m)。

牛腿顶面标高应满足建筑模数(3M)要求,取为 8.700 m。考虑到吊车行驶所需空隙尺寸 $h_k=0.220$ m,柱顶标高按下式计算:

$$\text{柱顶标高＝牛腿顶面标高＋吊车梁高度＋轨顶垫高＋吊车高度＋}h_k=$$
$$8.70+1.20+0.20+2.14+0.22=12.46 \text{ m}$$

可得,柱顶(或屋架下弦底面)标高应取为 12.60 m(满足 3M 模数要求)。

设室内地面至基础顶面的距离为 0.5 m,则计算简图中柱的总高度 H,下柱高度 H_1 和上柱高度 H_u 分别为

$$H=12.6+0.5=13.1 \text{ m}$$
$$H_1=8.7+0.5=9.2 \text{ m}$$
$$H_u=H-H_1=13.1-9.2=3.9 \text{ m}$$

实际轨顶标高＝$8.70+1.20+0.20=10.10$ m 与 9.90 m 相差 0.200 m,满足 ±0.200 m 的要求。

(b)柱截面尺寸。

根据柱的高度、吊车起重量及工作级别等条件,可查附表 2-2～附表 2-5 确定柱截面尺寸为

$$b\geqslant\frac{H_1}{22}=\frac{9200}{22}=418 \text{ mm}$$
$$h\geqslant\frac{H_1}{14}=\frac{9200}{14}=657 \text{ mm}$$

A(C)轴上柱:

矩形　　　　　　　　　　　$b\times h=400 \text{ mm}\times400 \text{ mm}$

下柱:

Ⅰ 形　　　$b_f\times h\times b\times h_f=400 \text{ mm}\times800 \text{ mm}\times100 \text{ mm}\times150 \text{ mm}$

B 轴上柱:

矩形　　　　　　　　　　　$b\times h=400 \text{ mm}\times600 \text{ mm}$

下柱：

Ⅰ形　　$b_f \times h \times b \times h_f = 400$ mm $\times 800$ mm $\times 100$ mm $\times 150$ mm

(c) 牛腿尺寸初选。

由牛腿几何尺寸的构造规定，$\alpha \leqslant 45°$，$h_1 \geqslant \dfrac{h}{3}$ 且 $h_1 \geqslant 200$ mm，故取 $\alpha = 45°$，$h_1 = 450$ mm，$c_1 \geqslant 70$ mm，取 $c_1 = 75$ mm，如图 2-23 所示。

A(C) 轴柱：

$$c = 750 + \frac{b}{2} + c_1 - 800 = 750 + 125 + 75 - 800 = 150 \text{ mm}$$

$$h = 450 + 150 = 600 \text{ mm}$$

B 轴柱：

$$c = 750 + \frac{b}{2} + c_1 - 400 = 750 + 125 + 75 - 400 = 550 \text{ mm}$$

柱间支撑可在该厂房中部⑦和⑧轴线间设置上柱支撑和下柱支撑。

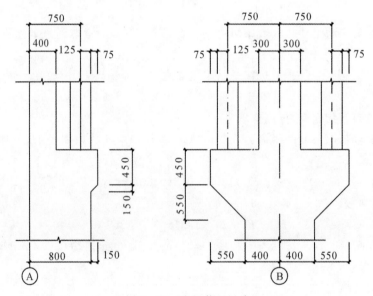

图 2-23　牛腿截面尺寸

(3) 吊车梁。

根据工艺要求和吊车的特点，结合当地的施工技术条件和材料供应情况，选用合理的吊车梁形式。选用吊车梁除了要满足承载力、抗裂度和刚度要求外，还要满足疲劳强度的要求。

采用全国通用工业厂房结构构件标准图集 04G323(二)钢筋混凝土吊车梁(中、轻级工作制)，再根据吊车的起重量、吊车的台数、吊车的跨度、工作级别等因素选用吊车梁型号，选用结果见表 2-9。

(4) 吊车轨道连接件。

根据软钩吊车最大设计轮压 $p = 1.27 p_{max}$ 以及吊车工作级别、起吊重量、吊车梁上螺栓孔间距，选用 04G325 吊车轨道连接详图，见表 2-9。

(5) 基础平面布置。

1）基础编号。

首先区分排架类型，分为标准排架、端部排架，伸缩缝处排架等。然后对各类排架和边柱的基础分别编号，还有抗风柱的基础也需编号，如附图 2－2 所示。

2）基础梁。

基础梁通常采用预制构件，按图集 04G320 钢筋混凝土基础梁选取。本设计中跨选用 JL－3，边跨选用 JL－18，见表 2－9。

2. 排架结构计算

（1）计算简图及柱的计算参数。

1）计算单元及计算简图。

通过相邻横向柱距的中心线取出有代表性的一榀排架作为整个结构的横向平面排架计算单元，如图 2－24（a）所示，取中间跨⑦轴线排架为计算单元进行计算，其计算简图如图 2－24（b）所示。

2）柱的计算参数。

由柱的截面尺寸，查附表 2－6，可以求得柱的计算参数（见表 2－10）。

表 2－10　柱的计算参数

柱号		计算参数			
		截面尺寸/mm	面积/mm²	惯性矩/mm⁴	自重/kN
A,C	上柱	矩形 400×400	$1.6×10^5$	$21.3×10^8$	15.6
	下柱	I 形 400×800×100×150	$1.775×10^5$	$144×10^8$	40.83
B	上柱	矩形 400×600	$2.4×10^5$	$72×10^8$	23.4
	下柱	I 形 400×800×100×150	$1.775×10^5$	$144×10^8$	40.83

（2）荷载计算。

1）恒荷载。

（a）屋盖恒荷载：

二毡（改性沥青防水卷材）三油防水层　　　　　　　　　　　　0.35 kN/m²

20 mm 厚 1∶3 水泥砂浆找平层　　　　　　　　　　20×0.02＝0.40 kN/m²

100 mm 厚水泥蛭石保温层　　　　　　　　　　　　5×0.1＝0.50 kN/m²

一毡二油隔气层　　　　　　　　　　　　　　　　　　　　0.05 kN/m²

20 mm 厚 1∶3 水泥砂浆找平层　　　　　　　　　　20×0.02＝0.40 kN/m²

预应力混凝土屋面板（包括灌缝）　　　　　　　　　　　　　1.40 kN/m²

屋架钢支撑　　　　　　　　　　　　　　　　　　　　　　0.05 kN/m²

合计　　　　　　　　　　　　　　　　　　　　　　　　　3.15 kN/m²

屋架重力荷载为 68.2 kN/榀，则作用与柱顶的屋盖结构自重标准值为

$$G_1 = 3.15 × 6 × \frac{1}{2} × 18 + 68.2 × \frac{1}{2} = 204.2 \text{ kN}$$

（b）柱自重标准值。

A，C 轴上柱：

$$G_{2A} = G_{2C} = g_k H_u = 0.4 \times 0.4 \times 25 \times 3.9 = 15.6 \text{ kN}$$

下柱：

$$G_{3A} = G_{3C} = 1.775 \times 10^{-1} \times 25 \times 9.2 = 40.83 \text{ kN}$$

B轴上柱：

$$G_{2B} = 0.4 \times 0.6 \times 25 \times 3.9 = 23.4 \text{ kN}$$

下柱：

$$G_{3B} = 1.775 \times 10^{-1} \times 25 \times 9.2 = 40.83 \text{ kN}$$

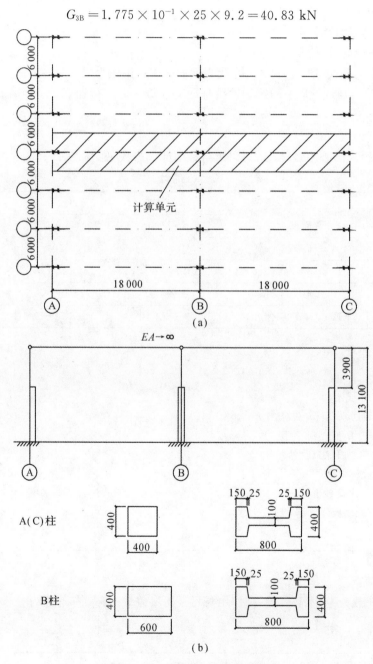

图 2-24 计算单元和计算简图

（c）吊车梁及轨道自重标准值。

A(B)轴上柱：

$$G_{4A} = G_{4B} = 28.20 + 0.8 \times 6 = 33 \text{ kN}$$

各项恒荷载作用位置如图 2-25 所示。

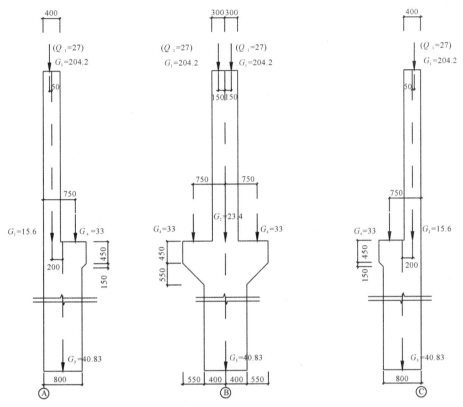

图 2-25　荷载作用位置图（荷载单位：kN）

2）屋面活荷载。

由《建筑结构荷载规范》（GB 50009—2012）查得不上人屋面均布活荷载标准值为 0.5 kN/m^2，屋面雪荷载标准值为 0.25 kN/m^2。因屋面活荷载大于雪荷载，两者选大值，故不考虑雪荷载。

作用于柱顶的屋面活荷载标准值为

$$Q_1 = 0.5 \times 6 \times \frac{18}{2} = 27.00 \text{ kN}$$

Q_1 的作用位置与 G_1 作用位置相同，如图 2-25 所示。

3）吊车荷载。

由附表 2-1 查得吊车计算参数（注意单位换算），结果见表 2-11。

表 2-11　吊车计算参数

跨度 m	起重量 Q kN	跨度 L_k m	最大轮压 P_{max} kN	最小轮压 P_{min} kN	轮距 K m	吊车宽 B m	吊车重 G kN	小车重 g kN
18	100	16.5	115	25	4.4	5.55	180	38

根据吊车宽 B 及轮距 K，算得吊车梁支座反力影响线中各轮压对应点竖向坐标值，如图 2-26 所示，由此可求得吊车作用于柱上的吊车荷载。

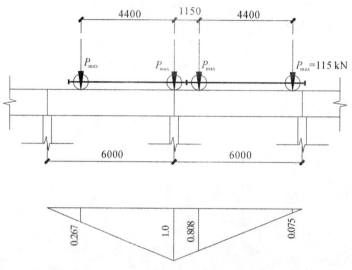

图 2-26　吊车荷载荷载作用下支座反力影响线

（a）吊车竖向荷载：

$$D_{\max,k} = \beta p_{\max,k} \sum y_i = 0.9 \times 115 \times 2.15 = 222.53 \text{ kN}$$

$$D_{\min,k} = \beta p_{\min,k} \sum y_i = 0.9 \times 25 \times 2.15 = 48.38 \text{ kN}$$

（b）吊车横向水平荷载：

当吊车额定起吊质量 $Q \leqslant 100 \text{ kN}$ 时，$\alpha = 0.12$，则一个大车轮子传递的吊车横向水平荷载标准值为

$$T_{100} = \frac{\alpha}{4}(Q + g) = \frac{0.12}{4} \times (100 + 38) = 4.14 \text{ kN}$$

$$T_{\max,k} = T_{100} \sum y_i = 4.14 \times 2.15 = 8.90 \text{ kN}$$

4）风荷载。

由设计资料可知，该地区基本风压 $w_0 = 0.35 \text{ kN/m}^2$，地面粗糙度为 B 类，查附表 2-7 可得风压高度变化系数 μ_z 为

柱顶（标高 = 12.60 m）

$$\mu_z = 1.073$$

檐口（标高 = $0.90 + 2.4 \times 2 + 2.7 + 1.5 + 1.8 + 3.2 = 14.9$ m）

$$\mu_z = 1.137$$

屋顶（标高 $H = 16.20$ m）

$$\mu_z = 1.166$$

由附表 2-8 得风荷载体型系数 μ_s，如图 2-27 所示。风荷载标准值为

$$w_{1k} = \beta_z \mu_{s1} \mu_z w_0 = 1.0 \times 0.8 \times 1.073 \times 0.35 = 0.300 \text{ kN/m}^2$$

$$w_{2k} = \beta_z \mu_{s2} \mu_z w_0 = 1.0 \times 0.4 \times 1.073 \times 0.35 = 0.150 \text{ kN/m}^2$$

则作用于排架计算简图[见图 2 - 27(b)]上的风荷载标准值为

$$q_1 = 0.300 \times 6.0 = 1.8 \text{ kN/m}^2$$

$$q_2 = 0.150 \times 6.0 = 0.9 \text{ kN/m}^2$$

$$h_1 = 14.9 - 12.6 = 2.3 \text{ m}$$

$$h_2 = 16.2 - 14.9 = 1.3 \text{ m}$$

$$F_w = [(\mu_{s1} + \mu_{s2})\mu_z h_1 + (\mu_{s3} + \mu_{s4})\mu_z h_2]\beta_z w_0 B =$$

$$[(0.8 + 0.4) \times 1.137 \times 2.3 + (-0.6 + 0.5) \times 1.166 \times 1.3] \times$$

$$1.0 \times 0.35 \times 6.0 = 6.27 \text{ kN}$$

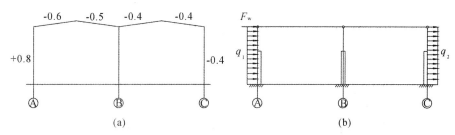

图 2 - 27　风荷载体型系数及排架计算简图

(a) 风荷载体型系数；　(b) 计算简图

(3) 内力分析。

1) 柱剪力分配系数 η_i。

该厂房为两跨等高排架，其柱顶位移系数 C_0 和柱的剪力分配系数 η_i 的计算结果见表 2 - 12。

表 2 - 12　柱顶位移和柱的剪力分配系数

柱　别	$n = \dfrac{I_u}{I_l}$ $\lambda = \dfrac{H_u}{H}$	$C_0 = \dfrac{3}{1 + \lambda^3\left(\dfrac{1}{n} - 1\right)}$ $\Delta\mu = \dfrac{H^3}{C_0 E_c I_l}$	$\eta_i = \dfrac{\dfrac{1}{\Delta\mu_i}}{\displaystyle\sum_{i=1}^{n}\dfrac{1}{\Delta\mu_i}}$
A，C柱	$n = 0.148$ $\lambda = 3.9/13.1 = 0.298$	$C_0 = 2.603$ $\Delta\mu = 0.267 \times 10^{-10} H^3/E_c$	$\eta_A = \eta_C = 0.320$
B柱	$n = 0.5$ $\lambda = 0.39/13.1 = 0.298$	$C_0 = 2.923$ $\Delta\mu = 0.238 \times 10^{-10} H^3/E_c$	$\eta_B = 0.360$

注：$\eta_A + \eta_B + \eta_C = 1$。

2) 恒荷载作用下排架内力分析。

恒荷载作用下的计算简图如图 2 - 28(a)所示,图中重力荷载 G 以及力矩 M 由图 2 - 25 确定,则有

$$\bar{G} = G_{1A} = G_{1C} = 204.2 \text{ kN}$$

$$G_{1B} = 2\bar{G}_1 = 408.4 \text{ kN}$$

$$M_{1A} = M_{1C} = \overline{G}_1 e_{1A} = 204.2 \times 0.05 = 10.21 \text{ kN} \cdot \text{m}$$

$$M_{2A} = M_{2C} = \overline{G}_1 e_{2A} = 204.2 \times 0.20 = 40.84 \text{ kN} \cdot \text{m}$$

由于图 2-28(a)所示排架的计算简图为对称结构,在对称荷载作用下排架无侧移,各柱可按上端为不动铰支座计算,中柱无弯矩。

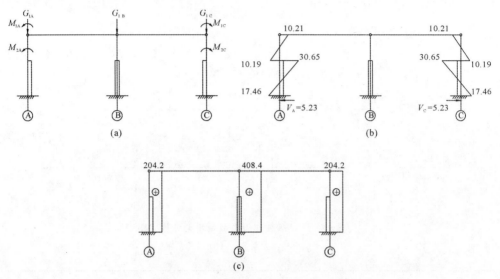

图 2-28 恒荷载作用下排架内力图

(a)计算简图; (b)M 图(kN·m); (c)N 图(kN)

A,C柱: $\qquad n = 0.148, \quad \lambda = 0.298$

$$C_1 = \frac{3}{2} \times \frac{1 - \lambda^2 \left(1 - \dfrac{1}{n}\right)}{1 + \lambda^3 \left(\dfrac{1}{n} - 1\right)} = \frac{3}{2} \times \frac{1 - 0.298^2 \left(1 - \dfrac{1}{0.148}\right)}{1 + 0.298^3 \left(\dfrac{1}{0.148} - 1\right)} = 1.967$$

$$C_3 = \frac{3}{2} \frac{1 - \lambda^2}{1 + \lambda^3 \left(\dfrac{1}{n} - 1\right)} = \frac{3}{2} \times \frac{1 - 0.298^2}{1 + 0.298^3 \left(\dfrac{1}{0.148} - 1\right)} = 1.186$$

$$R_1 = C_1 \frac{M_1}{H} = 1.967 \times \frac{10.21}{13.1} = 1.533 \text{ kN}$$

$$R_2 = C_3 \frac{M_2}{H} = 1.186 \times \frac{40.84}{13.1} = 3.697 \text{ kN}$$

$$R_A = R_1 + R_2 = 1.533 + 3.697 = 5.23 \text{ kN}$$

$$R_C = -R_A = -5.23 \text{ kN}$$

对于 B 柱,$R_B = 0$。

在 R_A 与 M_1, M_2 共同作用下,画出排架的弯矩图、轴力图以及柱底剪力图,如图 2-28(b)(c) 所示。

3) 屋面活荷载作用下排架内力分析。

(a)AB跨作用有屋面活荷载,排架计算简图如图 2-29(a) 所示,屋架传至柱顶的集中荷载 $Q_1 = 27$ kN,它在 A、B 柱柱顶及变阶处引起的弯矩分别为

$$M_{1A} = Q_1 e_{1A} = 27 \times 0.05 = 1.35 \text{ kN} \cdot \text{m}$$

$$M_{2A} = Q_1 e_{2A} = 27 \times 0.20 = 5.4 \text{ kN} \cdot \text{m}$$

$$M_{1B} = Q_1 e_{1B} = 27 \times 0.15 = 4.05 \text{kN} \cdot \text{m}$$

计算不动铰支座反力：

A 柱：

$$C_1 = 1.967, \quad C_3 = 1.186$$

则

$$R_A = \frac{M_{1A}}{H}C_1 + \frac{M_{2A}}{H}C_3 = \frac{1.35}{13.1} \times 1.967 + \frac{5.40}{13.1} \times 1.186 = 0.69 \text{ kN}(\rightarrow)$$

B 柱：

$$n = 0.5, \quad \lambda = 0.298$$

则

$$C_1 = \frac{3}{2} \times \frac{1 - \lambda^2 \left(1 - \dfrac{1}{n}\right)}{1 + \lambda^3 \left(\dfrac{1}{n} - 1\right)} = \frac{3}{2} \times \frac{1 - 0.298^2 \left(1 - \dfrac{1}{0.5}\right)}{1 + 0.298^3 \left(\dfrac{1}{0.5} - 1\right)} = 1.60$$

$$R_B = \frac{M_{1B}}{H}C_1 = \frac{4.05}{13.1} \times 1.60 = 0.50 \text{ kN}(\rightarrow)$$

则排架柱顶不动铰支座总反力为

$$R = R_A + R_B = 0.69 + 0.50 = 1.19 \text{ kN}(\rightarrow)$$

将 R 反方向作用于排架柱顶，按分配系数求得排架各柱顶剪力，有

$$\eta_A = \eta_C = 0.32, \quad \eta_B = 0.36$$

$$V_A = R_A - \eta_A R = 0.69 - 0.320 \times 1.19 = 0.31 \text{ kN}(\rightarrow)$$

$$V_B = R_B - \eta_B R = 0.50 - 0.360 \times 1.19 = 0.07 \text{ kN}(\rightarrow)$$

$$V_C = R_C - \eta_C R = 0 - 0.320 \times 1.19 = -0.38 \text{ kN}(\leftarrow)$$

排架各柱的弯矩图、轴力图如图 2-29(b)(c)所示。

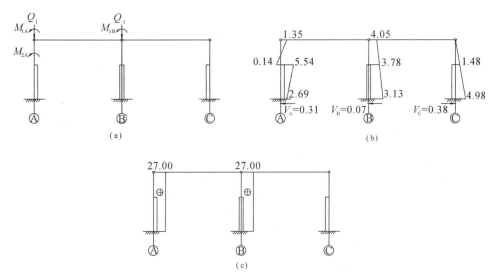

图 2-29　AB 跨作用屋面活荷载的排架内力图

(a)计算简图；　(b)M 图(kN·m)；　(c)N 图(kN)

(b)BC 跨作用有屋面活荷载。

由于结构对称，只需将 AB 跨作用的屋面活荷载情况的 A 柱与 C 柱的内力对换并变号，即得排架各柱内力，如图 2-30 所示。

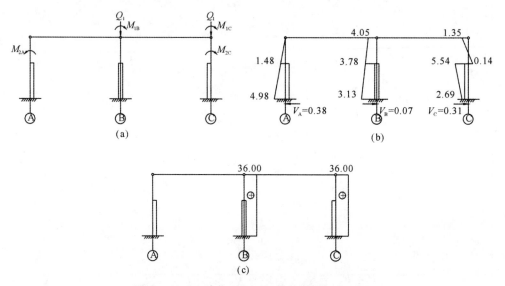

图 2-30　BC 跨作用屋面活荷载的排架内力图
(a)计算简图；　(b)M 图(kN·m)；　(c)N 图(kN)

4)柱及吊车梁自重作用下柱的内力分析(未形成排架)。

由于在安装柱子时尚未吊装屋架,此时柱顶之间无联系,则按悬臂柱分析柱内力,计算简图如图 2-31(a)所示。

A 柱：
$$M_{2A} = G_{2A}e_{2A} = 15.6 \times 0.20 = 3.12 \text{ kN·m}$$
$$G_{3A} = 40.83 \text{ kN}$$
$$G_{4A} = 33 \text{ kN}$$
$$M_{4A} = G_{4A}e_{4A} = 33 \times (0.75 - 0.4) = 11.55 \text{ kN·m}$$

B 柱：
$$G_{2B} = 23.40 \text{ kN}$$
$$G_{3B} = 40.83 \text{ kN}$$
$$G_{4B} = 33 \times 2 = 66 \text{ kN}$$

排架各柱的弯矩图、轴力图分别如图 2-31(b)(c)所示。

5)吊车荷载作用下排架内力分析(不考虑厂房整体空间作用)。

(a)$D_{\max}$ 作用于 A 柱。

计算简图如图 2-32(a)所示,吊车竖向荷载 $D_{\max}=222.53$ kN、$D_{\min}=48.38$ kN 在柱中(牛腿顶面处)引起的弯矩分别为
$$M_A = D_{\max}e_{4A} = 222.53 \times 0.35 = 77.89 \text{ kN·m}$$
$$M_B = D_{\min}e_{4B} = 48.38 \times 0.75 = 36.29 \text{ kN·m}$$

计算不动铰支座反力：

A 柱：由附图 2-4-3 中公式可计算得 $C_3 = 1.186$,则
$$R_A = -\frac{M_A}{H}C_3 = -\frac{77.89}{13.1} \times 1.186 = -7.05 \text{ kN}(\leftarrow)$$

B 柱：$n = 0.5$,$\lambda = 0.298$,则由附图 2-4-3 中式计算可得

$$C_3 = \frac{3}{2} \cdot \frac{1-\lambda^2}{1+\lambda^3\left(\dfrac{1}{n}-1\right)} = \frac{3}{2} \times \frac{1-0.298^2}{1+0.298^3\left(\dfrac{1}{0.5}-1\right)} = 1.332$$

$$R_B = \frac{M_B}{H}C_3 = \frac{36.29}{13.1} \times 1.332 = 3.69 \text{ kN}(\rightarrow)$$

$$R = R_A + R_B = -7.05 + 3.69 = -3.36 \text{ kN}(\leftarrow)$$

排架各柱顶剪力分别为

$$V_A = R_A - \eta_A R = -7.05 - 0.320 \times (-3.36) = -5.97 \text{ kN}(\leftarrow)$$

$$V_B = R_B - \eta_B R = 3.69 - 0.360 \times (-3.36) = 4.89 \text{ kN}(\rightarrow)$$

$$V_C = -\eta_C R = -0.320 \times (-3.36) = 1.08 \text{ kN}(\rightarrow)$$

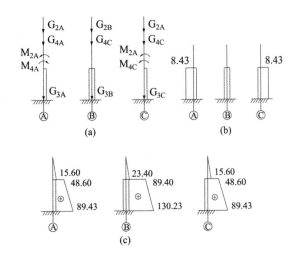

图 2-31　柱及吊车梁自重作用下排架内力图

(a)计算简图；　(b)M 图(kN·m)；　(c)N 图(kN)

排架各柱的弯矩图、轴力图如图 2-32(b)(c)所示。

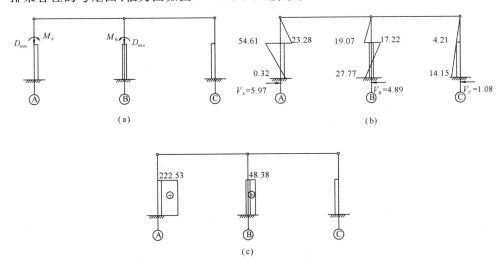

图 2-32　$D_{\max}$作用在 A 柱时排架内力图

(a)计算简图；　(b)M 图(kN·m)；　(c)N 图(kN)

(b)D_{max}作用于 B 柱左。

计算简图如图 2-33(a)所示,吊车竖向荷载 D_{max}、D_{min} 在柱中引起的弯矩分别为

$$M_A = D_{min}e_{4A} = 48.38 \times 0.35 = 16.93 \text{ kN} \cdot \text{m}$$

$$M_B = D_{max}e_{4B} = 222.53 \times 0.75 = 166.90 \text{ kN} \cdot \text{m}$$

计算不动铰支座反力:

A 柱:$C_3 = 1.186$,则

$$R_A = -\frac{M_A}{H}C_3 = -\frac{16.93}{13.1} \times 1.186 = -1.53 \text{ kN}(\leftarrow)$$

$$R_B = \frac{M_B}{H}C_3 = \frac{166.90}{13.1} \times 1.332 = 16.97 \text{ kN}(\rightarrow)$$

$$R = R_A + R_B = -1.53 + 16.97 = 15.44 \text{ kN}(\rightarrow)$$

排架各柱顶剪力分别为

$$V_A = R_A - \eta_A R = -1.53 - 0.320 \times 15.44 = -6.47 \text{ kN}(\leftarrow)$$

$$V_B = R_B - \eta_B R = 15.11 - 0.360 \times 15.44 = 11.41 \text{ kN}(\rightarrow)$$

$$V_C = -\eta_C R = -0.320 \times 15.44 = -4.94 \text{ kN}(\leftarrow)$$

排架各柱的弯矩图、轴力图如图 2-33(b)(c)所示。

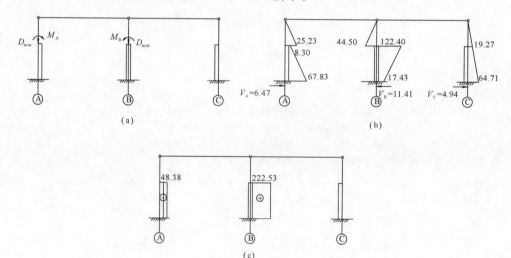

图 2-33　D_{max} 作用在 B 柱左时排架内力图

(a)计算简图；　(b)M 图(kN·m)；　(c)N 图(kN)

(c)D_{max} 作用于 B 柱右。

根据结构的对称性及吊车起重量相等的条件,其内力计算与"D_{max} 作用于 B 柱左"情况相同,只需将 A、C 柱内力对换并改变全部弯矩及剪力符号,如图 2-34 所示。

(d)D_{max} 作用于 C 柱。

同理,将"D_{max} 作用于 A 柱"情况的 A,C 柱内力对换,并改变内力符号,可求得"D_{max} 作用于 C 柱"时各柱的内力,如图 2-35 所示。

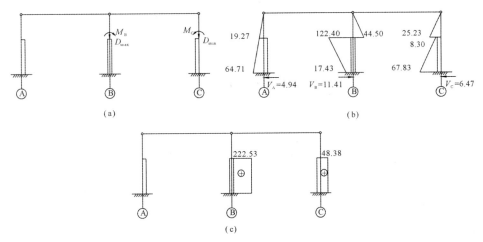

图 2 - 34　D_{max} 作用在 B 柱右时排架内力图

(a)计算简图；　(b)M 图(kN·m)；　(c)N 图(kN)

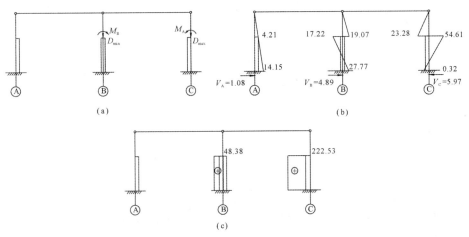

图 2 - 35　D_{max} 作用在 C 柱时排架内力图

(a)计算简图；　(b)M 图(kN·m)；　(c)N 图(kN)

(e)AB 跨两吊车刹车(T_{max} 作用于 AB 跨柱)。

当 AB 跨作用吊车横向水平荷载 T_{max} 时,排架计算简图如图 2 - 36(a)所示。

A 柱:$n = 0.148$, $\lambda = 0.298$, $\dfrac{y}{H_u} = \dfrac{3.9 - 1.2}{3.9} = 0.692$,由附图 2 - 4 - 4 和附图 2 - 4 - 5,计算可得

$$y = 0.7H_u, \quad C_5 = \frac{2 - 2.1 \times 0.298 + 0.298^3 \times \left(\dfrac{0.243}{0.148} + 0.1\right)}{2 \times \left[1 + 0.298^3 \times \left(\dfrac{1}{0.148} - 1\right)\right]} = 0.616$$

$$y = 0.6H_u, \quad C_5 = \frac{2 - 1.8 \times 0.298 + 0.298^3 \times \left(\dfrac{0.416}{0.148} - 0.2\right)}{2 \times \left[1 + 0.298^3 \times \left(\dfrac{1}{0.148} - 1\right)\right]} = 0.665$$

线性内插得,当 $y = 0.692H_u$ 时,有

$$C_5 = 0.620, \quad R_A = -T_{max}C_5 = -8.90 \times 0.620 = -5.52 \text{ kN}(\leftarrow)$$

B柱: $n = 0.5$, $\lambda = 0.298$, $\dfrac{y}{H_u} = 0.692$, 由附图 2-4-4 和附图 2-4-5 可知

$$y = 0.7H_u, \quad C_5 = 0.720$$
$$y = 0.6H_u, \quad C_5 = 0.721$$

线性内插得,当 $y = 0.692H_u$ 时,有

$$C_5 = 0.720, \quad R_B = -T_{max}C_5 = -8.90 \times 0.720 = -6.41 \text{ kN}(\leftarrow)$$

故排架柱顶总反力 R 为

$$R = R_A + R_B = -5.52 - 6.41 = -11.93 \text{ kN}(\leftarrow)$$

各柱顶剪力为

$$V_A = R_A - \eta_A R = -5.52 - 0.320 \times (-11.93) = -1.70 \text{ kN}(\leftarrow)$$
$$V_B = R_B - \eta_B R = -6.41 - 0.360 \times (-11.93) = -2.21 \text{ kN}(\leftarrow)$$
$$V_C = -\eta_C R = -0.320 \times (-11.93) = 3.82 \text{ kN}(\rightarrow)$$

排架各柱的弯矩图如图 2-36(b) 所示。

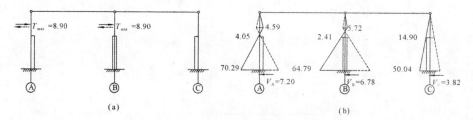

图 2-36 T_{max} 作用在 AB 跨时排架内力图

(a) 计算简图; (b) M 图(kN·m), V 图(kN)

(f)BC跨的两吊车刹车(T_{max} 作用于 BC 跨柱)。

当 BC 跨作用吊车横向水平荷载 T_{max} 时,根据结构的对称性及吊车起重量相等,内力计算同"AB跨的两吊车刹车"情况,仅需将 A 柱和 C 柱内力对换。排架各柱内力如图 2-37 所示。

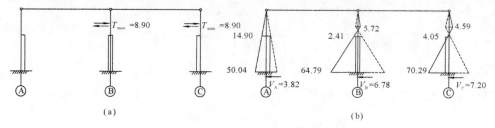

图 2-37 T_{max} 作用在 BC 跨时排架内力图

(a) 计算简图; (b) M 图(kN·m), V 图(kN)

(g)AB跨与BC跨各一台 10/3 t 吊车同时刹车,计算简图如图 2-38 所示。

A柱: $C_5 = 0.620$, $R_A = -T_{max}C_5 = -8.90 \times 0.620 = -5.52 \text{ kN}(\leftarrow)$

B柱: $C_5 = 0.720$, $R_B = -T_{max}C_5 = -8.90 \times 0.720 = -6.41 \text{ kN}(\leftarrow)$

C柱:同 A 柱,$R_C = -5.52 \text{ kN}(\leftarrow)$,则

$$R = R_A + R_B + R_C = -5.52 - 6.41 - 5.52 = -17.45 \text{ kN}(\leftarrow)$$

各柱顶剪力为

$$V_A = R_A - \eta_A R = -5.52 - 0.320 \times (-17.45) = -0.06 \text{ kN}(\leftarrow)$$

$$V_B = R_B - \eta_B R = -6.41 - 0.360 \times (-17.45) = 0.13 \text{ kN}(\rightarrow)$$

$$V_C = R_C - \eta_C R = -5.52 - 0.320 \times (-17.45) = -0.06 \text{ kN}(\leftarrow)$$

排架各柱的弯矩图如图 2-38(b) 所示。

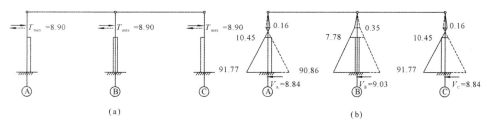

图 2-38　$T_{\max}$ 作用在 AB、BC 跨时排架内力图

(a) 计算简图；　(b) M 图(kN·m)，V 图(kN)

6) 风荷载作用下排架内力图分析。

(a) 左风作用时，计算简图如图 2-39(a) 所示。

A 柱：$n = 0.148$，$\lambda = 0.298$，由附图 2-4-8 可得

$$C_{11} = \frac{3\left[1 + \lambda^4\left(\dfrac{1}{n} - 1\right)\right]}{8\left[1 + \lambda^3\left(\dfrac{1}{n} - 1\right)\right]} = \frac{3 \times \left[1 + 0.298^4 \times \left(\dfrac{1}{0.148} - 1\right)\right]}{8 \times \left[1 + 0.298^3 \times \left(\dfrac{1}{0.148} - 1\right)\right]} = 0.34$$

$$R_A = -q_1 H C_{11} = -1.80 \times 13.1 \times 0.34 = -8.02 \text{ kN}(\leftarrow)$$

$$R_C = -q_2 H C_{11} = -0.90 \times 13.1 \times 0.34 = -4.01 \text{ kN}(\leftarrow)$$

$$R = R_A + R_C + F_w = -8.02 - 4.01 - 6.27 = -18.30 \text{ kN}(\leftarrow)$$

将 R 反向作用于排架柱顶，求得各柱顶剪力为

$$V_A = R_A - \eta_A R = -8.02 - 0.320 \times (-18.30) = -2.16 \text{ kN}(\leftarrow)$$

$$V_B = R_B - \eta_B R = 0 - 0.360 \times (-18.30) = 6.59 \text{ kN}(\rightarrow)$$

$$V_C = R_C - \eta_C R = -4.01 - 0.320 \times (-18.30) = 1.85 \text{ kN}(\rightarrow)$$

排架各柱的内力图如图 2-39(b) 所示。

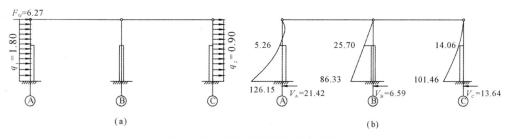

图 2-39　左风作用时排架内力图

(a) 计算简图；　(b) M 图(kN·m)，V 图(kN)

（b）右风作用时，排架内力与"左风作用时"的情况相同，将 A、C 柱内力对换并改变其内力符号即可，排架各柱内力如图 2-40 所示。

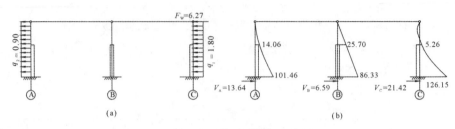

图 2-40　右风作用时排架内力图

(a) 计算简图；　(b)M 图(kN·m)，V 图(kN)

（4）内力组合。

取控制截面，对于单阶柱，控制截面分别取上柱底部截面 Ⅰ—Ⅰ、牛腿顶面 Ⅱ—Ⅱ、和柱底截面 Ⅲ—Ⅲ。表 2-13(1) 为各种荷载单独作用下 A 柱各控制截面的内力标准值的汇总，表 2-14(1) 为各种荷载单独作用下 B 柱各控制截面的内力标准值的汇总。

根据《建筑结构可靠性设计统一标准》(GB 50068—2018) 规定，对于一般排架结构，荷载效应组合的设计值 S 应按下式组合选取最不利的值确定：

$$S_d = S(\sum_{i \geqslant 1} \gamma_{Gi} G_{ik} + \gamma_P P + \gamma_{Q1} \gamma_{L1} Q_{1k} + \sum_{j>1} \gamma_{Qj} \psi_{Cj} \gamma_{Lj} Q_{jk})$$

对本排架结构，考虑 $S_d = 1.3 S_{GK} + 1.5 S_{Q1k}$ 和 $S_d = 1.3 S_{Gk} + 0.9 \times 1.5 \sum_{i=1} S_{Qik}$ 两种组合。

在每种荷载效应组合中，对矩形和 Ⅰ 形截面柱均应考虑以下四种不利内力组合：

1）$+M_{max}$ 及相应的 N、V；

2）$-M_{max}$ 及相应的 N、V；

3）N_{max} 及相应的 M、V；

4）N_{min} 及相应的 M、V。

由于该厂房不考虑抗震设防，所以除柱底截面 Ⅲ—Ⅲ 外，其他截面的不利内力组合中未给出相应的剪力值。对柱进行裂缝宽度验算和地基承载力计算时，采用荷载效应的标准组合参照承载力极限状态基本组合，取荷载分项系数为 1.0。表 2-13(2) 和表 2-13(3) 为 A 柱荷载效应的基本组合；表 2-14(2) 和表 2-14(3) 为 B 柱荷载效应的基本组合。

3. 排架柱的设计

（1）A(C) 柱。

A(C) 柱为偏心受压构件，在不同荷载组合中，同一截面分别承受正负弯矩，但考虑到施工方便，一般采用对称配筋，取 $A_s = A'_s$；混凝土强度等级为 C30，$f_c = 14.3$ N/mm²，$f_{tk} = 2.01$ N/mm²；钢筋为 HRB335，$f_y = f'_y = 300$ N/mm²；箍筋采用 HPB300。

1）选取控制截面最不利内力。

对于对称配筋的偏心受压构件，当 $\eta e_i > 0.3 h_0$ 且 $\xi \leqslant \xi_b$ 时，为大偏心受压构件；当 $\eta e_i \leqslant 0.3 h_0$ 或虽 $\eta e_i > 0.3 h_0$ 但 $\xi > \xi_b$ 时，为小偏心受压构件。在选取控制截面最不利时，可取 $\eta = 1.0$ 进行初步判断大小偏心受压。

表2-13(1) 各种载荷单独作用下A柱控制截面的内力标准值汇总

控制截面及内力方向		恒载效应 S_{Gk}		屋面活载效应 S_{Qk}		吊车竖向荷载效应 S_{Qk}				吊车水平荷载效应 S_{Qk}			风荷载 S_{Qk}	
		屋盖自重	柱及吊车梁自重	作用在 AB 跨	作用 BC 跨	D_{max} 作用 A 柱	D_{max} 作用 B 柱左	D_{max} 作用 B 柱右	D_{max} 作用 C 柱	T_{max} 作用 AB 跨	T_{max} 作用 BC 跨	T_{max} 作用 AB 跨及 BC 跨	左风	右风
序号		①	②	③	④	⑤	⑥	⑦	⑧	⑨	⑩	⑪	⑫	⑬
I—I	M_k	10.19	0	−0.14	1.48	−23.28	−25.23	19.27	−4.21	±4.05	±14.90	±10.45	5.26	−14.06
	N_k	204.2	15.60	27.00	0	0	0	0	0	0	0	0	0	0
II—II	M_k	−30.65	8.43	−5.54	1.48	54.61	−8.3	19.27	−4.21	±4.05	±14.90	±10.45	5.26	−14.06
	N_k	204.2	48.60	27.00	0	222.53	48.38	64.71	0	0	0	0	0	0
III—III	M_k	17.46	8.43	−2.69	4.98	0.32	−67.83	64.71	−14.15	±70.29	±50.04	±91.77	126.15	−101.46
	N_k	204.2	89.43	27.00	0	222.53	48.38	0	0	0	0	0	0	0
	V_k	5.23	0	0.31	0.38	−5.97	−6.47	4.94	−1.08	±7.20	±3.82	±8.84	21.42	−13.54

注:M 的单位为 kN·m;N,V 的单位为 kN。

表 2-13(2)　A 柱荷载效应组合

$$S = 1.3 S_{Gk} + 0.9 \sum_{i=1}^{n} \gamma_{Qi} S_{Qik}$$

截面	内力	+M_max 及相应 N,V 组合式	值	−M_max 及相应 N,V 组合式	值	N_max 及相应 M,V 组合式	值	N_min 及相应 M,V 组合式	值
Ⅰ—Ⅰ	M	1.3(①+②)+1.5×(③+④+⑦+⑩+⑫)	68.29	1.3(①+②)+1.5×0.9[0.8/0.9×(⑥+⑧)+⑩+⑬]	−61.18	1.3(①+②)+1.5×0.9(③+④+⑦+⑩+⑫)	68.29	1.3(①+②)+1.5×0.9(④+⑦+⑩+⑫)	68.48
	N		322.19		285.74		322.19		285.74
	M_k	(①+②)+0.9(③+④+⑦+⑩+⑫)	46.88	(①+②)+0.9[0.8/0.9×(⑥+⑧)+⑩+⑬]	−39.43	(①+②)+0.9(③+④+⑦+⑩+⑫)	46.88	(①+②)+0.9(④+⑦+⑩+⑫)	47.01
	N_k		244.10		219.80		244.10		219.8
Ⅱ—Ⅱ	M	1.3(①+②)+1.5×0.9[④+0.8/0.9×(⑤+⑦)+⑩+⑫]	90.18	1.3(①+②)+1.5×0.9[④+0.8/0.9×(⑥+⑧)+⑩+⑬]	−90.47	1.3(①+②)+1.5×0.9(③+④+⑤+⑨+⑫)	51.93	1.3(①+②)+1.5×0.9(⑧+⑩+⑬)	−73.67
	N		595.68		423.15		665.51		328.64
	M_k	(①+②)+0.9[④+0.8/0.9×(⑤+⑦)+⑩+⑫]	57.16	(①+②)+0.9[③+0.8/0.9×(⑥+⑧)+⑩+⑬]	−63.28	(①+②)+0.9(③+④+⑤+⑨+⑫)	31.65	(①+②)+0.9(⑧+⑩+⑬)	−52.07
	N_k		430.82		315.80		477.38		252.8
Ⅲ—Ⅲ	M	1.3(①+②)+1.5×0.9[④+0.8/0.9×(⑤+⑦)+⑩+⑫]	412.61	1.3(①+②)+1.5×0.9[③+0.8/0.9×(⑥+⑧)+⑩+⑬]	−329.21	1.3(①+②)+1.5×0.9(③+④+⑤+⑨+⑫)	302.37	1.3(①+②)+1.5×0.9(④+⑦+⑩+⑫)	365.59
	N		648.76		476.23		718.58		381.72
	V		46.93		−32.19		38.31		48.06
	M_k	(①+②)+0.9[④+0.8/0.9×(⑤+⑦)+⑪+⑫]	278.52	(①+②)+0.9[③+0.8/0.9×(⑥+⑧)+⑪+⑬]	−216.02	(①+②)+0.9(③+④+⑤+⑨+⑫)	205.04	(①+②)+0.9(④+⑦+⑩+⑫)	247.18
	N_k		471.65		356.63		518.21		293.63
	V_k		31.98		−20.76		26.24		32.73

注：M 的单位为 kN·m；N,V 的单位为 kN。

表 2 – 13(3)　A 柱荷载效应组合

$$S = 1.3S_{Gk} + 1.5S_{Qlk}$$

截面	内力	$+M_{max}$ 及相应 N,V	$-M_{max}$ 及相应 N,V	N_{max} 及相应 M,V	N_{min} 及相应 M,V
Ⅰ—Ⅰ	M	42.15 1.3(①+②)+1.5×⑦	−24.60 1.3(①+②)+1.5×⑥	13.04 1.3(①+②)+1.5×③	42.15 1.3(①+②)+1.5×⑦
	N	285.74	285.74	326.54	285.74
	M_k	29.46 (①+②)+⑦	−15.04 (①+②)+⑥	10.05 (①+②)+③	29.46 (①+②)+⑦
	N_k	219.8	219.8	246.8	219.8
Ⅱ—Ⅱ	M	53.03 1.3(①+②)+1.5×⑤	−49.98 1.3(①+②)+1.5×⑬	53.03 1.3(①+②)+1.5×⑤	0.02 1.3(①+②)+1.5×⑦
	N	662.44	328.64	662.44	328.64
	M_k	32.39 (①+②)+⑤	−36.28 (①+②)+⑬	32.39 (①+②)+⑤	−2.95 (①+②)+⑦
	N_k	475.33	252.80	475.33	252.80
Ⅲ—Ⅲ	M	222.88 1.3(①+②)+1.5×⑫	−68.09 1.3(①+②)+1.5×⑥	34.14 1.3(①+②)+1.5×⑤	222.88 1.3(①+②)+1.5×⑫
	N	381.72	454.29	715.51	381.72
	V	38.93	−2.91	−2.16	38.93
	M_k	152.04 (①+②)+⑫	−41.94 (①+②)+⑥	26.21 (①+②)+⑤	152.04 (①+②)+⑫
	N_k	293.63	342.01	516.16	293.63
	V_k	26.65	−1.27	−0.74	26.65

注：M 的单位为 kN·m；N,V 的单位为 kN。

表 2-14(1) 各种荷载单独作用下 B 柱控制截面的内力标准值汇总

控制截面及内力方向	序号	恒载效应 S_{Gk} 屋盖自重 ①	恒载效应 S_{Gk} 柱及吊车梁自重 ②	屋面活荷载效应 S_{Qk} 作用在 AB 跨 ③	屋面活荷载效应 S_{Qk} 作用在 BC 跨 ④	吊车竖向荷载效应 S_{Qk} D_{max} 作用在 A 柱 ⑤	吊车竖向荷载效应 S_{Qk} D_{max} 作用在 B 柱左 ⑥	吊车竖向荷载效应 S_{Qk} D_{max} 作用在 B 柱右 ⑦	吊车竖向荷载效应 S_{Qk} D_{max} 作用在 C 柱 ⑧	吊车水平荷载效应 S_{Qk} T_{max} 作用在 AB 跨 ⑨	吊车水平荷载效应 S_{Qk} T_{max} 作用在 BC 跨 ⑩	吊车水平荷载效应 S_{Qk} T_{max} 作用在 AB 及 BC 跨 ⑪	风荷载 S_{Qk} 左风 ⑫	风荷载 S_{Qk} 右风 ⑬
I-I M_k		0	0	-3.78	3.78	19.07	44.50	-44.50	-19.07	±2.41	±2.41	±7.78	25.70	-25.70
I-I N_k		408.4	23.40	27.00	27.00	0	0	0	0	0	0	0	0	0
II-II M_k		0	0	-3.78	3.78	-17.22	-122.40	122.40	17.22	±2.41	±2.41	±7.78	25.70	-25.70
II-II N_k		408.4	89.40	27.00	27.00	48.38	222.53	222.53	48.38	0	0	0	0	0
III-III M_k		0	0	-3.13	3.13	27.77	-17.43	17.43	-27.77	±64.79	±64.79	±90.86	86.33	-86.33
III-III N_k		408.4	130.23	27.00	27.00	48.38	222.53	222.53	48.38	0	0	0	0	0
III-III V_k		0	0	-0.07	-0.07	4.89	11.41	-11.41	-4.89	±6.78	±6.78	±9.03	6.59	-6.59

注：M 的单位为 kN·m；N，V 的单位为 kN。

表 2-14(2)　B 柱荷载效应组合

$$S = 1.3 S_{Gk} + 0.9 \sum_{i=1}^{n} \gamma_{Qi} S_{Qik}$$

截面	内力	$+M_{max}$ 及相应 N,V		$-M_{max}$ 及相应 N,V		N_{max} 及相应 M,V		N_{min} 及相应 M,V	
		组合式	数值	组合式	数值	组合式	数值	组合式	数值
Ⅰ—Ⅰ	M	$1.3(①+②)+1.5×(④+⑥)$	103.13	$1.3(①+②)+1.5×(③+⑦+⑩+⑬)$	−103.13	$1.3(①+②)+1.5×⑫$	98.02	$1.3(①+②)+1.5×(⑥+⑨)$	98.02
	N	$0.9(④+⑥+⑨+⑫)$	597.79	$0.9(③+⑦+⑩+⑬)$	597.79	$0.9(③+④+⑥+⑨+⑫)$	634.24	$0.9(⑥+⑨+⑫)$	561.34
	M_k	$(①+②)+0.9(③+⑦+⑨+⑫)$	68.75	$(①+②)+0.9(③+⑦+⑩+⑬)$	−68.75	$(①+②)+0.9(③+④+⑥+⑨+⑫)$	65.35	$(①+②)+0.9(⑥+⑨+⑫)$	65.35
	N_k	$0.9(④+⑦+⑩+⑫)$	456.10	$0.9(③+⑦+⑩+⑬)$	456.10	$(①+②)+0.9(③+④+⑥+⑨+⑫)$	480.40	$0.9(⑥+⑨+⑫)$	431.80
Ⅱ—Ⅱ	M	$1.3(①+②)+1.5×(④+⑦+⑩+⑫)$	208.29	$1.3(①+②)+1.5×(③+⑥+⑨+⑫)$	−208.29	$1.3(①+②)+1.5×⑫$	171.41	$1.3(①+②)+1.5×⑫$	34.70
	N	$0.9(④+⑦+⑩+⑫)$	984.01	$0.9(③+⑥+⑨+⑫)$	984.01	$0.9[③+④+0.8/0.9×(⑤+⑦)+⑪+⑫]$	1045.13	$0.9⑫$	647.14
	M_k	$(①+②)+0.9(④+⑦+⑩+⑫)$	138.86	$(①+②)+0.9(③+⑥+⑨+⑫)$	−138.86	$(①+②)+0.9[③+④+0.8/0.9×(⑤+⑦)+⑪+⑫]$	114.28	$(①+②)+0.9⑫$	23.13
	N_k	$0.9(④+⑦+⑩+⑫)$	722.38	$0.9(③+⑥+⑨+⑫)$	722.38	$(①+②)+0.9[③+④+0.8/0.9×(⑤+⑦)+⑪+⑫]$	763.13	$0.9⑫$	497.80
Ⅲ—Ⅲ	M	$1.3(①+②)+1.5×(⑤+⑦+⑪+⑫)$	297.67	$1.3(①+②)+1.5×(③+⑧+⑪+⑬)$	−297.67	$1.3(①+②)+1.5×⑫$	293.45	$1.3(①+②)+1.5×⑫$	116.55
	N	$0.9[④+0.8/0.9×(⑤+⑦)+⑪+⑫]$	1061.76	$0.9[③+0.8/0.9×(⑥+⑧)+⑪+⑬]$	1061.76	$0.9[③+④+0.8/0.9×(⑤+⑦)+⑪+⑫]$	1098.21	$0.9⑫$	700.22
	V	$(⑦+⑪+⑫)$	13.17	$(⑧+⑪+⑬)$	−13.17	$(⑤+⑦+⑪+⑫)$	13.26		8.90
	M_k	$(①+②)+0.9[④+0.8/0.9×(⑤+⑦)+⑪+⑫]$	198.45	$(①+②)+0.9[③+0.8/0.9×(⑥+⑧)+⑪+⑬]$	−198.45	$(①+②)+0.9[③+④+0.8/0.9×(⑤+⑦)+⑪+⑫]$	195.63	$(①+②)+0.9⑫$	77.70
	N_k	$0.8/0.9×(⑤+⑦)+⑪+⑫$	779.66	$0.8/0.9×(⑥+⑧)+⑪+⑬$	779.66	$0.8/0.9×(⑤+⑦)+⑪+⑫$	803.96	$0.9⑫$	538.63
	V_k	$(⑪+⑫)$	8.78	$(⑪+⑬)$	−8.78	$(⑪+⑫)$	8.84		5.93

注：M 的单位为 kN·m；N,V 的单位为 kN。

表 2－14(3)　B柱荷载效应组合

$$S=1.2S_{Gk}+1.4S_{Qk}$$

截面	内力	+M_{max} 及相应 N,V		−M_{max} 及相应 N,V		N_{max} 及相应 M,V		N_{min} 及相应 M,V	
I—I	M	1.3(①+②)+1.5×⑥	66.75	1.3(①+②)+1.5×⑦	−66.75	1.3(①+②)+1.5×④	5.67	1.3(①+②)+1.5×⑥	66.75
	N		647.70		647.70		601.84		647.70
	M_k	(①+②)+⑥	44.50	(①+②)+⑦	−44.50	(①+②)+④	3.78	(①+②)+⑥	44.50
	N_k		431.80		431.80		458.80		431.80
II—II	M	1.3(①+②)+1.5×⑦	183.60	1.3(①+②)+1.5×⑥	−183.60	1.3(①+②)+1.5×⑦	183.60	1.3(①+②)+1.5×⑫	38.55
	N		980.94		980.94		980.94		647.14
	M_k	(①+②)+⑦	122.40	(①+②)+⑥	−122.40	(①+②)+⑦	122.40	(①+②)+⑫	25.70
	N_k		720.33		720.33		720.33		497.80
III—III	M	1.3(①+②)+1.5×⑫	129.50	1.3(①+②)+1.5×⑬	−129.50	1.3(①+②)+1.5×⑦	26.15	1.3(①+②)+1.5×⑫	129.50
	N		700.22		700.22		1034.01		700.22
	V		9.89		−9.89		−17.12		9.89
	M_k	(①+②)+⑫	86.33	(①+②)+⑬	−86.33	(①+②)+⑦	17.43	(①+②)+⑫	86.33
	N_k		538.63		538.63		761.16		538.63
	V_k		6.59		−6.59		−11.41		6.59

注:M 的单位为 kN·m;N,V 的单位为 kN。

对于上柱,截面有效高度 $h_0 = 400 - 35 = 365$ mm。用上述方法对上柱 Ⅰ—Ⅰ 截面的 8 组内力进行判别,有 6 组内力为大偏心受压,2 组内力为小偏心受压。其中 2 组小偏心受压的 N 值均满足 $N \leqslant N_b = \alpha_1 f_c b h_0 \xi_b = 1.0 \times 14.3 \times 400 \times 365 \times 0.55 = 1148.29$ kN,说明为构造配筋。对 6 组大偏心受压内力,按照"弯矩相差不多时,轴力越小越不利;轴力相差不多时,弯矩越大越不利"的原则确定上柱的最不利内力为

$$M = 68.48 \text{ kN} \cdot \text{m}, \quad N = 285.74 \text{ kN}$$

对于下柱,可参照上柱的方法选取最不利的内力。经计算判断,下柱 Ⅲ—Ⅲ 截面的 8 组内力中有 6 组内力为大偏心受压,有 2 组内力为小偏心受压。其中 2 组小偏心受压的 N 值均满足 $N \leqslant N_b = \alpha_1 f_c b' h_0 \xi_b = 1.0 \times 14.3 \times 400 \times 765 \times 0.55 = 2406.69$ kN,说明为构造配筋。选取下柱控制截面的两组最不利内力,即

第一组:$\quad M = 412.61$ kN $\cdot$ m,$\quad N = 648.74$ kN

第二组:$\quad M = 365.59$ kN $\cdot$ m,$\quad N = 381.72$ kN

2) 取上柱最不利的内力进行配筋计算:

$$M_1 = 0, \quad M_2 = 68.48 \text{ kN} \cdot \text{m}, \quad N = 285.74 \text{ kN}$$

由附表 2-11 查知,有吊车厂房排架方向上柱的计算长度为

$$l_c = l_0 = 2 \times 3.9 = 7.8 \text{ m}$$

$$e_0 = \frac{M_2}{N} = \frac{68\,480}{285.74} = 239.66 \text{ mm}$$

经计算,$l_c / i = 7800 / 115.4 = 67.59 > 34 - 12 M_1 / M_2 = 34$,因此,应考虑弯矩增大系数。附加偏心距 e_a 取 20 mm 和 $h/30$ 两者中的较大值,即

$$e_a = \max\left(\frac{400}{30}, 20\right) = 20 \text{ mm}$$

可得,初始偏心距为

$$e_i = e_0 + e_a = 239.66 + 20 = 259.66 \text{ mm}$$

$$\zeta_c = \frac{0.5 f_c A}{N} = \frac{0.5 \times 14.3 \times 400 \times 400}{285.74 \times 10^3} = 4.00 > 1.0$$

取 $\zeta_c = 1.0$,有

$$\eta_s = 1 + \frac{1}{1500 \frac{e_i}{h_0}} \left(\frac{l_0}{h}\right)^2 \zeta_c = 1 + \frac{1}{1500 \frac{259.66}{365}} \left(\frac{7800}{400}\right)^2 \times 1.0 = 1.36$$

$$M = \eta_s \times M_2 = 1.36 \times 68.48 = 93.13 \text{ kN} \cdot \text{m}$$

故 $\quad e_i = e_0 + e_a = \frac{M}{N} + e_a = \frac{93.13 \times 10^3}{285.74} + 20 = 345.94 \text{ mm}$

截面受压区高度为

$$x = \frac{N}{\alpha_1 f_c b} = \frac{285\,740}{1.0 \times 14.3 \times 400} = 49.95 \text{ mm} < \xi_b h_0 = 0.55 \times 365 = 200.75 \text{ mm}$$

且 $x < 2a'_s = 2 \times 35 = 70$ mm,取 $x = 2a'_s$ 时计算,则有

$$e' = e_i - \frac{h}{2} + a'_s = 345.94 - \frac{400}{2} + 35 = 180.94 \text{ mm}$$

$$A_s = A'_s = \frac{Ne'}{f_y (h_0 - a'_s)} = \frac{285\,740 \times 180.94}{300 \times (365 - 35)} = 522.24 \text{ mm}^2$$

选 3 ⚁ 20($A_s = A'_s = 941 \text{ mm}^2$)，则柱截面全部纵筋的配筋率 $\rho = 1.18\% > 0.6\%$，截面一侧钢筋的配筋率 $\rho = 0.59\% > 0.2\%$，满足要求。

按轴心受压构件验算垂直于弯矩作用平面的受压承载力，查附表 2-11 可知垂直于排架方向上柱的计算长度 $l_0 = 1.25 \times 3.9 = 4.875$ m，则

$$\frac{l_0}{b} = \frac{4875}{400} = 12.19, \quad \varphi = 0.95$$

$$N_u = 0.9\varphi(f_c A + f'_y A'_s) = 0.9 \times 0.95 \times (14.3 \times 400 \times 400 + 300 \times 941 \times 2) =$$
$$2438.97 \text{ kN} > N_{max} = 322.19 \text{ kN}$$

满足垂直于弯矩作用平面的受压承载力要求。

3）下柱配筋计算。

由分析结果可知，下柱取下列两组最不利内力进行配筋计算。

第一组：

下端：$M = 412.61$ kN·m 　　　　上端：$M = 90.18$ kN·m

　　　$N = 648.76$ kN 　　　　　　　　　$N = 595.68$ kN

第二组：

下端：$M = 365.59$ kN·m 　　　　上端：$M = -73.67$ kN·m

　　　$N = 381.72$ kN 　　　　　　　　　$N = 328.64$ kN

（a）按第一组最不利内力进行配筋计算，即

$$M_1 = 90.18 \text{ kN·m}, \quad M_2 = 412.61 \text{ kN·m}, \quad N = 648.76 \text{ kN}$$

由附表 2-11 查知，有吊车厂房下柱的计算长度为

$$l_c = l_0 = 1.0H_1 = 9.2 \text{ m}$$

经计算，$M_1/M_2 = 0.22 < 0.9$，轴压比为 0.26 小于 0.9，且

$$l_c/i = 9200/284.8 = 32.3 > 34 - 12M_1/M_2 = 31.36$$

因此需考虑弯矩增大系数：

$$e_0 = \frac{M}{N} = \frac{412.61 \times 10^3}{648.76} = 636.00 \text{ mm}$$

$$e_a = \max\left(\frac{800}{30}, 20\right) = 26.7 \text{ mm}$$

$$e_i = e_0 + e_a = 636.00 + 26.7 = 662.70 \text{ mm} > 0.3h_0 = 0.3 \times 765 = 229.5 \text{ mm}$$

$$\zeta_c = \frac{0.5f_c A}{N} = \frac{0.5 \times 14.3 \times 1.775 \times 10^5}{648.76 \times 10^3} = 1.96 > 1.0$$

取 $\zeta_c = 1.0$，有

$$\eta_s = 1 + \frac{1}{1500 \frac{e_i}{h_0}} \left(\frac{l_0}{h}\right)^2 \zeta_c = 1 + \frac{1}{1500 \times \frac{662.70}{765}} \left(\frac{9200}{800}\right)^2 \times 1.0 = 1.10$$

$e_i = 662.70$ mm $> 0.3h_0 = 0.3 \times 765 = 229.5$ mm，可先按大偏心受压情况进行计算。先假定中和轴位于翼缘内，则

$$x = \frac{N}{\alpha_1 f_c b'_f} = \frac{648760}{1.0 \times 14.3 \times 400} = 113.42 \text{ mm} < h'_f = 150 \text{ mm}$$

与假定符合，且 $x > 2a'_s = 70$ mm 说明截面属于大偏心受压情况，按下式进行计算：

$$M = \eta_s M_0 = 1.10 \times 412.61 = 453.87 \text{ kN} \cdot \text{m}$$

$$e_i = \frac{M}{N} + e_a = \frac{453.78 \times 10^3}{648.76} + 26.7 = 726.30 \text{ mm}$$

$$e = e_i + \frac{h}{2} - a_s = 726.30 + \frac{800}{2} - 35 = 1091.30 \text{ mm}$$

$$A_s = A'_s = \frac{Ne - \alpha_1 f_c bx \left(h_0 - \dfrac{x}{2}\right)}{f'_y (h_0 - a'_s)} =$$

$$\frac{648\,760 \times 1091.3 - 1.0 \times 14.3 \times 400 \times 113.42 \times \left(765 - \dfrac{113.42}{2}\right)}{300 \times (765 - 35)} =$$

$$1\,134.61 \text{ mm}^2$$

（b）按第二组最不利内力进行配筋计算，即

$$M_1 = -73.67 \text{ kN} \cdot \text{m}, \quad M_2 = 365.59 \text{ kN} \cdot \text{m}, \quad N = 381.72 \text{ kN}$$

$$l_c = l_0 = 1.0 H_l = 9.2 \text{ m}, \quad M_1/M_2 = 0.20 < 0.9$$

轴压比 $0.15 < 0.9$，而

$$l_c/i = 9200/284.8 = 32.3 > 34 - 12 M_1/M_2 = 31.60$$

故需考虑弯矩增大系数：

$$e_0 = \frac{M}{N} = \frac{365.59 \times 10^3}{381.72} = 957.74 \text{ mm}$$

$$e_a = \max \left(\frac{800}{30}, 20\right) = 26.7 \text{ mm}$$

$$e_i = e_0 + e_a = 957.74 + 26.7 = 984.44 \text{ mm}$$

$$\zeta_c = \frac{0.5 f_c A}{N} = \frac{0.5 \times 14.3 \times 1.775 \times 10^5}{381.72 \times 10^3} = 3.32 > 1.0$$

取 $\zeta_c = 1.0$，有

$$\eta_s = 1 + \frac{1}{1500 \dfrac{e_i}{h_0}} \left(\frac{l_0}{h}\right)^2 \zeta_c = 1 + \frac{1}{1500 \times \dfrac{984.44}{765}} \left(\frac{9200}{800}\right)^2 \times 1.0 = 1.07$$

$$e_i = 984.44 \text{ mm} > 0.3 h_0 = 0.3 \times 765 = 229.5 \text{ mm}$$

可先按大偏心受压情况进行计算。先假定中和轴位于翼缘内，则

$$x = \frac{N}{\alpha_1 f_c b'_f} = \frac{381\,720}{1.0 \times 14.3 \times 400} = 66.73 \text{ mm} < h'_f = 150 \text{ mm}$$

与假定符合，且 $x < 2a'_s = 70 \text{ mm}$，故取 $x = 2a'_s = 70 \text{ mm}$，则

$$M = \eta_s M_0 = 1.07 \times 365.59 = 391.18 \text{ kN} \cdot \text{m}$$

$$e_i = \frac{M}{N} + e_a = \frac{391.18 \times 10^3}{381.72} + 26.7 = 1051.49 \text{ mm}$$

$$e' = e_i - \frac{h}{2} + a'_s = 1051.49 - \frac{800}{2} + 35 = 686.49 \text{ mm}$$

$$A_s = A'_s = \frac{Ne'}{f_y (h_0 - a'_s)} = \frac{381\,720 \times 686.49}{300 \times (765 - 35)} = 1196.55 \text{ mm}^2$$

比较上述两种计算结果，下柱截面选 $5 \oplus 20$（$A_s = A'_s = 1570 \text{ mm}^2$），则下柱截面全部纵筋的配筋率 $\rho = 0.91\% > 0.6\%$，截面一侧钢筋的配筋率 $\rho = 0.46\% > 0.2\%$，满足要求。

按轴心受压构件验算垂直于弯矩作用平面的受压承载力,由附表2-11查知垂直于排架方向下柱的计算长度,有

$$l_0 = 0.8 \times H_1 = 0.8 \times 9.2 = 7.36 \text{ m}$$

$$\frac{l_0}{b} = \frac{7360}{400} = 18.4, \quad \varphi = 0.80$$

$$N_u = 0.9\varphi(f_c A + f'_y A'_s) = 0.9 \times 0.8 \times (14.3 \times 177500 + 300 \times 1570 \times 2) =$$
$$2505.78 \text{ kN} > N_{max} = 718.58 \text{ kN}$$

满足垂直于弯矩作用平面的受压承载力要求。

4)柱的裂缝宽度验算。

根据《混凝土结构设计规范》(GB 50010—2010)规定,对 $e_0/h_0 > 0.55$ 的偏心受压柱进行裂缝宽度验算。对上柱和下柱,按荷载效应标准值组合,均取偏心距最大时所对应的不利内力进行裂缝宽度验算。验算过程见表2-15,其中上柱 $A_s = 941$ mm², 下柱 $A_s = 1570$ mm², $E_s = 2.0 \times 10^5$ N/mm²,构件受力特征系数 $\alpha_{cr} = 1.9$,混凝土保护层厚度 c_s 取为35 mm。从表2-15中结果可知,裂缝宽度满足要求。

表 2-15　柱的裂缝宽度验算

柱　截　面		上　柱	下　柱
内力标准值	$M_k/(\text{kN} \cdot \text{m})$	47.01	247.18
	N_k/kN	219.8	293.63
$e = \dfrac{M_k}{N_k}/\text{mm}$		$213.88 > 0.55h_0 = 200.75$	$841.81 > 0.55h_0 = 475.75$
$\rho_{te} = \dfrac{A_s}{0.5bh + (b_f - b)h_f}$		0.018	0.018 5
$\eta_s = 1 + \dfrac{1}{4\,000e_0/h_0}(l_0/h)^2$		1.14	1.02
$e = \eta_s e_0 + h/2 - a_s/\text{mm}$		408.82	1223.65
$\gamma'_f = h'_f(b'_f - b)/bh_0$		0	0.588
$z = \left[0.87 - 0.12(1 - \gamma'_f)\left(\dfrac{h_0}{e}\right)^2\right]h_0/\text{mm}$		282.64	650.77
$\sigma_{sk} = \dfrac{N_k(e - z)}{A_s z}/\text{N} \cdot \text{mm}^{-2}$		104.30	164.64
$\psi = 1.1 - 0.65\dfrac{f_{tk}}{\rho_{te}\sigma_{sk}}$		0.4	0.67
$w_{max} = \alpha_{cr}\psi\dfrac{\sigma_{sk}}{E_s}\left(1.9c_s + 0.08\dfrac{d_{eq}}{\rho_{te}}\right)/\text{mm}$		0.06 < 0.2 满足要求	0.15 < 0.2 满足要求

5)柱的箍筋配置。

非地震区的单层厂房柱,其箍筋数量一般由构造要求控制。根据构造要求,上、下柱均采用Φ8@200箍筋。

6）牛腿设计。

（a）截面尺寸验算。

根据吊车梁支撑位置，截面尺寸及构造要求，初步拟定牛腿尺寸如图 2-23 所示。

牛腿外形尺寸为

$$h_1 = 450 \text{ mm}, \quad h = 600 \text{ mm}, \quad h_0 = 565 \text{ mm}, \quad c = 150 \text{ mm}, \quad c_1 = 75 \text{ mm}$$
$$f_{tk} = 2.01 \text{ N/mm}^2, \quad \beta = 0.65$$

作用于牛腿顶面按荷载效应标准组合计算的竖向力为

$$F_{vk} = D_{max} + G_{4A} = \frac{222.53}{0.9} + 33 = 247.26 + 33 = 280.26 \text{ kN}$$

牛腿顶面无水平荷载，即

$$F_{hk} = 0$$
$$a = 750 - 800 + 20 = -30 \text{ mm} < 0$$

取 $a = 0$。

验算 $\beta \left(1 - 0.5 \frac{F_{hk}}{F_{vk}}\right) \frac{f_{tk} b h_0}{0.5 + a/h_0} = 0.65 \times \frac{2.01 \times 400 \times 565}{0.5 + 0} = 590.538 \text{ kN} > F_{vk}$

故牛腿截面尺寸满足要求。

（b）正截面承载力计算和配筋构造。

根据 $A_s = \frac{F_v a}{0.85 f_y h_0} + 1.2 \frac{F_h}{f_y}$ 计算纵向受力钢筋截面面积。因为 $a = 0$，$F_h = 0$，所以，纵向受力钢筋按构造配置，有

$$A_s \geqslant \rho_{min} bh = 0.002 \times 400 \times 600 = 480 \text{ mm}^2$$

实际选用 4 $\oplus$ 14（$A_s = 616 \text{ mm}^2$）。

（c）斜截面承载力的计算 —— 水平箍筋和弯起筋确定。

因为 $a/h_0 < 0.3$，故牛腿可不设弯起钢筋。

水平箍筋选用 $\Phi 8@100$，且应满足牛腿上部 $2h_0/3$ 范围内的水平箍筋总截面面积不应小于承受竖向力的水平纵向受拉钢筋截面面积的 1/2。即

$$\frac{2}{3} \times 565 \times 50.3 \times 2 \times \frac{1}{100} = 378.93 \text{ mm}^2 > \frac{A_s}{2} = \frac{616}{2} = 308 \text{ mm}^2$$

满足要求。

（d）局部承受强度验算。

取垫板尺寸为 400 mm × 400 mm，则

$$\sigma_L = \frac{F_{vk}}{A_1} = \frac{280.26 \times 10^3}{400 \times 400} = 1.75 \text{ N/mm}^2 < 0.75 f_c = 0.75 \times 14.3 = 10.725 \text{ N/mm}^2$$

满足要求。

7）柱的吊装验算。

柱采用翻身起吊，吊点设在牛腿下部，混凝土达到设计强度后起吊。由附表 2-12 查知，柱插入杯口深度为 $h_1 = 0.9 \times h = 0.9 \times 800 = 720 \text{ mm} < 800 \text{ mm}$，取 $h_1 = 800 \text{ mm}$，则柱吊装

可总长为 $3.9+9.2+0.80=13.90$ mm。计算简图如图 2-41 所示。A(C) 柱配筋图如图 2-42 所示。

（a）荷载计算。

柱吊装阶段的荷载为柱的自重，且应考虑动力系数 $\mu=1.5$，即

$$q_1=\mu\gamma_G q_{1k}=1.5\times1.3\times(0.4\times0.4\times25=7.80 \text{ kN/m}$$

$$q_2=\mu\gamma_G q_{2k}=1.5\times1.3\times(0.4\times0.95\times25)=18.53 \text{ kN/m}$$

$$q_3=\mu\gamma_G q_{3k}=1.5\times1.3\times(0.1775\times25)=8.65 \text{ kN/m}$$

（b）内力计算。

在上述荷载作用下，上柱根部与吊点处（牛腿根部）的设计值分别为

$$M_1=\frac{1}{2}q_1 H_u^2=\frac{1}{2}\times7.80\times3.9^2=59.32 \text{ kN}\cdot\text{m}$$

$$M_2=\frac{1}{2}\times7.80\times(3.9+0.60)^2+\frac{1}{2}\times(18.53-7.80)\times0.60^2=80.91 \text{ kN}\cdot\text{m}$$

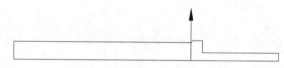

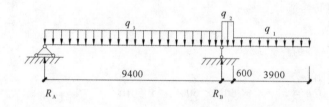

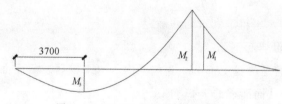

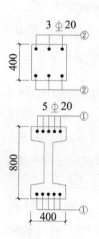

图 2-41　A(C) 柱吊装计算简图　　　　图 2-42　A(C) 柱配筋图

由于 $\sum M_B=0$，则有

$$R_A l_3-\frac{1}{2}q_3 l_3^2+M_2=0$$

可得　　$$R_A=\frac{1}{2}q_3 l_3-\frac{M_2}{l_3}=\frac{1}{2}\times8.65\times9.40-\frac{80.91}{9.40}=32.05 \text{ kN}$$

下柱段最大正弯矩计算如下：

$$M_3=R_A x-\frac{1}{2}q_3 x^2$$

由 $\dfrac{\mathrm{d}M_3}{\mathrm{d}x}=R_A-q_3 x=0$，则有

$$x = \frac{R_A}{q_3} = \frac{32.05}{8.65} = 3.7 \text{ m}$$

可得
$$M_3 = 32.05 \times 3.70 - \frac{1}{2} \times 8.65 \times 3.70^2 = 59.38 \text{ kN} \cdot \text{m}$$

（c）承载力和裂缝宽度验算。

上柱配筋为 $3 \oplus 20 (A_s = A'_s = 941 \text{ mm}^2)$，其受弯承载力按下式进行验算，即

$$M_u = f'_y A'_s (h_0 - a'_s) = 300 \times 941 \times (365 - 35) = 93.16 \text{ kN} \cdot \text{m} > \gamma_0 M_1 =$$
$$1.0 \times 59.32 = 59.32 \text{ kN} \cdot \text{m}$$

裂缝宽度验算如下：

$$M_k = \frac{M_1}{\gamma_G} = \frac{59.32}{1.3} = 45.63$$

$$\sigma_{sk} = \frac{M_k}{A_s \eta h_0} = \frac{45.63 \times 10^6}{941 \times 0.87 \times 365} = 152.70 \text{ N/mm}^2$$

$$\rho_{te} = \frac{A_s}{A_{te}} = \frac{941}{0.5bh} = \frac{941}{0.5 \times 400 \times 400} = 0.011 \, 8$$

$$\psi = 1.1 - 0.65 \frac{f_{tk}}{\rho_{te} \sigma_{sk}} = 1.1 - 0.65 \times \frac{2.01}{0.011 \, 8 \times 152.70} = 0.375$$

$$w_{max} = 1.9 \psi \frac{\sigma_{sk}}{E_s} \left(1.9 c_s + 0.08 \frac{d_{eq}}{\rho_{te}} \right) = 1.9 \times 0.375 \times \frac{152.70}{2 \times 10^5} \left(1.9 \times 35 + 0.08 \frac{20}{0.011 \, 8} \right) =$$
$$0.11 \text{ mm} < w_{lim} = 0.2 \text{ mm}$$

满足要求。

下柱配筋为 $5 \oplus 20 (A_s = A'_s = 1570 \text{ mm}^2)$，其受弯承载力按下式进行验算：

$$M_u = f'_y A'_s (h_0 - a'_s) = 300 \times 1570 \times (765 - 35) = 343.83 \text{ kN} \cdot \text{m} > \gamma_0 M_2 =$$
$$1.0 \times 80.91 = 80.91 \text{ kN} \cdot \text{m}$$

满足要求。

裂缝宽度验算如下：

$$M_k = \frac{M_2}{\gamma_G} = \frac{80.91}{1.3} = 62.24$$

$$\sigma_{sk} = \frac{M_k}{A_s \eta h_0} = \frac{62.24 \times 10^6}{1570 \times 0.87 \times 765} = 59.56 \text{ N/mm}^2$$

$$\rho_{te} = \frac{A_s}{A_{te}} = \frac{1570}{0.5bh + (b'_f - b)h'_f} = \frac{1570}{0.5 \times 100 \times 800 + (400 - 100) \times 150} = 0.018$$

$$\psi = 1.1 - 0.65 \frac{f_{tk}}{\rho_{te} \sigma_{sk}} = 1.1 - 0.65 \times \frac{2.01}{0.018 \times 59.56} = -0.12 < 0.2$$

取 $\psi = 0.2$，则

$$w_{max} = \alpha_{cr} \psi \frac{\sigma_{sk}}{E_s} \left(1.9 c_s + 0.08 \frac{d_{eq}}{\rho_{te}} \right) = 1.9 \times 0.2 \times \frac{59.56}{2.0 \times 10^5} \times \left(1.9 \times 35 + 0.08 \times \frac{20}{0.018} \right) =$$
$$0.018 \text{ mm} < w_{lim} = 0.2 \text{ mm}$$

满足要求。

A(C) 柱的模板及配筋图，如附图 2-3（插页）所示。

（2）B柱。

B柱的设计方法与A柱完全相同，也采用对称配筋，取 $A_s = A'_s$；混凝土强度等级为C30，$f_c = 14.3$ N/mm²，$f_{tk} = 2.01$ N/mm²；钢筋为HRB335，$f_y = f'_y = 300$ N/mm²；箍筋采用HPB300。

1）选取控制截面最不利内力。

选取上柱的最不利内力为

$$M = 98.02 \text{ kN} \cdot \text{m}, \quad N = 561.34 \text{ kN}$$

选取下柱控制截面的两组最不利内力为：

第一组： $\qquad M = 297.67$ kN·m，$\quad N = 1061.76$ kN

第二组： $\qquad M = 293.45$ kN·m，$\quad N = 1098.21$ kN

2）上柱配筋计算。

选取上柱最不利的内力进行配筋计算，有

$$M_1 = 0, \quad M_2 = 98.02 \text{ kN} \cdot \text{m}, \quad N = 561.34 \text{ kN}$$

由附表2-11查知，有吊车厂房厂房排架方向上柱的计算长度为

$$l_c = l_0 = 2 \times 3.9 = 7.8 \text{ m}$$

$$e_0 = \frac{M_2}{N} = \frac{98.02 \times 10^3}{561.34} = 174.62 \text{ mm}$$

经计算，$l_c/i = 7800/173 = 45.09 > 34 - 12M_1/M_2 = 34$，因此，应考虑弯矩增大系数。

e_a 取20 mm和 $h/30$ 两者中的较大值，即

$$e_a = \max\left(\frac{600}{30}, 20\right) = 20 \text{ mm}$$

可得，初始偏心距为 $\qquad e_i = e_0 + e_a = 174.62 + 20 = 194.62 \text{ mm}$。

$$\zeta_c = \frac{0.5 f_c A}{N} = \frac{0.5 \times 14.3 \times 400 \times 600}{561.34 \times 10^3} = 3.06 > 1.0$$

取 $\zeta_c = 1.0$。

根据《混凝土结构设计规范》（GB 50010—2010）附录B第B.0.4条，有

$$\eta_s = 1 + \frac{1}{1500 \dfrac{e_i}{h_0}} \left(\frac{l_0}{h}\right)^2 \zeta_c = 1 + \frac{1}{1500 \times \dfrac{194.62}{565}} \left(\frac{7800}{600}\right)^2 \times 1.0 = 1.33$$

$$M = \eta_s \times M_2 = 1.33 \times 98.02 = 130.08 \text{ kN} \cdot \text{m}$$

$$e_i = e_0 + e_a = \frac{M}{N} + e_a = \frac{130.08 \times 10^3}{561.34} + 20 = 251.73 \text{ mm}$$

$$e = e_i + \frac{h}{2} - a_s = 251.73 + \frac{400}{2} - 35 = 416.73 \text{ mm}$$

截面受压区高度为

$$x = \frac{N}{\alpha_1 f_c b} = \frac{561\,340}{1.0 \times 14.3 \times 400} = 98.14 \text{ mm} < \xi_b h_0 = 0.55 \times 565 = 310.75 \text{ mm}$$

且 $x > 2a'_s = 2 \times 35 = 70$ mm，说明截面属于大偏心受压情况，则

$$A_s = A'_s = \frac{Ne - \alpha_1 f_c b x \left(h_0 - \dfrac{x}{2}\right)}{f'_y (h_0 - a'_s)} =$$

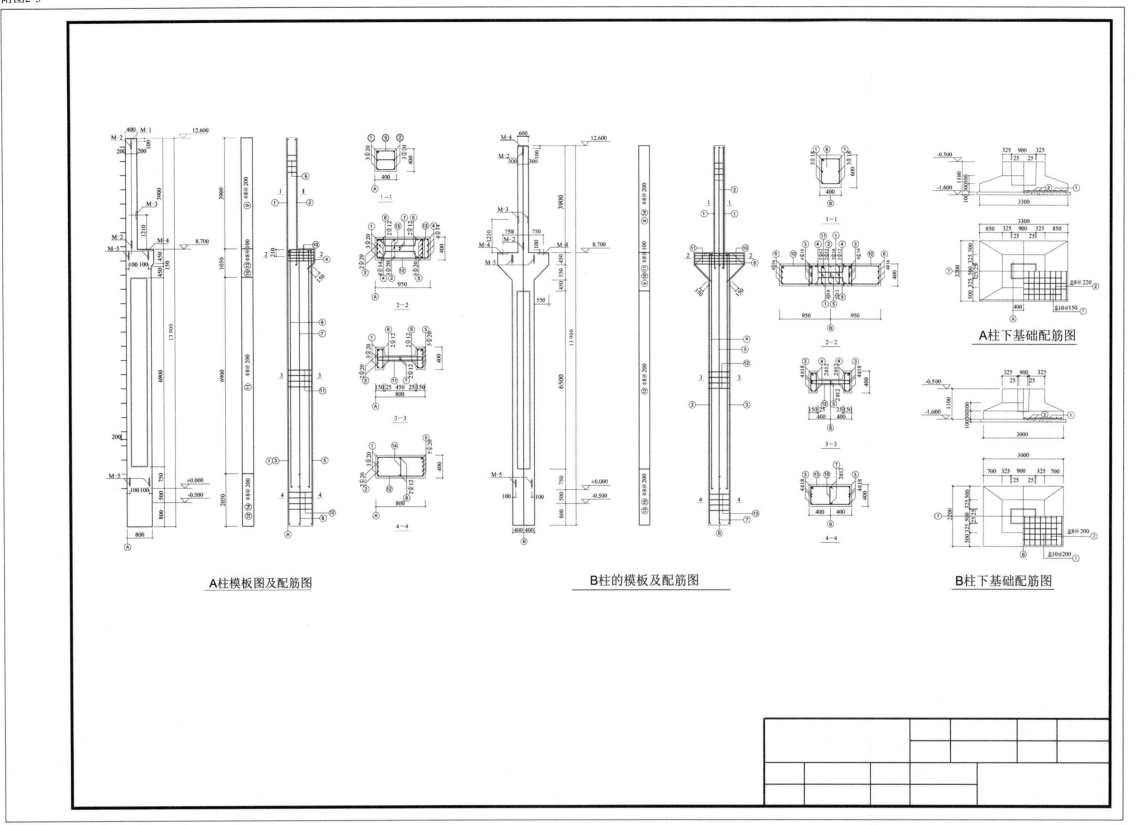

A柱模板图及配筋图

B柱的模板及配筋图

A柱下基础配筋图

B柱下基础配筋图

$$\frac{561\,340 \times 416.73 - 1.0 \times 14.3 \times 400 \times 98.14 \times \left(565 - \frac{98.14}{2}\right)}{300 \times (565 - 35)} = 350.29 \text{ mm}^2$$

综合上述计算结果，上柱截面选用 $3\,\underline{\Phi}\,18$ ($A_s = A'_s = 763$ mm^2)，则柱截面全部纵筋的配筋率 $\rho = 0.95\% > 0.6\%$，截面一侧钢筋的配筋率 $\rho = 0.48\% > 0.2\%$，满足要求。

按轴心受压构件验算垂直于弯矩作用平面的受压承载力，满足要求。

3）下柱配筋计算。

由分析结果可知，下柱取下列两组最不利内力进行配筋计算：

第一组：

下端：$M = 297.67$ kN·m　　　　　上端：$M = 208.29$ kN·m

　　　$N = 1\,061.76$ kN　　　　　　　　　　　$N = 984.01$ kN

第二组：

下端：$M = 293.45$ kN·m　　　　　上端：$M = 171.41$ kN·m

　　　$N = 1\,098.21$ kN　　　　　　　　　　　$N = 1\,045.13$ kN

（a）按第一组最不利内力进行配筋计算，有

$$M_1 = 208.29 \text{ kN·m}, \quad M_2 = 297.67 \text{ kN·m}, \quad N = 1\,061.76 \text{ kN}$$

由附表 2－11 查知，吊车下柱的计算长度为

$$l_0 = 1.0H_1 = 9.2 \text{ m}$$

经计算，$M_1/M_2 = 0.70 < 0.9$，轴压比为 0.42 小于 0.9，且

$$l_c/i = 9200/284.8 = 32.3 > 34 - 12M_1/M_2 = 25.96$$

故需考虑弯矩增大系数。

$$e_0 = \frac{M}{N} = \frac{297.67 \times 10^3}{1061.76} = 280.36 \text{ mm}$$

$$e_a = \max\left(\frac{800}{30}, 20\right) = 26.7 \text{ mm}$$

$$e_i = e_0 + e_a = 280.36 + 26.7 = 307.06 \text{ mm}$$

$$\zeta_c = \frac{0.5 f_c A}{N} = \frac{0.5 \times 14.3 \times 1.775 \times 10^5}{1061.76 \times 10^3} = 1.2 > 1.0$$

取 $\zeta_c = 1.0$，有

$$\eta_s = 1 + \frac{1}{1500 e_i/h_0}\left(\frac{l_0}{h}\right)^2 \zeta_c = 1 + \frac{1}{1500 \times 307.06/765}\left(\frac{9200}{800}\right)^2 \times 1.0 = 1.22$$

$$e_i = 307.06 \text{ mm} > 0.3h_0 = 0.3 \times 765 = 229.5 \text{ mm}$$

可先按大偏心受压情况计算。先假定中和轴位于翼缘内，则

$$x = \frac{N}{\alpha_1 f_c b'_f} = \frac{1\,061\,760}{1.0 \times 14.3 \times 400} = 185.62 \text{ mm} > h'_f = 150 \text{ mm}$$

与假定不符，说明中和轴位于腹板内，应重新按下式计算受压区高度 x，则

$$x = \frac{N - \alpha_1 f_c (b'_f - b) h'_f}{\alpha_1 f_c b} =$$

$$\frac{1061.76 \times 10^3 - 1.0 \times 14.3 \times (400 - 100) \times 150}{1.0 \times 14.3 \times 100} = 292.49 \text{ mm}$$

$$x = 292.49 \text{ mm} < \xi_b h_0 = 0.55 \times 565 = 310.75 \text{ mm}$$

属于大偏压截面。则

$$M = \eta_s M_0 = 1.22 \times 297.67 = 363.16 \text{ kN} \cdot \text{m}$$

$$e_i = \frac{363.16 \times 10^3}{1\ 061.76} + 26.7 = 368.74 \text{ mm}$$

$$e = e_i + \frac{h}{2} - a_s = 368.74 + \frac{800}{2} - 35 = 733.74 \text{ mm}$$

$$A_s = A'_s = \frac{Ne - \alpha_1 f_c (b'_f - b) h'_f \left(h_0 - \frac{1}{2} h'_f\right) - \alpha_1 f_c bx \left(h_0 - \frac{x}{2}\right)}{f_y (h_0 - a'_s)} =$$

$$\frac{1\ 061\ 760 \times 733.74 - 1.0 \times 14.3 \times (400 - 100) \times 150 \times \left(765 - \frac{150}{2}\right)}{300 \times (765 - 35)} -$$

$$\frac{1.0 \times 14.3 \times 100 \times 292.49 \times \left(765 - \frac{292.49}{2}\right)}{300 \times (765 - 35)} = 348.13 \text{ mm}^2$$

（b）按第二组最不利内力进行配筋计算，有

$$M_1 = 171.41 \text{ kN} \cdot \text{m}, \quad M_2 = 293.45 \text{ kN} \cdot \text{m}, \quad N = 1\ 098.21 \text{ kN}$$

$$l_c = l_0 = 1.0 H_1 = 9.2 \text{ m}$$

经计算，$M_1/M_2 = 0.58 < 0.9$，轴压比 0.43 小于 0.9，且

$$l_c/i = 9200/284.8 = 32.3 > 34 - 12 M_1/M_2 = 27.04$$

故需考虑弯矩增大系数，则有

$$e_0 = \frac{M}{N} = \frac{293.45 \times 10^3}{1\ 098.21} = 267.21 \text{ mm}$$

$$e_a = \max\left(\frac{800}{30}, 20\right) = 26.7 \text{ mm}$$

$$e_i = e_0 + e_a = 267.21 + 26.7 = 293.91 \text{ mm}$$

$$\zeta_c = \frac{0.5 f_c A}{N} = \frac{0.5 \times 14.3 \times 1.775 \times 10^5}{1\ 098.21 \times 10^3} = 1.16 > 1.0$$

取 $\zeta_c = 1.0$，有

$$\eta_s = 1 + \frac{1}{1500 e_i/h_0} \left(\frac{l_0}{h}\right)^2 \zeta_c = 1 + \frac{1}{1500 \times 293.91/765} \left(\frac{9200}{800}\right)^2 \times 1.0 = 1.23$$

$$e_i = 293.91 \text{ mm} > 0.3 h_0 = 0.3 \times 765 = 229.5 \text{ mm}$$

可先按大偏心受压情况计算。先假定中和轴位于翼缘内，有

$$x = \frac{N}{\alpha_1 f_c b'_f} = \frac{1\ 098\ 210}{1.0 \times 14.3 \times 400} = 191.99 \text{ mm} > h'_f = 150 \text{ mm}$$

与假定不符，说明中和轴位于腹板内，应重新按下式计算受压区高度 x，则

$$x = \frac{N - \alpha_1 f_c (b'_f - b) h'_f}{\alpha_1 f_c b} =$$

$$\frac{1\ 098.21 \times 10^3 - 1.0 \times 14.3 \times (400 - 100) \times 150}{1.0 \times 14.3 \times 100} = 317.98 \text{ mm}$$

$$x = 317.98 \text{ mm} < \xi_b h_0 = 0.55 \times 765 = 420.75 \text{ mm}，截面为大偏心受压情况。则$$

$$M = \eta_s M_0 = 1.23 \times 293.45 = 360.94 \text{ kN} \cdot \text{m}$$

$$e_i = \frac{360.94 \times 10^3}{1\ 098.21} + 26.7 = 355.36 \text{ mm}$$

$$e = e_i + \frac{h}{2} - a_s = 355.36 + \frac{800}{2} - 35 = 720.36 \text{ mm}$$

$$A_s = A'_s = \frac{Ne - \alpha_1 f_c (b'_f - b) h'_f \left(h_0 - \frac{1}{2} h'_f\right) - \alpha_1 f_c b x \left(h_0 - \frac{x}{2}\right)}{f_y (h_0 - a'_s)} =$$

$$\frac{1\ 098\ 210 \times 720.36 - 1.0 \times 14.3 \times (400 - 100) \times 150 \times \left(765 - \frac{150}{2}\right)}{300 \times (765 - 35)} -$$

$$\frac{1.0 \times 14.3 \times 100 \times 317.98 \times \left(765 - \frac{317.98}{2}\right)}{300 \times (765 - 35)} = 326.63 \text{ mm}^2$$

比较上述两种计算结果，下柱截面选用 $4 \oplus 18$（$A_s = A'_s = 1017 \text{ mm}^2$），且满足最小配筋率要求，即 $A_s > A_{s,\text{min}} = \rho_{\text{min}} A = \rho_{\text{min}} [bh + (b_f - b) h_f \times 2] = 0.2\% \times 170\ 000 = 340 \text{ mm}^2$。

验算垂直于弯矩作用平面的受压承载力，按轴心受压构件计算：

查附表 2-6 得截面惯性矩 $I_y = 17.26 \times 10^8 \text{ mm}^4$，截面面积 $A = 17.75 \times 10^4 \text{ mm}^2$ 则回转半径为

$$i_y = \sqrt{\frac{I_y}{A}} = \sqrt{\frac{17.26 \times 10^8}{17.75 \times 10^4}} = 98.61 \text{ mm}$$

$$\frac{l_0}{i_y} = \frac{9200}{98.61} = 74.64, \quad \varphi = 0.71$$

$$N_u = 0.9\varphi(f_c A + f'_y A'_s) = 0.9 \times 0.71 \times (14.3 \times 17.75 \times 10^4 + 300 \times 1017 \times 2) =$$
$$2\ 011.86 \text{ kN} > N_{\text{max}} = 1\ 098.21 \text{ kN}$$

满足要求。

4）柱的裂缝宽度验算。

《混凝土结构设计规范》（GB 50010—2010）规定，对 $e_0/h_0 > 0.55$ 的偏心受压柱进行裂缝宽度验算。对于上柱和下柱，荷载效应标准值组合均取偏心距最大时所对应的不利内力进行裂缝宽度验算。

从表 2-14（2）中选取偏心距最大时所对应的最不利内力（荷载效应的标准组合）。

上柱：　　　　　　　$M_k = 65.35 \text{ kN} \cdot \text{m}, \quad N_k = 431.80 \text{ kN}$

下柱：　　　　　　　$M_k = 198.45 \text{ kN} \cdot \text{m}, \quad N_k = 779.66 \text{ kN}$

上柱：　　　　　　　$e_0 = \dfrac{M_k}{N_k} = \dfrac{65.35 \times 10^3}{431.80} = 151.34 \text{ mm}$

$$\frac{e_0}{h_0} = \frac{151.34}{565} = 0.27 < 0.55$$

下柱：　　　　　　　$e_0 = \dfrac{M_k}{N_k} = \dfrac{198.45 \times 10^3}{779.66} = 254.53 \text{ mm}$

$$\frac{e_0}{h_0} = \frac{254.53}{765} = 0.33 < 0.55$$

故 B 柱可以不验算裂缝宽度。

5）B 柱的箍筋配置。

非地震区的单层厂房柱，其箍筋数量一般由构造要求控制。根据构造要求，上、下柱均采用 Φ8@200 箍筋。

6）牛腿设计。

（a）截面尺寸验算。

根据吊车梁支撑位置，截面尺寸及构造要求，初步拟定牛腿尺寸如图 2-23 所示。

牛腿外形尺寸为

$$h_1 = 450 \text{ mm}, \quad c_1 = 75 \text{ mm}$$

$$c = 750 + \frac{b}{2} + c_1 - 400 = 750 + 125 + 75 - 400 = 550 \text{ mm}$$

$$h = 450 + 550 = 1000 \text{ mm}, \quad h_0 = 965 \text{ mm}$$

$$f_{tk} = 2.01 \text{ N/mm}^2, \quad \beta = 0.65$$

作用于牛腿顶面按荷载效应标准组合计算的竖向力为

$$F_{vk} = D_{max} + G_{4B} = \frac{222.53}{0.9} + 33 = 247.26 + 33 = 280.26 \text{ kN}$$

牛腿顶面无水平荷载，即

$$F_{hk} = 0$$

$$a = 750 - 400 + 20 = 370 \text{ mm}$$

验算　　$$\beta\left(1 - 0.5\frac{F_{hk}}{F_{vk}}\right)\frac{f_{tk}bh_0}{0.5 + \frac{a}{h_0}} = 0.65 \times \frac{2.01 \times 400 \times 965}{0.5 + \frac{370}{965}} = 570.86 \text{ kN} > F_{vk}$$

所以，牛腿截面尺寸满足要求。

（b）正截面承载力计算和配筋构造：

$$F_v = \frac{1.4}{0.9} \times 222.53 + 1.2 \times 33 = 385.76 \text{ kN}$$

$$A_s = \frac{F_v a}{0.85 f_y h_0} + 1.2\frac{F_h}{f_y} = \frac{385\,760 \times 370}{0.85 \times 300 \times 965} + 0 = 580.03 \text{ mm}^2$$

$$\rho = \frac{A_s}{bh} = \frac{580.03}{400 \times 1000} = 0.15\% < \rho_{min} = 0.2\%$$

纵向受力钢筋按构造配置：

$A_s = \rho_{min} bh = 0.002 \times 400 \times 1000 = 800 \text{ mm}^2$，实际选用 $4 \oplus 16 (A_s = 804 \text{ mm}^2)$。

（c）斜截面承载力计算 —— 水平箍筋和弯起筋的确定。

因为 $\frac{a}{h_0} = \frac{370}{965} = 0.38 > 0.3$，故牛腿需设弯起钢筋。设于牛腿上部 1/6～1/2 之间的范围，且弯起钢筋的面积 $A_{sb} > \frac{2}{3}A_s = \frac{2}{3} \times 804 = 536 \text{ mm}^2$，取 $4 \oplus 16 (A_s = 804 \text{ mm}^2)$，则

$$\rho_{min}bh = 0.002 \times 400 \times 1000 = 800 \text{ mm}^2 < A_s = 804 \text{ mm}^2$$

满足要求。

水平箍筋选用 Φ8@100，且应满足牛腿上部 $2h_0/3$ 范围内的水平箍筋总截面面积不应小

于承受竖向力的水平纵向受拉钢筋截面面积的 1/2。即

$$\frac{2}{3} \times 965 \times 50.3 \times 2 \times \frac{1}{100} = 647.2 \text{ mm}^2 > \frac{A_s}{2} = \frac{804}{2} = 402 \text{ mm}^2$$

满足要求。

（d）局部承受强度验算。

取垫板尺寸为 $400 \text{ mm} \times 400 \text{ mm}$，则

$$\sigma_L = \frac{F_{vk}}{A_l} = \frac{280.26 \times 10^3}{400 \times 400} = 1.75 \text{ N/mm}^2 < 0.75 f_c = 0.75 \times 14.3 = 10.725 \text{ N/mm}^2$$

满足要求。

7）柱的吊装验算。

柱采用翻起吊，吊点位置与 A 柱一样。

柱插入杯口深度为 $h_1 = 0.9 \times h = 0.9 \times 800 = 720 \text{ mm} < 800 \text{ mm}$，取 $h_1 = 800 \text{ mm}$，则柱吊装时总长为 $3.9 + 9.2 + 0.80 = 13.9 \text{ mm}$，计算简图如图 2-43 所示，吊装时上、下柱的配筋图如图 2-44 所示。

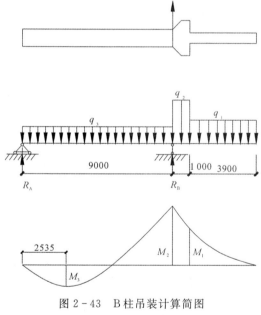

图 2-43　B柱吊装计算简图

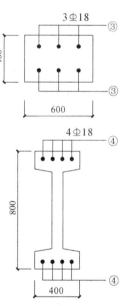

图 2-44　B柱吊装配筋图

（a）荷载计算。

柱吊装阶段的荷载为柱的自重，且因考虑动力系数 $\mu = 1.5$，有

$$q_1 = \mu \gamma_G q_{1k} = 1.5 \times 1.3 \times 6 = 11.70 \text{ kN/m}$$

$$q_2 = \mu \gamma_G q_{2k} = 1.5 \times 1.3 \times (0.4 \times 1.9 \times 25) = 37.05 \text{ kN/m}$$

$$q_3 = \mu \gamma_G q_{3k} = 1.5 \times 1.3 \times 4.44 = 8.66 \text{ kN/m}$$

（b）内力计算。

上柱根部的设计值为

$$M_1 = \frac{1}{2} q_1 H_u^2 = \frac{1}{2} \times 11.70 \times 3.9^2 = 88.98 \text{ kN} \cdot \text{m}$$

牛腿根部的设计值为

$$M_2 = \frac{1}{2} \times 11.70 \times (3.9+1.0)^2 + \frac{1}{2} \times (37.05-11.70) \times 1.0^2 =$$

$$153.13 \text{ kN} \cdot \text{m}$$

由 $\sum M_B = 0$，得

$$R_A l_3 - \frac{1}{2} q_3 l_3^2 + M_2 = 0$$

故

$$R_A = \frac{1}{2} q_3 l_3 - \frac{M_2}{l_3} = \frac{1}{2} \times 8.66 \times 9.00 - \frac{153.13}{9.0} = 21.96 \text{ kN}$$

下柱段最大正弯矩计算如下：

$$M_3 = R_A x - \frac{1}{2} q_3 x^2$$

由 $\frac{\mathrm{d}M_3}{\mathrm{d}x} = R_A - q_3 x = 0$，得

$$x = \frac{R_A}{q_3} = \frac{21.96}{8.66} = 2.535 \text{ m}$$

故

$$M_3 = 21.96 \times 2.535 - \frac{1}{2} \times 8.66 \times 2.535^2 = 27.84 \text{ kN} \cdot \text{m}$$

(c) 承载力和裂缝宽度验算。

上柱配筋为 $A_s = A'_s = 763 \text{ mm}^2$，其受弯承载力按下式进行验算，即

$$M_u = f_y A'_s (h_0 - a'_s) = 300 \times 763 \times (565-35) =$$

$$121.32 \text{ kN} \cdot \text{m} > \gamma_0 M_1 = 0.9 \times 92.40 = 83.16 \text{ kN} \cdot \text{m}$$

裂缝宽度验算如下：

$$M_k = \frac{M_1}{\gamma_G} = \frac{92.40}{1.35} = 68.44 \text{ kN} \cdot \text{m}$$

$$\sigma_{sk} = \frac{M_k}{A_s \eta h_0} = \frac{68.44 \times 10^3}{763 \times 0.87 \times 565} = 182.48 \text{ N/mm}^2$$

$$\rho_{te} = \frac{A_s}{A_{te}} = \frac{763}{0.5bh} = \frac{763}{0.5 \times 400 \times 600} = 0.0064 < 0.01$$

取 $\rho_{te} = 0.01$，则

$$\psi = 1.1 - 0.65 \frac{f_{tk}}{\rho_{te} \sigma_{sk}} = 1.1 - 0.65 \times \frac{2.01}{0.01 \times 182.48} = 0.384$$

$$w_{max} = \alpha_{cr} \psi \frac{\sigma_{sk}}{E_s} \left(1.9 c_s + 0.08 \frac{d_{eq}}{\rho_{te}} \right) =$$

$$1.9 \times 0.384 \times \frac{182.48}{2.0 \times 10^5} \times (1.9 \times 35 + 0.08 \times \frac{18}{0.01}) =$$

$$0.14 \text{ mm} < w_{lim} = 0.2 \text{ mm}$$

满足要求。

下柱配筋为 $A_s = A'_s = 1017 \text{ mm}^2 (4 \oplus 18)$，其受弯承载力按下式进行验算：

$$M_u = f'_y A'_s (h_0 - a'_s) = 300 \times 1017 \times (765-35) = 222.72 \text{ kN} \cdot \text{m} > \gamma_0 M_2 =$$

$$1.0 \times 159.03 = 159.03 \text{ kN} \cdot \text{m}$$

满足要求。

裂缝宽度验算如下：

$$M_k = \frac{M_2}{\gamma_G} = \frac{153.13}{1.3} = 117.80 \text{ kN} \cdot \text{m}$$

$$\sigma_{sk} = \frac{M_k}{A_s \eta h_0} = \frac{117.80 \times 10^6}{1017 \times 0.87 \times 765} = 174.04 \text{ N/mm}^2$$

$$\rho_{te} = \frac{A_s}{A_{te}} = \frac{1017}{0.5bh + (b'_f - b)h'_f} = \frac{1017}{0.5 \times 100 \times 800 + (400 - 100) \times 150} = 0.012$$

$$\psi = 1.1 - 0.65 \frac{f_{tk}}{\rho_{te}\sigma_{sk}} = 1.1 - 0.65 \times \frac{2.01}{0.012 \times 174.04} = 0.47$$

$$w_{max} = \alpha_{cr}\psi \frac{\sigma_{sk}}{E_s}\left(1.9c_s + 0.08\frac{d_{eq}}{\rho_{te}}\right) =$$

$$1.9 \times 0.47 \times \frac{174.04}{2.0 \times 10^5} \times \left(1.9 \times 35 + 0.08 \times \frac{18}{0.01}\right) =$$

$$0.14 \text{ mm} < w_{lim} = 0.2 \text{ mm}$$

裂缝宽度满足要求。

B 柱的模板图及配筋图，如附图 2-3 所示。

4. 基础设计

根据《建筑地基基础设计规范》(GB 50007—2011)规定，对 6 m 柱距单层排架结构多跨厂房，当地基承载力特征值为 160 kN/m² ≤ f_{ak} < 200 kN/m²，厂房跨度≤30 m，吊车额定起重量不超过 30 t，以及设计等级为丙级时，设计时可不作地基变形验算。所以本例无须进行地基变形验算。

基础材料：混凝土强度等级为 C20，f_c = 9.6 N/mm²，f_t = 1.10 N/mm²，钢筋采用 HRB335，f_y = 300 N/mm²，基础垫层采用 C10 素混凝土。

(1) A(C)柱。

1) 荷载。

作用于基础顶面上的内力为柱底(Ⅲ—Ⅲ截面)传给基础的 M、N、V，荷载为围护墙自重重力荷载。按照《建筑地基基础设计规范》(GB 50007—2011)的规定，地基承载力验算取用荷载效应标准组合，基础的受冲切承载力验算和底板配筋计算取用荷载效应基本组合。由于围护墙自重大小，方向和作用位置均不变，故基础最不利内力主要取决于柱底(Ⅲ—Ⅲ截面)的不利内力，应选取轴力为最大的不利内力组合及正负弯矩为最大的不利内力组合。经对表 2-13(2)和表2-13(3)中柱底截面不利内力进行分析可知，基础设计时的不利内力见表2-16。

表 2-16　基础设计时的不利内力

组　别	荷载效应标准组合			荷载效应基本组合		
	M_k/(kN·m)	N_k/kN	V_k/kN	M/(kN·m)	N/kN	V/kN
第一组	278.52	471.65	31.98	412.61	648.76	46.93
第二组	−216.02	356.63	−20.76	−329.21	476.23	−32.19
第三组	26.21	516.16	−0.74	34.14	715.51	−2.16

2)围护墙自重计算。

如图 2-45 所示,每个基础承受的围护墙总宽度为 6.0 m,总高度为 14.90 m,基础顶面标高为 −0.500 m,基础梁顶标高为 −0.500 m,墙体用 240 mm 厚实心黏土砖砌筑(双面清水),容重为 19 kN/m³,墙上设置钢框玻璃窗,按 0.45 kN/m² 计算,每根基础梁自重为 16.7 kN。则每个基础承受的由墙体传来的重力荷载标准值为

基础梁自重	16.7 kN
墙体自重	$19 \times 0.24 \times [6 \times 14.90 - (2.4 \times 2 + 1.8) \times 3.6] = 299.32$ kN
塑钢窗自重	$0.45 \times 3.6 \times (2.4 \times 2 + 1.8) = 10.69$ kN
合计	$N_{wk} = 326.71$ kN

围护墙对基础产生的偏心距为

$$e_w = 120 + 400 = 520 \text{ mm}$$

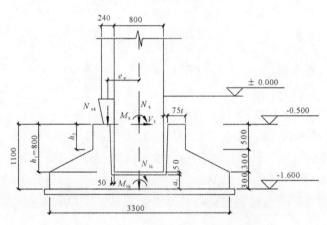

图 2-45　A(C)柱下基础尺寸及受力简图

3)基础地面尺寸,即地基承载力计算。

(a)基础高度和埋置深度的确定。

由构造要求可知,基础高度为 $h = h_1 + a_1 + 50$ mm,其中 h_1 为柱插入杯口深度,$h_1 = 800$ mm;a_1 为杯口厚度,$a_1 \geqslant 200$ mm,取 $a_1 = 250$ mm。故基础高度为

$$h = 800 + 250 + 50 = 1100 \text{ mm}$$

基础顶面标高为 −0.500 m,室内外高差为 150 mm,则基础埋置深度为

$$d = 1100 + 500 - 150 = 1450 \text{ mm}$$

(b)基础地面尺寸拟定。

基础底面面积按地基承载力计算确定,并取用荷载效应标准组合。由《建筑地基基础设计规范》(GB 50007—2011)可查得,$\eta_d = 1.0$,$\eta_b = 0$,取土平均自重 $\gamma_m = 20$ kN/m³,则深度修正后的地基承载力特征值 f_a 为

$$f_a = f_{ak} + \eta_d \gamma_m (d - 0.5) = 180 + 1.0 \times 20 \times (1.45 - 0.5) = 199 \text{ kN/m}^2$$

由 N_{max} 的一组荷载,按轴心受压估算基础底面尺寸,取

$$N_k = N_{k,max} + N_{wk} = 516.16 + 326.71 = 842.87 \text{ kN}$$

$$A_1 = \frac{N_k}{f_a - \gamma_m d + \gamma_w h_w} = \frac{842.87}{199 - 20 \times 1.45} = 4.96 \text{ m}^2$$

其中 h_w 为 0。

考虑到偏心的影响,将基础的地面尺寸再增加 30%,有

$$A = 1.3 A_l = 1.3 \times 4.96 = 6.45 \text{ m}^2$$

底面选为矩形:

$$l \times b = 2.2 \times 3.3 = 7.26 \text{ m}^2$$

则基础底面的弹性抵抗矩为

$$W = \frac{1}{6} l b^2 = \frac{1}{6} \times 2.2 \times 3.3^2 = 3.99 \text{ m}^3$$

(c)地基承载力验算。

基础自重和土重为(基础及其上的填土的平均重度取 $\gamma_m = 20 \text{ kN/m}^3$)

$$G_k = \gamma_m d A = 20 \times 1.45 \times 7.26 = 210.54 \text{ kN}$$

根据表 2-16,选取以下三组不利内力组合进行基础底面面积计算:

第一组:　$M_k = 278.52 \text{ kN·m}$,　$N_k = 471.65 \text{ kN}$,　$V_k = 31.98 \text{ kN}$

第二组:　$M_k = -216.02 \text{ kN·m}$,　$N_k = 356.63 \text{ kN}$,　$V_k = -20.76 \text{ kN}$

第三组:　$M_k = 26.21 \text{ kN·m}$,　$N_k = 516.16 \text{ kN}$,　$V_k = -0.74 \text{ kN}$

先按第一组不利内力计算,基础底面相应于荷载效应标准组合时的竖向力值和力矩值分别为

$$N_{bk} = N_k + G_k + N_{wk} = 471.65 + 210.54 + 326.71 = 1008.9 \text{ kN}$$

$$M_{bk} = M_k + V_k h \pm N_{wk} e_w = 278.52 + 31.98 \times 1.10 - 326.71 \times 0.52 = 143.80 \text{ kN·m}$$

基础底面边缘的压力为

$$P_{k,max} = \frac{N_{bk}}{A} + \frac{M_{bk}}{W} = \frac{1008.9}{7.26} + \frac{143.80}{3.99} = 175.01 \text{ kN/m}^2$$

$$P_{k,min} = \frac{N_{bk}}{A} - \frac{M_{bk}}{W} = \frac{1008.9}{7.26} - \frac{143.80}{3.99} = 102.93 \text{ kN/m}^2$$

地基承载力验算,即

$$P_k = \frac{P_{k,max} + P_{k,min}}{2} = \frac{175.01 + 102.93}{2} = 138.97 \leqslant f_a = 199 \text{ kN/m}^2$$

$$P_{k,max} = 175.01 \text{ kN/m}^2 \leqslant 1.2 f_a = 1.2 \times 199 = 238.8 \text{ kN/m}^2$$

满足要求。

取第二组不利内力计算,基础底面相应于荷载效应标准组合时的竖向力值和力矩值分别为

$$N_{bk} = N_k + G_k + N_{wk} = 356.63 + 210.54 + 326.71 = 893.88 \text{ kN}$$

$$M_{bk} = M_k + V_k h \pm N_{wk} e_w = -216.02 - 20.76 \times 1.10 - 326.71 \times 0.52 = -408.75 \text{ kN·m}$$

基础底面边缘的压力为

$$P_{k,max} = \frac{N_{bk}}{A} + \frac{M_{bk}}{W} = \frac{893.88}{7.26} + \frac{408.75}{3.99} = 225.57 \text{ kN/m}^2$$

$$P_{k,min} = \frac{N_{bk}}{A} - \frac{M_{bk}}{W} = \frac{893.88}{7.26} - \frac{408.75}{3.99} = 20.68 \text{ kN/m}^2$$

地基承载力验算,即

$$P_k = \frac{P_{k,max} + P_{k,min}}{2} = \frac{225.57 + 20.68}{2} = 123.13 \text{ kN/m}^2 \leqslant f_a = 199 \text{ kN/m}^2$$

$$P_{k,max} = 225.57 \text{ kN/m}^2 \leqslant 1.2 f_a = 1.2 \times 199 = 238.8 \text{ kN/m}^2$$

满足要求。

取第三组不利内力计算,基础底面相应于荷载效应标准组合时的竖向力值和力矩值分别为

$$N_{bk} = N_k + G_k + N_{wk} = 516.16 + 210.54 + 326.71 = 1053.41 \text{ kN}$$

$$M_{bk} = M_k + V_k h \pm N_{wk} e_w = 26.21 - 0.74 \times 1.10 - 326.71 \times 0.52 = -144.49 \text{ kN·m}$$

基础底面边缘的压力为

$$P_{k,max} = \frac{N_{bk}}{A} + \frac{M_{bk}}{W} = \frac{1\,053.41}{7.26} + \frac{144.49}{3.99} = 181.31 \text{ kN/m}^2$$

$$P_{k,min} = \frac{N_{bk}}{A} - \frac{M_{bk}}{W} = \frac{1\,053.41}{7.26} - \frac{144.49}{3.99} = 108.88 \text{ kN/m}^2$$

地基承载力验算,即

$$P_k = \frac{P_{k,max} + P_{k,min}}{2} = \frac{181.31 + 108.88}{2} = 145.1 \leqslant f_a = 199 \text{ kN/m}^2$$

$$P_{k,max} = 181.31 \text{ kN/m}^2 \leqslant 1.2 f_a = 1.2 \times 199 = 238.8 \text{ kN/m}^2$$

满足要求。

4）基础受冲切承载力验算。

基础受冲切承载力计算时采用荷载效应的基本组合,并采用基底净反力。由表2-16选取以下三组不利内力:

第一组: $M = 412.61 \text{ kN·m}$, $N = 648.76 \text{ kN}$, $V = 46.93 \text{ kN}$

第二组: $M = -329.21 \text{ kN·m}$, $N = 476.23 \text{ kN}$, $V = -32.19 \text{ kN}$

第三组: $M = 34.14 \text{ kN·m}$, $N = 715.51 \text{ kN}$, $V = -2.16 \text{ kN}$

先按第一组不利内力计算,扣除基础自重及其上土重后相应于恒荷载效应基本组合时的地基土净反力为

$$N_b = N + \gamma_G N_{wk} = 648.76 + 1.2 \times 326.71 = 1\,040.81 \text{ kN}$$

$$M_b = M + V h \pm \gamma_G N_{wk} e_w = 412.61 + 46.93 \times 1.10 - 1.2 \times 326.71 \times 0.52 = 260.37 \text{ kN·m}$$

$$P_{n,max} = \frac{N_b}{A} + \frac{M_b}{W} = \frac{1\,040.81}{7.26} + \frac{260.37}{3.99} = 208.75 \text{ kN/m}^2$$

$$P_{n,min} = \frac{N_b}{A} - \frac{M_b}{W} = \frac{1041.81}{7.26} - \frac{260.37}{3.99} = 78.24 \text{ kN/m}^2$$

按第二组不利内力计算,地基土净反力为

$$N_b = N + \gamma_G N_{wk} = 476.23 + 1.2 \times 326.71 = 868.28 \text{ kN}$$

$$M_b = M + V h \pm \gamma_G N_{wk} e_w = -329.21 - 32.19 \times 1.10 - 1.2 \times$$
$$326.71 \times 0.52 = -568.49 \text{ kN·m}$$

$$P_{n,max} = \frac{N_b}{A} + \frac{M_b}{W} = \frac{868.28}{7.26} + \frac{568.49}{3.99} = 262.08 \text{ kN/m}^2$$

$$P_{n,min} = \frac{N_b}{A} - \frac{M_b}{W} = \frac{868.28}{7.26} - \frac{568.49}{3.99} = -22.88 \text{ kN/m}^2$$

因最小净反力为负值,故基础底面净反力应按下式计算如下:

$$e_0 = \frac{M_b}{N_b} = \frac{568.49}{868.28} = 0.655 \text{ m}$$

$$k = 0.5b - e_0 = 0.5 \times 3.3 - 0.655 = 0.995 \text{ m}$$

$$P_{n,max} = \frac{2N_b}{3kl} = \frac{2 \times 868.28}{3 \times 0.995 \times 2.2} = 264.44 \text{ kN/m}^2$$

按第三组不利内力计算,地基土净反力为

$$N_b = N + \gamma_G N_{wk} = 715.51 + 1.2 \times 326.71 = 1107.56 \text{ kN}$$

$$M_b = M + Vh \pm \gamma_G N_{wk} e_w = 34.14 - 2.16 \times 1.10 - 1.2 \times$$
$$326.71 \times 0.52 = -172.10 \text{ kN} \cdot \text{m}$$

$$P_{n,max} = \frac{N_b}{A} + \frac{M_b}{W} = \frac{1107.56}{7.26} + \frac{172.10}{3.99} = 195.69 \text{ kN/m}^2$$

$$P_{n,min} = \frac{N_b}{A} - \frac{M_b}{W} = \frac{1107.56}{7.26} - \frac{172.10}{3.99} = 109.42 \text{ kN/m}^2$$

查附表 2-13 得基础的杯壁厚度 $t \geqslant 300$ mm,取 $t = 325$ mm,所以基础顶面宽为 $t + 75 = 400$ mm,杯壁高度 $h_2 = 500$ mm,$a_2 > 200$ 且 $a_2 \geqslant a_1$,取 $a_2 = 300$ mm。

基础各细部尺寸如图 2-45 所示。

对变阶处进行受冲切承载力验算(冲切破坏锥面如图 2-46 中虚线所示):

$$b_t = 400 + 400 + 400 = 1200 \text{ mm}$$

取保护层厚度为 40 mm > 35 mm,则基础变阶处截面的有效高度为

$$h_0 = 600 - 40 = 560 \text{ mm}$$

$$b_b = b_t + 2h_0 = 1200 + 2 \times 560 = 2320 \text{ mm}$$

$$b_m = \frac{b_t + b_b}{2} = \frac{1200 + 2320}{2} = 1760 \text{ mm}$$

$$A = \left(\frac{3.3}{2} - \frac{1.6}{2} - 0.56\right) \times 2.2 = 0.638 \text{ m}^2$$

故得
$$F_1 = p_s A = 264.44 \times 0.638 = 168.71 \text{ kN}$$

$$0.7 f_t b_m h_0 = 0.7 \times 1.10 \times 1760 \times 560 = 758.91 \text{ kN} > F_1 = 168.71 \text{ kN}$$

因此受冲切承载力满足要求。

5)基础底板配筋计算。

(a)柱边及变阶处基地净反力计算。

由表 2-16 中三组不利内力设计值所产生的基底净反力见表 2-17,具体如图 2-46 所示。其中 $p_{j,1}$ 为基础或变阶处所对应的基底净反力。经分析可知,第一组基底净反力不起控制作用,基础底板配筋可按第二组和第三组基底净反力进行计算。

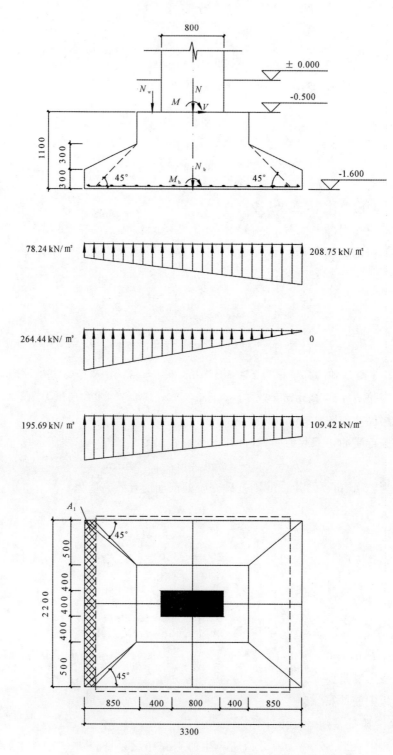

图 2-46 地基受冲切承载力截面位置及底板计算简图

表 2-17　基底净反力

基底净反力		第一组	第二组	第三组
$p_{j,max}/(\text{kN}\cdot\text{m}^{-2})$		208.75	264.44	195.69
$p_{j,1}/(\text{kN}\cdot\text{m}^{-2})$	柱边处	162.00	164.28	161.77
	变阶处	176.96	196.33	172.62
$p_{j,min}/(\text{kN}\cdot\text{m}^{-2})$		78.24	0	109.42

（b）柱边及变阶处弯矩计算。

柱边处截面弯矩的计算,先按第二组内力计算,有

$$e_0 = \frac{M_b}{N_b} = \frac{568.49}{868.28} = 0.65 \text{ m} > \frac{3.3}{6} = 0.55 \text{ m}$$

长边方向:

$$M_I = \frac{1}{12}a_1^2 \left[(2l+a')(P_{j,max}+P_{j,1}) + (P_{j,max}-P_{j,1})l \right] =$$

$$\frac{1}{12} \times 1.25^2 \left[(2\times2.2+0.4)\times(264.44+164.28) + \right.$$

$$\left. (264.44-164.28)\times2.2 \right] = 296.64 \text{ kN}\cdot\text{m}$$

短边方向:

$$M_{II} = \frac{1}{48}(l-a')^2(2b+b')(P_{j,max}+P_{j,min}) =$$

$$\frac{1}{48} \times (2.2-0.4)^2 \times (2\times3.3+0.8)\times(264.44+0) = 132.09 \text{ kN}\cdot\text{m}$$

再按第三组内力计算,有

长边方向:

$$M_I = \frac{1}{12}a_1^2 \left[(2l+a')(P_{j,max}+P_{j,1}) + (P_{j,max}-P_{j,1})l \right] =$$

$$\frac{1}{12} \times 1.25^2 \times \left[(2\times2.2+0.4)\times(195.69+161.77) + \right.$$

$$\left. (195.69-161.77)\times2.2 \right] = 233.13 \text{ kN}\cdot\text{m}$$

短边方向:

$$M_{II} = \frac{1}{48}(l-a')^2(2b+b')(P_{j,max}+P_{j,min}) =$$

$$\frac{1}{48} \times (2.2-0.4)^2 \times (2\times3.3+0.8)\times(195.69+109.42) =$$

$$152.40 \text{ kN}\cdot\text{m}$$

变阶处截面的弯矩计算,先按第二组内力计算,有

长边方向:

$$M_{\text{I}} = \frac{1}{12} a_1^2 \left[(2l + a')(P_{\text{j,max}} + P_{\text{j,I}}) + (P_{\text{j,max}} - P_{\text{j,I}})l \right] =$$

$$\frac{1}{12} \times 0.85^2 \times \left[(2 \times 2.2 + 1.2) \times (264.44 + 196.33) + \right.$$

$$(264.44 - 196.33) \times 2.2 \right] = 164.38 \text{ kN} \cdot \text{m}$$

短边方向:

$$M_{\text{II}} = \frac{1}{48} (l - a')^2 (2b + b')(P_{\text{j,max}} + P_{\text{j,min}}) =$$

$$\frac{1}{48} \times (2.2 - 1.2)^2 \times (2 \times 3.3 + 1.6) \times (264.44 + 0) = 45.18 \text{ kN} \cdot \text{m}$$

按第三组内力计算,有

长边方向:

$$M_{\text{I}} = \frac{1}{12} a_1^2 \left[(2l + a')(P_{\text{j,max}} + P_{\text{j,I}}) + (P_{\text{j,max}} - P_{\text{j,I}})l \right] =$$

$$\frac{1}{12} \times 0.85^2 \times \left[(2 \times 2.2 + 1.2) \times (195.69 + 172.62) + \right.$$

$$(195.69 - 172.62) \times 2.2 \right] = 127.24 \text{ kN} \cdot \text{m}$$

短边方向:

$$M_{\text{II}} = \frac{1}{48} (l - a')^2 (2b + b')(P_{\text{j,max}} + P_{\text{j,min}}) =$$

$$\frac{1}{48} \times (2.2 - 1.2)^2 \times (2 \times 3.3 + 1.6) \times (195.69 + 109.42) = 52.12 \text{ kN} \cdot \text{m}$$

(c) 配筋计算。

基础底板受力钢筋采用 HRB335,$f_y = 300$ N/mm²,则基础底板沿长边方向的受力钢筋截面面积为

柱边: $$A_{\text{sI}} = \frac{M_{\text{I}}}{0.9 f_y h_{01}} = \frac{296.64 \times 10^6}{0.9 \times 300 \times (1100 - 40)} = 1\,036.48 \text{ mm}^2$$

变阶: $$A_{\text{sI}} = \frac{M_{\text{I}}}{0.9 f_y h_0} = \frac{164.38 \times 10^6}{0.9 \times 300 \times (600 - 40)} = 1\,087.17 \text{ mm}^2$$

所以选用 14 ⏚ 10@150,$A_s = 1099$ mm²。

基础底板沿短边方向的受力钢筋截面面积为

柱边: $$A_{\text{sII}} = \frac{M_{\text{I}}}{0.9 f_y (h_{01} - d)} = \frac{152.40 \times 10^6}{0.9 \times 300 \times (1060 - 10)} = 537.57 \text{ mm}^2$$

变阶: $$A_{\text{sII}} = \frac{M_{\text{II}}}{0.9 f_y (h_0 - d)} = \frac{52.12 \times 10^6}{0.9 \times 300 \times (560 - 10)} = 350.98 \text{ mm}^2$$

故选用 15 ⏚ 8@220,$A_s = 754.5$ mm²,基础配筋图如附图 2-3 所示。

(2)B 柱。

1)荷载。

从表 2-14(2)和表 2-14(3)中选取的柱底截面最不利内力见表 2-18。

表 2 - 18 基础设计时的最不利内力

组 别	荷载效应标准组合			荷载效应基本组合		
	$M_k/(\text{kN} \cdot \text{m})$	N_k/kN	V_k/kN	$M/(\text{kN} \cdot \text{m})$	N/kN	V/kN
第一组	198.45	779.66	8.78	297.67	1061.76	13.17
第二组	−198.45	779.66	−8.78	−297.67	1061.76	−13.17
第三组	195.63	803.96	8.84	293.45	1098.21	13.26

2）基础底面尺寸及地基承载力验算。

（a）基础高度和埋置深度的确定。

柱插入杯口深度 $h_1 = 0.9h = 0.9 \times 800 = 720$ mm< 800 mm，取 $h_1 = 800$ mm；杯底厚度 $a_1 \geqslant 200$ mm，取 $a_1 = 250$ mm；杯壁厚度 $t \geqslant 300$ mm，取 $t = 325$ mm；杯口垫层厚 50 mm；基础高度 $h = 800 + 250 + 50 = 1100$ mm；基础顶面标高为 −0.500 m，室内外高差为 150 mm，则基础埋置深度为 $d = 1100 + 500 - 150 = 1450$ mm。

（b）基础底面尺寸拟定。

基础地面面积按地基承载力计算确定，并取用荷载效应标准组合。由《建筑地基基础设计规范》（GB 50007—2011）可查得，$\eta_d = 1.0$，$\eta_b = 0$，取土平均自重 $\gamma_m = 20$ kN/m³，则深度修正后的地基承载力特征值 f_a 为

$$f_a = f_{ak} + \eta_d \gamma_m (d - 0.5) = 180 + 1.0 \times 20 \times (1.45 - 0.5) = 199 \text{ kN/m}^2$$

根据 N_{max} 的一组荷载，按轴心受压估算基础底面尺寸，取

$$N_k = N_{k,max} = 803.96 \text{ kN}$$

$$A_1 = \frac{N_k}{f_a - \gamma_m d} = \frac{803.96}{199 - 20 \times 1.45} = 4.73 \text{ m}^2$$

考虑到偏心的影响，将基础的地面尺寸再增加 30%，有

$$A = 1.3A_1 = 1.3 \times 4.68 = 6.08 \text{ m}^2$$

底面选为矩形 $l \times b = 2.2 \times 3.0 = 6.60$ m²，则基础底面的弹性抵抗矩为

$$W = \frac{1}{6} lb^2 = \frac{1}{6} \times 2.2 \times 3.0^2 = 3.3 \text{ m}^3$$

（c）地基承载力验算。

基础自重和土重为（基础及其上的填土的平均重度取 $\gamma_m = 20$ kN/m³）

$$G_k = \gamma_m dA = 20 \times 1.45 \times 6.6 = 191.4 \text{ kN}$$

根据表 2 - 18，选取以下三组不利内力组合进行基础底面面积计算：

第一组： $M_k = 198.45$ kN·m，　$N_k = 779.66$ kN，　$V_k = 8.78$ kN

第二组： $M_k = -198.45$ kN·m，　$N_k = 779.66$ kN，　$V_k = -8.78$ kN

第三组： $M_k = 195.63$ kN·m，　$N_k = 803.96$ kN，　$V_k = 8.84$ kN

先按第一组不利内力计算，基础底面相应于荷载效应标准组合时的竖向力和力矩分别为

$$N_{bk} = N_k + G_k = 779.66 + 191.4 = 971.06 \text{ kN}$$

$$M_{bk} = M_k + V_k h = 198.45 + 8.78 \times 1.1 = 208.11 \text{ kN} \cdot \text{m}$$

基础底面边缘的压力为

$$P_{k,max} = \frac{N_{bk}}{A} + \frac{M_{bk}}{W} = \frac{971.06}{6.6} + \frac{208.11}{3.3} = 210.19 \text{ kN/m}^2$$

$$P_{k,min} = \frac{N_{bk}}{A} - \frac{M_{bk}}{W} = \frac{971.06}{6.6} - \frac{208.11}{3.3} = 84.07 \text{ kN/m}^2$$

地基承载力验算,即

$$P_k = \frac{P_{k,max} + P_{k,min}}{2} = \frac{210.19 + 84.07}{2} = 147.13 \leqslant f_a = 199 \text{ kN/m}^2$$

$$P_{k,max} = 210.19 \text{ kN/m}^2 \leqslant 1.2 f_a = 1.2 \times 199 = 238.8 \text{ kN/m}^2$$

满足要求。

取第二组不利内力计算,基础底面相应于荷载效应标准组合时的竖向力和力矩分别为

$$N_{bk} = N_k + G_k = 779.66 + 191.4 = 971.06 \text{ kN}$$

$$M_{bk} = M_k + V_k h = -198.45 - 8.78 \times 1.1 = -208.11 \text{ kN·m}$$

基础底面边缘的压力为

$$P_{k,max} = \frac{N_{bk}}{A} + \frac{M_{bk}}{W} = \frac{971.06}{6.6} + \frac{208.11}{3.3} = 210.19 \text{ kN/m}^2$$

$$P_{k,min} = \frac{N_{bk}}{A} - \frac{M_{bk}}{W} = \frac{971.06}{6.6} - \frac{208.11}{3.3} = 84.07 \text{ kN/m}^2$$

地基承载力验算,即

$$P_k = \frac{P_{k,max} + P_{k,min}}{2} = \frac{210.19 + 84.07}{2} = 147.13 \text{ kN/m}^2 \leqslant f_a = 199 \text{ kN/m}^2$$

$$P_{k,max} = 210.19 \text{ kN/m}^2 \leqslant 1.2 f_a = 1.2 \times 199 = 238.8 \text{ kN/m}^2$$

满足要求。

取第三组不利内力计算,基础底面相应于荷载效应标准组合时的竖向力和力矩分别为

$$N_{bk} = N_k + G_k = 803.96 + 191.4 = 995.36 \text{ kN}$$

$$M_{bk} = M_k + V_k h = 195.63 + 8.84 \times 1.1 = 205.35 \text{ kN·m}$$

基础底面边缘的压力为

$$P_{k,max} = \frac{N_{bk}}{A} + \frac{M_{bk}}{W} = \frac{995.63}{6.6} + \frac{205.35}{3.3} = 213.04 \text{ kN/m}^2$$

$$P_{k,min} = \frac{N_{bk}}{A} - \frac{M_{bk}}{W} = \frac{995.36}{6.6} - \frac{205.35}{3.3} = 88.58 \text{ kN/m}^2$$

地基承载力验算,即

$$P_k = \frac{P_{k,max} + P_{k,min}}{2} = \frac{213.04 + 88.58}{2} = 150.81 \leqslant f_a = 199 \text{ kN/m}^2$$

$$P_{k,max} = 213.04 \text{ kN/m}^2 \leqslant 1.2 f_a = 1.2 \times 199 = 238.8 \text{ kN/m}^2$$

满足要求。

3) 基础受冲切承载力验算。

基础受冲切承载力计算时采用荷载效应的基本组合,并采用基底净反力。根据表2-18选取下列三组不利内力:

第一组: $M = 297.67$ kN·m, $N = 1061.76$ kN, $V = 13.17$ kN

第二组: $M = -297.67$ kN·m, $N = 1061.76$ kN, $V = -13.17$ kN

第三组: $M = 293.45$ kN·m, $N = 1098.21$ kN, $V = 13.26$ kN

先按第一组不利内力计算,地基土净反力为

$$N_b = N + \gamma_G N_{wk} = N = 1061.76 \text{ kN}$$

$$M_b = M + Vh = 297.67 + 13.17 \times 1.1 = 312.16 \text{ kN} \cdot \text{m}$$

$$P_{n,max} = \frac{N_b}{A} + \frac{M_b}{W} = \frac{1061.76}{6.6} + \frac{312.16}{3.3} = 255.47 \text{ kN/m}^2$$

$$P_{n,min} = \frac{N_b}{A} - \frac{M_b}{W} = \frac{1061.76}{6.6} - \frac{312.16}{3.3} = 66.28 \text{ kN/m}^2$$

按第二组不利内力计算,地基土净反力为

$$N_b = N + \gamma_G N_{wk} = N = 1061.76 \text{ kN}$$

$$M_b = M + Vh = -297.67 - 13.17 \times 1.1 = -312.16 \text{ kN} \cdot \text{m}$$

$$P_{n,max} = \frac{N_b}{A} + \frac{M_b}{W} = \frac{1061.76}{6.6} + \frac{312.16}{3.3} = 255.47 \text{ kN/m}^2$$

$$P_{n,min} = \frac{N_b}{A} - \frac{M_b}{W} = \frac{1061.76}{6.6} - \frac{312.16}{3.3} = 66.28 \text{ kN/m}^2$$

按第三组不利内力计算,地基土净反力为

$$N_b = N + \gamma_G N_{wk} = N = 1098.21 \text{ kN}$$

$$M_b = M + Vh = 293.45 + 13.26 \times 1.1 = 308.04 \text{ kN} \cdot \text{m}$$

$$P_{n,max} = \frac{N_b}{A} + \frac{M_b}{W} = \frac{1098.21}{6.6} + \frac{308.04}{3.3} = 259.74 \text{ kN/m}^2$$

$$P_{n,min} = \frac{N_b}{A} - \frac{M_b}{W} = \frac{1098.21}{6.6} - \frac{308.04}{3.3} = 73.05 \text{ kN/m}^2$$

查附表 2-13 得基础的杯壁厚度 $t \geqslant 300$ mm,取 $t = 325$ mm,基础顶面宽度 $t + 75 = 400$ mm,杯壁高度 $h_2 = 500$ mm,$a_2 > 200$ 且 $a_2 \geqslant a_1 = 250$ mm,取 $a_2 = 300$ mm。

基础各细部尺寸如图 2-47 所示。

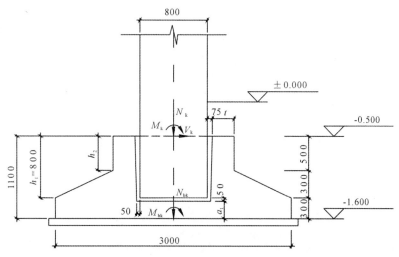

图 2-47　B 柱下基础尺寸及受力简图

对变阶处进行受冲切承载力验算(冲切破坏锥面如图 2-48 中虚线所示):

$$b_t = 400 + 400 + 400 = 1200 \text{ mm}$$

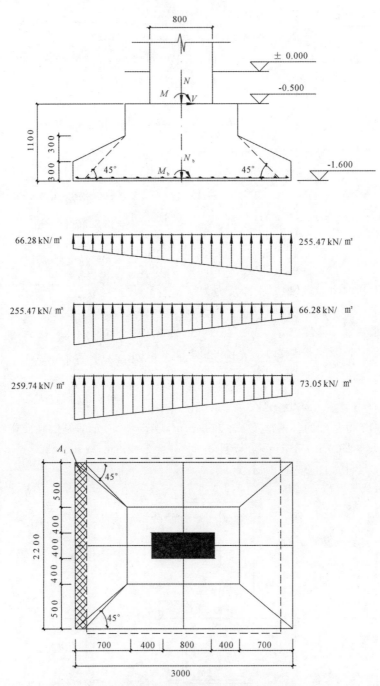

图 2-48 地基受冲切承载力截面位置及底板计算简图

取保护层厚度为 40 mm > 35 mm,则基础变阶处截面的有效高度为

$$h_0 = 600 - 40 = 560 \text{ mm}$$

$$b_b = b_t + 2h_0 = 1200 + 2 \times 560 = 2320 \text{ mm}$$

$$b_m = \frac{b_t + b_b}{2} = \frac{1200 + 2320}{2} = 1760 \text{ mm}$$

$$A = \left(\frac{3.0}{2} - \frac{1.6}{2} - 0.56\right) \times 2.2 = 0.308 \text{ m}^2$$

可得

$$F_1 = p_s A = 259.74 \times 0.308 = 80.00 \text{ kN}$$

$$0.7 f_t b_m h_0 = 0.7 \times 1.10 \times 1760 \times 560 = 758.91 \text{ kN} > F_1 = 80.00 \text{ kN}$$

因此受冲切验算满足要求。

4）基础底板配筋计算。

（a）柱边及变阶处基底净反力计算。

基底净反力见表 2-19。

表 2-19　基底净反力

基底净反力		第一组	第二组	第三组
$p_{j,max}/(\text{kN} \cdot \text{m}^{-2})$		255.47	255.47	259.74
$p_{j,1}/(\text{kN} \cdot \text{m}^{-2})$	柱边处	185.31	185.31	190.34
	变阶处	210.82	210.82	215.63
$p_{j,min}/(\text{kN} \cdot \text{m}^{-2})$		66.28	66.28	73.05

（b）柱边及变阶处弯矩计算。

柱边处截面的弯矩计算，先按第一组内力计算：

长边方向：

$$M_I = \frac{1}{12} a_1^2 \left[(2l + a')(P_{j,max} + P_{j,1}) + (P_{j,max} - P_{j,1})l\right] =$$

$$\frac{1}{12} \times 1.1^2 \times \left[(2 \times 2.2 + 0.4) \times (255.47 + 185.31) + \right.$$

$$(255.47 - 185.31) \times 2.2\right] = 228.90 \text{ kN} \cdot \text{m}$$

短边方向：

$$M_{II} = \frac{1}{48}(l - a')^2 (2b + b')(P_{j,max} + P_{j,min}) =$$

$$\frac{1}{48} \times (2.2 - 0.4)^2 \times (2 \times 3.0 + 0.8) \times (255.47 + 66.28) =$$

$$147.68 \text{ kN} \cdot \text{m}$$

再按第三组内力计算：

长边方向：

$$M_I = \frac{1}{12} a_1^2 \left[(2l + a')(P_{j,max} + P_{j,1}) + (P_{j,max} - P_{j,1})l\right] =$$

$$\frac{1}{12} \times 1.1^2 \times \left[(2 \times 2.2 + 0.4) \times (259.74 + 190.34) + \right.$$

$$(259.74 - 190.34) \times 2.2\right] = 233.23 \text{ kN} \cdot \text{m}$$

短边方向：

$$M_{II} = \frac{1}{48}(l - a')^2 (2b + b')(P_{j,max} + P_{j,min}) =$$

$$\frac{1}{48} \times (2.2 - 0.4)^2 \times (2 \times 3.0 + 0.8) \times (259.74 + 73.05) =$$

$152.75 \text{ kN} \cdot \text{m}$

变阶处截面的弯矩计算，先按第一组内力计算：

长边方向：

$$M_{\text{I}} = \frac{1}{12} a_1^2 \left[(2l + a')(P_{\text{j,max}} + P_{\text{j,I}}) + (P_{\text{j,max}} - P_{\text{j,I}})l \right] =$$

$$\frac{1}{12} \times 0.7^2 \times \left[(2 \times 2.2 + 1.2) \times (255.47 + 210.82) + \right.$$

$$\left. (255.47 - 210.82) \times 2.2 \right] = 110.64 \text{ kN} \cdot \text{m}$$

短边方向：

$$M_{\text{II}} = \frac{1}{48} (l - a')^2 (2b + b')(P_{\text{j,max}} + P_{\text{j,min}}) =$$

$$\frac{1}{48} \times (2.2 - 1.2)^2 \times (2 \times 3.0 + 1.6) \times (255.47 + 66.28) =$$

$$50.94 \text{ kN} \cdot \text{m}$$

再按第三组内力计算：

长边方向：

$$M_{\text{I}} = \frac{1}{12} a_1^2 \left[(2l + a')(P_{\text{j,max}} + P_{\text{j,I}}) + (P_{\text{j,max}} - P_{\text{j,I}})l \right] =$$

$$\frac{1}{12} \times 0.7^2 \times \left[(2 \times 2.2 + 1.2) \times (259.74 + 215.63) + \right.$$

$$\left. (259.74 - 215.63) \times 2.2 \right] = 112.66 \text{ kN} \cdot \text{m}$$

短边方向：

$$M_{\text{II}} = \frac{1}{48} (l - a')^2 (2b + b')(P_{\text{j,max}} + P_{\text{j,min}}) =$$

$$\frac{1}{48} \times (2.2 - 1.2)^2 \times (2 \times 3.0 + 1.6) \times (259.74 + 73.05) =$$

$$52.69 \text{ kN} \cdot \text{m}$$

（c）配筋计算。

基础底板受力钢筋采用 HRB335，$f_y = 300 \text{ N/mm}^2$，则基础底板沿长边方向的受力钢筋截面面积为

柱边： $A_{\text{sI}} = \dfrac{M_{\text{I}}}{0.9 f_y h_{01}} = \dfrac{233.23 \times 10^6}{0.9 \times 300 \times (1100 - 40)} = 807.30 \text{ mm}^2$

变阶： $A_{\text{sI}} = \dfrac{M_{\text{I}}}{0.9 f_y h_0} \doteq \dfrac{112.66 \times 10^6}{0.9 \times 300 \times (600 - 40)} = 745.11 \text{ mm}^2$

所以选用 11 $\underline{\Phi}$ 10@200，$A_s = 863.5 \text{ mm}^2$。

基础底板沿短边方向的受力钢筋截面面积为

柱边： $A_{\text{sII}} = \dfrac{M_{\text{I}}}{0.9 f_y (h_{01} - d)} = \dfrac{152.75 \times 10^6}{0.9 \times 300 \times (1060 - 10)} = 538.80 \text{ mm}^2$

变阶： $A_{\text{sII}} = \dfrac{M_{\text{II}}}{0.9 f_y (h_0 - d)} = \dfrac{52.69 \times 10^6}{0.9 \times 300 \times (560 - 10)} = 354.81 \text{ mm}^2$

选用 15 $\underline{\Phi}$ 8@200，$A_s = 754.5 \text{ mm}^2$。

基础配筋图如附图 2-3 所示。

2.2.3 绘制施工图

根据计算结果和构造要求，绘制的屋面板、屋架及屋架支撑布置图，基础、基础梁、吊车梁布置图，柱模板及配筋图，如附图 2-2 和 2-3 所示。

第3章　多层框架结构设计

3.1　设计任务书

3.1.1　设计资料

（1）总体设计要求。

经上级主管部门审核批准，某单位拟在西安高新区 55 m×18 m 的区域内建造一幢行政办公楼，建筑总面积约为 3600（±10％）m²，每层使用人数为 100～150 人，建筑层数为 5 层，采用现浇钢筋混凝土框架结构，设计合理使用年限为 50 年，抗震设防类别为丙类。

（2）工程地质条件。

根据有关勘察部门提供的工程地质勘察报告，建筑场地位于西安市高新区，场地土类型属于中软场地土（Ⅱ类场地），地基自上而下由素填土层、黄土状土、黄土层构成，其中素填土层（Q42）：较松散，不均一，层厚为 1.2～1.5 m，层底相对高程 439.88～438.88 m，不能用作天然地基，不具工程意义，应全部挖除。黄土状土层厚 8.0～10.0 m，以下为黄土层。各土层物理力学指标如下：

黄土状土：

$$\omega = 19.8\%, \quad \rho = 17.4 \text{ kN/m}^3, \quad e = 0.852$$
$$d_s = 2.70, \quad \omega_0 = 13.2\%, \quad \omega_l = 25.6\%$$
$$\alpha_{1-2} = 0.25 \text{ MPa}^{-1}, \quad E_s = 12.58 \text{ MPa}, \quad f_k = 160 \text{ KPa}$$

黄土层：

$$\omega = 26.1\%, \quad \rho = 18.55 \text{ kN/m}^3, \quad e = 0.886$$
$$d_s = 2.75, \quad \omega_0 = 17.1\%, \quad \omega_l = 28.3\%$$
$$\alpha_{1-2} = 0.24 \text{ MPa}^{-1}, \quad E_s = 9.34 \text{ MPa}, \quad f_k = 170 \text{ KPa}$$

地下水位埋置深度为 −10.50～−12.70 m，对浅层基础无影响。

（3）气象条件。

1）气温状况：冬季室外空气计算温度取 −10℃，夏季室外空气计算温度取 40℃。

2）空气相对湿度：最热月平均 72％，最冷月平均 70％。

3）全年主导风向：东北风，基本风压 0.35 kN/mm²。

4）基本雪压：0.25 kN/mm²。

5）年降雨量：634 mm；日最大降雨量：92 mm；每小时降雨量：56 mm。

（4）计算前准备工作。

本框架结构选用的混凝土强度等级为 C35，混凝土轴心抗压强度设计值 f_c 及轴心抗拉强度设计值 f_t 根据《混凝土结构设计规范》（GB 50010—2010）表 4.1.4-1 和表 4.1.4-2（见本书附表 3-1)查得,混凝土轴心抗压强度设计值 $f_c = 16.7 \ N/mm^2$ 及轴心抗拉强度设计值 $f_t = 1.57 \ N/mm^2$。

根据《建筑抗震设计规范》(GB 50011—2010)(2016 年版)(以下无特殊说明时,均指此版)附录 A.0.27 可知,西安设计地震分组为第二组,抗震设防烈度为 8 度,设计基本地震加速度为 $0.2g$。由《建筑抗震设计规范》(GB 50011—2010)第 5.1.4 条(附表 3-2 和附表 3-3)可知,拟建房屋所在地的多遇地震水平地震影响系数最大值 $\alpha_{max} = 0.16$,特征周期 $T_g = 0.4 \ s$。

拟建建筑物为五层,结构比较规整,位于 8 度设防区,风荷载不起控制作用影响。因此计算荷载效应组合时仅计算地震作用与竖向荷载,不考虑风荷载。

3.1.2 设计内容

(1)进行多层房屋体型的选择,多层框架房屋结构方案设计及布置。

(2)进行以下结构计算:

1)确定构件截面尺寸和材料的选用;

2)荷载计算;

3)水平地震作用下,框架抗震变形验算;

4)对一榀框架进行内力分析、计算及组合;

5)构件截面设计;

6)基础设计。

3.1.3 设计成果

(1)设计计算说明书一份,包括完整的结构计算步骤、数据、表格和构件的截面设计。

(2)建筑施工图,主要包括:

1)底层平面图;

2)标准层平面图;

3)顶层平面图;

4)主立面图及剖面图。

(3)结构施工图,主要包括:

1)基础平面布置图和一根基础梁配筋图;

2)底层、标准层及顶层结构平面布置图;

3)一榀框架配筋图;

4)楼梯结构详图;

5)板配筋图。

3.2 计 算 书

3.2.1 构件尺寸初选

根据该类房屋的使用功能及建筑设计的要求,进行了建筑平面、立面及剖面设计(分别见图 3-19~图 3-23),各层结构平面布置图(见图 3-24~图 3-26)。主体结构为 5 层,1~5 层高为 3.3 m,局部突出的塔楼为 3.3 m。

内外墙均采用 250 mm 厚的加气混凝土砌块。门窗采取塑钢制作,一层正门的门洞尺寸为 1.2 m×2.4 m,一层侧门的门洞尺寸为 1.5 m×2.1 m,室内办公室的门洞尺寸均为 0.9 m×2.1 m,窗洞尺寸统一为 1.5 m×1.8 m。楼盖及屋盖均采用现浇钢筋混凝土结构,楼板厚度取 100 mm。主梁高度一般为梁跨度的 1/12～1/8,次梁高度一般为梁跨度的 1/15～1/12,梁的宽高比一般在 1/3～1/2 之间。由此估算的梁截面尺寸见表 3-1,并给出各层梁、柱和板的混凝土强度等级。

表 3-1　梁截面尺寸及各层混凝土强度等级

楼层	混凝土强度等级	横梁($b \times h$)/(mm×mm)		纵梁 ($b \times h$)/(mm×mm)	次梁 ($b \times h$)/(mm×mm)
		AB 跨、CD 跨	BC 跨		
1	C35	300×550	300×450	300×650	300×450
2～4	C35	300×550	300×450	300×650	300×450
5	C35	250×500	250×400	250×600	250×400

柱截面尺寸可根据式 $A_c = \dfrac{N}{[\mu_c] f_c}$ 估算。由《建筑抗震设计规范》(GB 50011—2010)第 6.1.2 条及第 6.3.6 条(见本书附表 3-4 和附表 3-5)可知该框架结构的抗震等级为二级,轴压比限值 $[\mu_c]=0.75$。在初估柱截面尺寸时,取轴压比限值 $\mu_c=0.6$。根据结构平面布置图可知中柱的负载面积分别为 7.2 m×4.2 m,由于中柱承重面积较大,所以取中柱进行计算。各层重力荷载代表值可根据实际进行计算,根据经验也可近似取 12～15 kN/m²,这里近似取 14 kN/m²,由此可得第一层的柱截面面积为

$$A_c \geqslant \frac{1.3 \times 7.2 \times 4.2 \times 14 \times 1000 \times 5}{0.6 \times 16.7} = 274\,634 \text{ mm}^2$$

如取柱截面为正方形,则柱截面高度为 524 mm。

根据上述计算结果并考虑框架侧移刚度的要求,本设计的中柱截面尺寸取值如下:

1 层:600 mm×600 mm。

2～4 层:550 mm×550 mm。

5 层:500 mm×500 mm。

基础选用条形基础,根据经验,采用天然地基时,基础埋深不小于建筑物高度的 1/12。因室外标高为 -0.450 m,故基础埋深为 (3.3×5+0.45)/12=1.825 m。考虑场地条件和结构设计安全,取基础埋深为 2.3 m(自室内地坪算起)。由于柱截面形心轴不重合,取底层柱形心线作为框架的轴线,各层柱轴线重合;梁轴线取在板底处,底层柱计算高度从基础梁顶面取至一层板底,即 $h_1=3.3+2.3-1.2-0.1=4.3$ m,2～5 层柱计算高度为 3.3 m。

横向框架计算简图如图 3-1 所示。

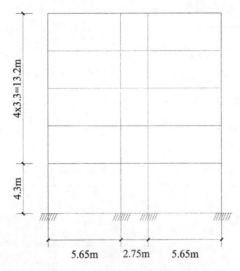

图 3-1 横向框架计算简图

3.2.2 重力荷载计算

1. 屋面及楼面的永久荷载标准值

屋面(不上人):

涂料保护层(重量不计)	—
APP 改性油毡防水层	0.4 kN/m²
20 mm 厚 1∶3 水泥砂浆找平层	20×0.02=0.4 kN/m²
60 mm 厚水泥珍珠岩保温层	10×0.06=0.6 kN/m²
1∶6 水泥焦渣找坡(平均厚度 90 mm)	13×0.09=1.17 kN/m²
隔汽层,刷冷底子油一道,热沥青玛蹄脂两道	—
20 mm 厚 1∶3 水泥砂浆找平层	20×0.02=0.4 kN/m²
100 mm 厚钢筋混凝土屋面板	25×0.1=2.5 kN/m²
20 mm 厚板底抹灰	0.4 kN/m²

合计   5.87 kN/m²

1~4 层楼面:

水磨石地面(20 mm 厚水泥砂浆,10 mm 厚水磨石面层)	0.65 kN/m²
100 mm 厚钢筋混凝土楼板	25×0.1=2.5 kN/m²
20 mm 厚板底抹灰	0.4 kN/m²

合计   3.55 kN/m²

2. 屋面及楼面可变荷载标准值

不上人屋面均布活荷载标准值为 0.50 kN/m²。

屋面雪荷载标准值为 0.25 kN/m²。

综合上述两种荷载,偏安全屋面取活荷载(二者较大值)为 0.50 kN/m²。

楼面活荷载标准值:

办公室:2.0 kN/m²。

走廊、门厅、卫生间:2.5kN/m²。

为安全起见,取楼面活荷载为 2.5 kN/m²。

3. 梁、柱、墙、窗、门重力荷载计算

梁和柱可根据截面尺寸、材料容量及粉刷等计算出单位长度上的重力荷载,对墙、门、窗等可计算出单位面积上的重力荷载。计算过程见表 3 - 2。

表 3 - 2　梁、柱重力荷载标准值

楼 层	构件	$\dfrac{b}{m}$	$\dfrac{h}{m}$	$\dfrac{\gamma}{kN/m^3}$	β	$\dfrac{g}{kN/m^3}$	$\dfrac{l_i}{m}$	n	$\dfrac{G_i}{kN}$	$\dfrac{\Sigma G_i}{kN}$
1	边横梁	0.3	0.55	25	1.05	3.544	5.05	16	286.352	2 714.366
	中横梁	0.3	0.45	25	1.05	2.756	2.15	8	47.400	
	次梁	0.3	0.45	25	1.05	2.756	5.65	14	217.994	
	纵梁	0.3	0.65	25	1.05	4.331	6.60	28	800.380	
	柱	0.6	0.6	25	1.10	9.900	4.30	32	1 362.240	
2~4	边横梁	0.3	0.55	25	1.05	3.544	5.15	16	292.032	2 215.726
	中横梁	0.3	0.45	25	1.05	2.756	2.15	8	47.400	
	次梁	0.3	0.45	25	1.05	2.756	5.65	14	217.994	
	纵梁	0.3	0.65	25	1.05	4.331	6.65	28	806.428	
	柱	0.55	0.55	25	1.10	8.319	3.20	32	851.872	
5	边横梁	0.25	0.5	25	1.05	2.625	5.25	16	220.496	1 732.392
	中横梁	0.25	0.4	25	1.05	1.969	2.15	8	33.864	
	次梁	0.25	0.4	25	1.05	1.969	5.75	14	158.508	
	纵梁	0.25	0.6	25	1.05	3.281	6.70	28	615.524	
	柱	0.5	0.5	25	1.10	6.875	3.20	32	704.000	
突出屋面梯房	边横梁	0.25	0.5	25	1.05	2.625	5.25	2	27.562	170.85
	中横梁	0.25	0.4	25	1.05	1.969	2.15	0	0.000	
	次梁	0.25	0.4	25	1.05	1.969	5.75	1	11.322	
	纵梁	0.25	0.6	25	1.05	3.281	6.70	2	43.966	
	柱	0.5	0.5	25	1.10	6.875	3.20	4	88.000	

注:表中 β 为梁、柱的粉刷层重力荷载而对其重力荷载所取的增大系数;g 表示单位长度构件重力荷载;n 为构件数。梁取净长,柱长为计算高度。

外墙墙体为 250 mm 厚加气混凝土砌块(5.5 kN/m³),外墙面贴瓷砖(0.5 kN/m²),内墙面为 20 mm 抹灰(17 kN/m³),则外墙单位墙面重力荷载为

$$5.5×0.25+0.5+17×0.02=2.215 \text{ kN/m}^2$$

内墙墙体为 250 mm 加气混凝土砌块,两侧均为 20 mm 抹灰,则内墙单位面积重力荷载为

$$5.5 \times 0.25 + 17 \times 0.02 \times 2 = 2.055 \text{ kN/m}^2$$

塑钢门窗单位面积重力荷载为 0.4 kN/m^2。

女儿墙采用烧结普通砖(18 kN/m^3),墙体厚为 120 mm,高为 900 mm,墙体重为

$$(50.4 + 0.25 \times 2 + 14.4) \times 2 \times 0.12 \times 0.9 \times 18 = 253.886 \text{ kN}$$

4. 重力荷载代表值

重力荷载代表值是指结构和构配件自重标准值和各可变荷载组合值之和,在作结构抗震分析时沿楼层高度方向可简化为串联多自由度体系,如图 3-2 所示。根据《建筑抗震设计规范》(GB 50011—2010)(2016 年版)第 5.1.3 条规定:集中于各质点的重力荷载 G_i 为计算单元范围内各层楼面上的重力荷载代表值及上下各半层的墙、柱、门窗等的重量。除上下各半层的墙、柱以及门窗的重量外,一至四层还包括楼面自重和 50% 楼面活荷载,五层还包括屋面自重和 50% 屋面雪荷载。屋面活荷载不计,各层重力荷载代表值计算如下:

图 3-2 各质点的重力荷载代表值

(1)首层重力荷载代表值 G_1。

1)恒荷载:

首层板重为 $(50.4 + 0.25) \times (14.4 + 0.25) \times 3.55 = 2634.180$ kN。

首层梁重为(边横梁+中横梁+次梁+纵梁)1352.126 kN。

首层框架柱自重为 1362.240 kN。

二层框架柱自重为 851.872 kN。

首层上半层外墙总面积为

$$[(50.4 + 0.25 - 8 \times 0.6) \times 2 \times (3.3 - 0.65) + 2.15 \times 2 \times (3.3 - 0.45) + 5.05 \times 4 \times (3.3 - 0.55)] \times 0.5 = 155.405 \text{ m}^2$$

首层上半层外洞口总面积为

$$[1.8 - (1.325 - 0.85)] \times 1.5 \times 26 + (2.4 - 1.325) \times 1.2 \times 4 + (2.1 - 1.425) \times 1.5 \times 2 = 58.860 \text{ m}^2$$

首层上半层外墙净面积为

$$155.405 - 58.860 = 96.545 \text{ m}^2$$

首层上半层内墙总面积为

$$[(12 \times 5.05 \times (3.3 - 0.55) + 10 \times 5.65 \times (3.3 - 0.45) + 8 \times 6.6 \times (3.3 - 0.65) + 4 \times 6.425 \times (3.3 - 0.65)] \times 0.5 = 267.85 \text{ m}^2$$

首层上半层内洞口总面积为

$$(2.1 - 1.325) \times 0.9 \times 19 + (2.1 - 1.425) \times 0.9 \times 2 + [1.8 - (1.375 - 0.95)] \times 1.5 = 16.53 \text{ m}^2$$

首层上半层内墙净面积为

$$267.850 - 16.53 = 251.32 \text{ m}^2$$

首层上半层墙和门窗重为

$96.545 \times 2.215 + 251.32 \times 2.055 + (58.86 + 16.53) \times 0.4 = 760.466 \ \text{kN}$

二层下半层外墙总面积为

$((50.4 + 0.25 - 8 \times 0.55) \times 2 \times (3.3 - 0.65) + 2.15 \times 2 \times (3.3 - 0.45) + 5.15 \times$
$4 \times (3.3 - 0.55)) \times 0.5 = 157.015 \ \text{m}^2$

二层下半层外洞口面积为

$(1.325 - 0.85) \times 1.5 \times 30 = 21.375 \ \text{m}^2$

二层下半层外墙净面积为

$157.015 - 21.375 = 135.64 \ \text{m}^2$

二层下半层内墙总面积为

$(12 \times 5.15 \times (3.3 - 0.55) + 14 \times 5.65 \times (3.3 - 0.45) + 9 \times 6.65 \times (3.3 - 0.65) +$
$4 \times 6.5 \times (3.3 - 0.65)) \times 0.5 = 311.444 \ \text{m}^2$

二层下半层内洞口总面积为

$1.325 \times 0.9 \times 23 + 1.425 \times 0.9 \times 3 = 31.275 \ \text{m}^2$

二层下半层内墙净面积为

$311.444 - 31.275 = 280.169 \ \text{m}^2$

二层下半层墙和门窗重为

$135.64 \times 2.215 + 280.169 \times 2.055 + (21.375 + 31.275) \times 0.4 = 897.250 \ \text{kN}$

2)活荷载:楼面活荷载为

$28 \times 3.6 \times 6 \times 2.5 + 50.4 \times 2.4 \times 2.5 = 1\ 814.40 \ \text{kN}$

$G_1 = 2\ 634.180 + 1352.126 + 0.5 \times (1\ 362.24 + 851.872) + 760.466 + 897.25 +$
$1\ 814.40 \times 0.5 = 7\ 658.278 \ \text{kN}$

(2)二层重力荷载代表值 G_2。

1)恒荷载:

二层板重为 2634.180 kN。

二层梁重为 1363.854 kN。

二、三层框架柱自重为 851.872 kN。

二层上半层外墙总面积为

$[(50.4 + 0.25 - 8 \times 0.55) \times 2 \times (3.3 - 0.65) + 2.15 \times 2 \times (3.3 - 0.45) + 5.15 \times$
$4 \times (3.3 - 0.55)] \times 0.5 = 157.015 \ \text{m}^2$

二层上半层外洞口面积为

$[1.8 - (1.325 - 0.85)] \times 1.5 \times 30 = 59.625 \ \text{m}^2$

二层上半层外墙净面积为

$157.015 - 59.625 = 97.390 \ \text{m}^2$

二层上半层内墙总面积为

$[12 \times 5.15 \times (3.3 - 0.55) + 14 \times 5.65 \times (3.3 - 0.45) + 9 \times 6.65 \times (3.3 - 0.65) +$
$4 \times 6.5 \times (3.3 - 0.65)] \times 0.5 = 311.444 \ \text{m}^2$

二层上半层内洞口总面积为

$(2.1 - 1.325) \times 0.9 \times 23 + (2.1 - 1.425) \times 0.9 \times 3 = 17.865 \ \text{m}^2$

二层上半层内墙净面积为

$$311.444 - 17.865 = 293.579 \text{ m}^2$$

二层上半层墙和门窗重为

$$97.39 \times 2.215 + 293.579 \times 2.055 + (59.625 + 17.865) \times 0.4 = 850.020 \text{ kN}$$

由于二至四层结构平面布置相同,故相应部分结构的面积和重力荷载相同。

三层下半层墙和门窗重(与二层下半层墙和门窗重相同)

$$135.64 \times 2.215 + 280.169 \times 2.055 + (21.375 + 31.275) \times 0.4 = 897.250 \text{ kN}$$

2)活荷载:楼面活荷载为 1814.40 kN,则有

$$G_2 = 2\ 634.18 + 1\ 363.854 + 851.872 + 850.02 + 897.25 + 1\ 814.40 \times$$
$$0.5 = 7\ 504.376 \text{ kN}$$

(3)因三层和二层结构布置一样,故二者的重力荷载代表值相同,则有

$$G_3 = G_2 = 7\ 504.376 \text{ kN}$$

(4)四层重力荷载代表值 G_4。

1)恒荷载:

四层板重为 2 634.180 kN。

四层梁重为 1 363.854 kN。

四层框架柱自重为 851.872 kN。

五层框架柱自重为 704.000 kN。

四层上半层墙和门窗重(同二层上半层墙和门窗重)为

$$97.39 \times 2.215 + 293.579 \times 2.055 + (59.625 + 17.865) \times 0.4 = 850.020 \text{ kN}$$

五层下半层外墙总面积为

$$((50.4 + 0.25 - 8 \times 0.5) \times 2 \times (3.3 - 0.6) + 2.15 \times 2 \times (3.3 - 0.4) + 5.25 \times$$
$$4 \times (3.3 - 0.5)) \times 0.5 = 161.59 \text{ m}^2$$

五层下半层外洞口面积为

$$(1.35 - 0.9) \times 1.5 \times 30 = 20.25 \text{ m}^2$$

五层下半层外墙净面积为

$$161.59 - 20.25 = 141.34 \text{ m}^2$$

五层下半层内墙总面积为

$$(12 \times 5.25 \times (3.3 - 0.5) + 14 \times 5.75 \times (3.3 - 0.4) + 9 \times 6.7 \times (3.3 - 0.6) +$$
$$4 \times 6.575 \times (3.3 - 0.6)) \times 0.5 = 321.835 \text{ m}^2$$

五层下半层内洞口总面积为

$$1.35 \times 0.9 \times 23 + 1.45 \times 0.9 \times 3 = 31.86 \text{ m}^2$$

五层下半层内墙净面积为

$$321.835 - 31.86 = 289.975 \text{ m}^2$$

五层下半层墙和门窗重为

$$141.340 \times 2.215 + 289.975 \times 2.055 + (20.25 + 31.86) \times 0.4 = 929.811 \text{ kN}$$

2)活荷载:楼面活荷载为 1 814.40 kN

$$G_4 = 2\ 634.180 + 1\ 363.854 + 0.5 \times (704 + 851.872) + 850.02 + 929.811 +$$
$$1\ 814.40 \times 0.5 = 7\ 643.001 \text{ kN}$$

(5)顶层重力荷载代表值 G_5。

1)恒荷载：

顶层板及保温防水重为$(50.4+0.25) \times (14.4+0.25) \times 5.87 = 4355.672$ kN。

顶层梁重为 1 028.392 kN。

顶层框架柱自重为 704 kN。

梯房框架柱自重为 88 kN。

顶层上半层外墙总面积为

$$[(50.4+0.25-8 \times 0.5) \times 2 \times (3.3-0.6)+2.15 \times 2 \times (3.3-0.4)+5.25 \times$$
$$4 \times (3.3-0.5)) \times 0.5 = 161.59 \text{ m}^2$$

顶层上半层外洞口面积为

$$[1.8-(1.35-0.9)] \times 1.5 \times 30 = 60.75 \text{ m}^2$$

顶层上半层外墙净面积为

$$161.59-60.75 = 100.84 \text{ m}^2$$

顶层上半层内墙总面积为

$$(12 \times 5.25 \times (3.3-0.5)+14 \times 5.75 \times (3.3-0.4)+9 \times 6.7 \times (3.3-0.6)+$$
$$4 \times 6.575 \times (3.3-0.6)) \times 0.5 = 321.835 \text{ m}^2$$

顶层上半层内洞口总面积为

$$(2.1-1.35) \times 0.9 \times 23+(2.1-1.45) \times 0.9 \times 3 = 17.28 \text{ m}^2$$

顶层上半层内墙净面积为

$$321.835-17.28 = 304.555 \text{ m}^2$$

顶层上半层墙和门窗重为

$$100.84 \times 2.215+304.555 \times 2.055+(60.75+17.28) \times 0.4 = 880.433 \text{ kN}$$

梯房下半层外墙总面积为

$$[5.25 \times 2 \times (3.3-0.5)+6.7 \times 2 \times (3.3-0.6)] \times 0.5 = 32.79 \text{ m}^2$$

梯房下半层外洞口面积为

$$(1.35-0.9) \times 1.5 \times 2+1.35 \times 0.9 \times 2 = 3.78 \text{ m}^2$$

梯房下半层外墙净面积为

$$32.79-3.78 = 29.01 \text{ m}^2$$

梯房下半层内墙总面积为

$$[5.75 \times (3.3-0.4)] \times 0.5 = 8.338 \text{ m}^2$$

梯房下半层内墙净面积为

$$8.338-0 = 8.338 \text{ m}^2$$

梯房下半层墙和门窗重为

$$29.01 \times 2.215+8.338 \times 2.055+3.78 \times 0.4 = 82.904 \text{ kN}$$

女儿墙重为

$$(50.4+0.25 \times 2+14.4) \times 2 \times 0.12 \times 0.9 \times 18 = 253.886 \text{ kN}$$

2)活荷载：屋面雪荷载为

$$(50.4+0.25) \times (14.4+0.25) \times 0.25 = 185.506 \text{ kN}$$
$$G_5 = 4355.672+1028.392+0.5 \times (704+88)+880.433+82.904+$$
$$185.506 \times 0.5+253.886 = 7090.04 \text{ kN}$$

（6）突出屋面的楼梯间重力荷载 G_6。

梯房上半层外墙总面积为

$$[5.25 \times 2 \times (3.3-0.5) + 6.7 \times 2 \times (3.3-0.6)] \times 0.5 = 32.79 \text{ m}^2$$

梯房上半层外洞口面积为

$$[1.8 - (1.35 - 0.9)] \times 1.5 \times 2 + (2.1-1.35) \times 0.9 \times 2 = 5.40 \text{ m}^2$$

梯房上半层外墙净面积为

$$32.79 - 5.40 = 27.39 \text{ m}^2$$

梯房上半层内墙总面积为

$$[5.75 \times (3.3-0.4)] \times 0.5 = 8.338 \text{ m}^2$$

梯房上半层内墙净面积为

$$8.338 - 0 = 8.338 \text{ m}^2$$

梯房上半层墙和门窗重为

$$27.39 \times 2.215 + 8.338 \times 2.055 + 5.4 \times 0.4 = 79.963 \text{ kN}$$

$$G_6 = 79.963 + 0.5 \times 88 + 82.85 + (7.2 + 0.25) \times (6 + 0.25) \times 5.87 +$$
$$(7.2 + 0.25) \times (6 + 0.25) \times 0.25 \times 0.5 = 485.955 \text{ kN}$$

3.2.3　水平地震作用下框架的侧移计算

1. 框架横向侧移刚度计算

横梁线刚度 i_b 计算过程及柱线刚度 i_c 计算过程分别见表 3-3 和表 3-4。

表 3-3　横梁线刚度 i_b 计算表

类别	楼层	砼弹性模量 $\dfrac{E_c}{\text{N/mm}}$	截面尺寸 $\dfrac{b \times h}{\text{mm} \times \text{mm}}$	惯性矩 $\dfrac{I_0}{\text{mm}^4}$	跨度 L/mm	梁线刚度 i_b $\dfrac{E_c I_0/L}{\text{N} \cdot \text{mm}}$	边框架梁 i_b $\dfrac{1.5 E_c I_0/L}{\text{N} \cdot \text{mm}}$	中框架梁 i_b $\dfrac{2 E_c I_0/L}{\text{N} \cdot \text{mm}}$
边梁	1	3.15×10^4	300×550	4.16×10^9	5650	2.32×10^{10}	3.48×10^{10}	4.64×10^{10}
	2～4	3.15×10^4	300×550	4.16×10^9	5650	2.32×10^{10}	3.48×10^{10}	4.64×10^{10}
	5	53.15×10^4	250×500	2.60×10^9	5650	1.45×10^{10}	2.18×10^{10}	2.90×10^{10}
走道梁	1	3.15×10^4	300×450	2.28×10^9	2750	2.61×10^{10}	3.92×10^{10}	5.22×10^{10}
	2～4	3.15×10^4	300×450	2.28×10^9	2750	2.61×10^{10}	3.92×10^{10}	5.22×10^{10}
	5	3.15×10^4	250×400	1.33×10^9	2750	1.52×10^{10}	2.28×10^{10}	3.04×10^{10}

表 3-4　柱线刚度 i_c 计算表

楼层	柱高度 h_c/mm	砼弹性模量 $E_c/(\text{N} \cdot \text{mm}^{-2})$	截面尺寸 $b \times h$ （$\text{mm} \times \text{mm}$）	惯性矩 I_c/mm^4	线刚度 i_c $E_c I_c/h_c/(\text{N} \cdot \text{mm})$
1	4300	3.15×10^4	600×600	1.08×10^{10}	7.91×10^{10}
2～4	3300	3.15×10^4	550×550	7.63×10^9	7.28×10^{10}
5	3300	3.15×10^4	500×500	5.21×10^9	4.97×10^{10}

柱的侧移刚度按 $D = \alpha_c \dfrac{12i_c}{h^2}$ 计算,式中柱侧移刚度修正系数 α_c 可由附表 3-6 查得。根据梁柱线刚度比 $\overline{K}$ 的不同,柱可分为中框架中柱和边柱、边框架边柱和中柱以及楼梯间柱。现以第 2 层 C-3 柱的侧移刚度计算为例,说明计算过程,其余柱的计算过程从略,计算结果分别见表 3-5 ～ 表 3-7。

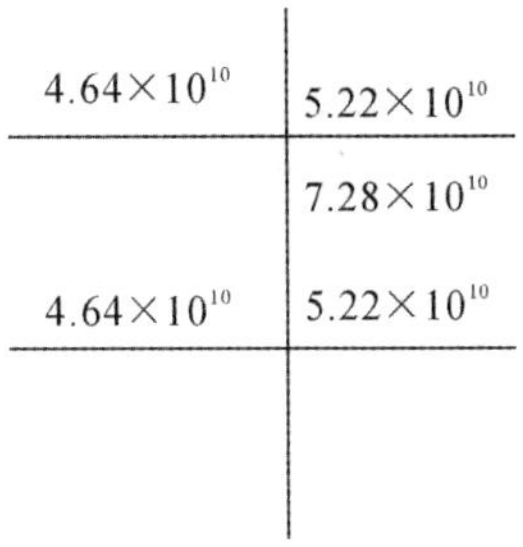

4.64×10^{10}	5.22×10^{10}
	7.28×10^{10}
4.64×10^{10}	5.22×10^{10}

图 3-3　C-3 柱及与其相连的梁的相对线刚度

第 2 层 C-3 柱及与其相连的梁的相对线刚度如图 3-3 所示,图中数据取自表 3-3 和表 3-4。由此可得梁柱线刚度比为

$$\overline{K} = \frac{4.64 + 4.64 + 5.22 + 5.22}{2 \times 7.28} = 1.354$$

柱侧向刚度修正系数为

$$\alpha_c = \frac{1.354}{2 + 1.354} = 0.404$$

由此可得修正后柱的侧向刚度为

$$D = 0.404 \times \frac{12 \times 7.28 \times 10^{10}}{3300^2} = 32\,409 \text{ N/mm}$$

表 3-5　中框架柱侧向刚度 D 值(N/mm)

楼　层	边柱(10 根)			中柱(10 根)			ΣD_i
	$\overline{K}$	α_c	D_{i1}	$\overline{K}$	α_c	D_{i1}	
5	0.759	0.275	15 061	1.590	0.443	24 261	393 220
3～4	0.637	0.242	19 413	1.354	0.404	32 409	518 220
2	0.637	0.242	19 413	1.354	0.404	32 409	518 220
1	0.587	0.420	21 561	1.247	0.538	27 619	491 800

表 3-6　边框架柱及楼梯间柱侧向刚度 D 值(N/mm)

楼　层	A-1,D-1,A-8,D-8, D-4,D-6			B-1,C-1,C-8,B-8, C-4,C-6			ΣD_i
	$\overline{K}$	α_c	D_{i1}	$\overline{K}$	α_c	D_{i1}	
5	0.569	0.221	12 103	1.193	0.374	20 482	195 510
3～4	0.478	0.193	15 483	1.016	0.337	27 034	255 102
2	0.478	0.193	15 483	1.016	0.337	27 034	255 102
1	0.440	0.385	19 764	0.936	0.489	25 103	269 202

注:A-1 表示Ⓐ轴线与①轴线交叉点位置的柱;D-1 表示Ⓓ轴线与①轴线交叉点位置的柱,其余含义相同。

将表 3-5 和表 3-6 的同层框架柱侧移刚度相加,即得框架各层层间侧移刚度 ΣD_i,见表 3-7。

表 3 - 7 横向框架层间侧向刚度（N/mm）

楼 层	1	2	3	4	5
ΣD_i	761 002	773 322	773 322	773 322	588 730

框架结构抗震设计时，楼层与上部相邻楼层的侧向刚度比不宜小于 0.7，与上部相邻三层侧向刚度比的平均值不宜小于 0.8。由表 3 - 7 可知

$$\Sigma D_1 / \Sigma D_2 = 761\ 002 / 773\ 322 = 0.984 > 0.7$$

$$3\Sigma D_1 / (\Sigma D_2 + \Sigma D_3 + \Sigma D_4) = 3 \times 761\ 002 \div (773\ 322 \times 3) = 0.984 > 0.8$$

故该框架为规则框架。

2.横向水平地震作用下框架结构的内力和侧移计算

(1)横向自振周期计算。

对于质量和刚度沿高度分布比较均匀的框架结构，其基本自振周期 T_1 可按式 $T_1 = 1.7\psi_T \sqrt{u_T}$ 计算。其中 u_T 为结构顶点的假想位移，单位为 m，即假想把集中在各楼层处的重力荷载代表值 G_i 作为该楼层水平荷载来计算结构顶点弹性水平位移。

对于突出带屋面局部突出间的房屋，u_T 应取主体结构顶点的位移。对于突出间对主体结构位移的影响，可按顶点位移相等的原则，将其重力荷载代表值折算到主体结构的顶层，按式 $G_e = G_{n+1}\left(1 + \dfrac{3}{2}\dfrac{h_1}{H}\right) + G_{n+2}\left(1 + \dfrac{3}{2}\dfrac{h_1 + h_2}{H}\right)$ 进行折算[其中 $H = 4.3 + 3.3 \times 4 + (3.3 - 0.25) = 20.55$ m]，即

$$G_e = 485.955 \times \left(1 + \frac{3}{2} \times \frac{3.3}{20.55}\right) = 603.01\ \text{kN}$$

结构顶点假想位移计算过程见表 3-8，$u_T = \displaystyle\sum_{k=1}^{n} (\Delta u)_k$，$V_{Gi} = \displaystyle\sum_{k=i}^{h} G_k$，$(\Delta u)_i = V_{Gi} / \displaystyle\sum_{j=1}^{s} D_{ij}$，其中 V_{Gi} 为第 i 层的层间剪力，第 5 层 G_i 为 G_5 与 G_e 之和。再考虑非承重墙的影响，根据附表 3-7，选取本框架结构非承重墙折减系数 Ψ_T 取为 0.65，则 $T_1 = 1.7 \times 0.65 \times \sqrt{0.150\ 7} = 0.43$ s。

表 3-8 结构顶点假想位移计算

楼 层	G_i / kN	V_{Gi} / kN	$\Sigma D_i / (\text{N} \cdot \text{mm}^{-1})$	层间相对位移 $\Delta u_i / \text{mm}$	u_i / mm
5	7 693.05	7 693.050	588 730	13.1	150.7
4	7 463.001	15 156.051	773 322	19.6	137.6
3	7 504.376	22 660.427	773 322	29.3	118.0
2	7 504.376	30 164.803	773 322	39.0	88.7
1	7 658.278	37 823.081	761 002	49.7	49.7

(2)水平地震作用及楼层地震剪力计算。

《建筑抗震设计规范》(GB 50011—2010)第 5.1.2 条给出了结构水平地震作用计算的底部剪力法。底部剪力法适用条件为：对于高度不超过 40m，质量和刚度沿高度分布比较均匀，变形以剪切型为主的结构，可用底部剪力法计算水平地震作用。根据《建筑抗震设计规范》GB

50011—2010 第 5.2.1 条,本结构总水平地震作用标准值如下:

$$G_{eq} = 0.85\Sigma G_i = 0.85 \times (7\ 658.278 + 7\ 504.376 + 7\ 504.376 +$$

$$7\ 463.001 + 7\ 090.04 + 485.955) = 32\ 050.12\ \text{kN}$$

$$\alpha_1 = \left(\frac{T_g}{T_1}\right)^{0.9} \alpha_{max} = \left(\frac{0.4}{0.43}\right)^{0.9} \times 0.16 = 0.15$$

$$F_{EK} = \alpha_1 G_{eq} = 0.15 \times 32\ 050.12 = 4\ 807.52\ \text{kN}$$

因 $1.4T_g = 1.4 \times 0.4 = 0.56\ \text{s} > T_1 = 0.43\ \text{s}$,故不考虑顶部附加水平地震作用。

各质点的水平地震作用按下列公式计算,将 δ_n 和 F_{EK} 代入,得

$$F_i = F_{EK} \frac{G_i H_i}{\sum\limits_{j=1}^{n} G_j H_j} = 4\ 807.52 \times \frac{G_i H_i}{\sum\limits_{j=1}^{n} G_j H_j}$$

具体计算过程见表 3-9。表 3-9 中各楼层地震剪力可由下式计算,即

$$V_i = \sum_{k=i}^{n} F_k$$

各质点水平地震作用及楼层剪力沿高度分布如图 3-4 所示。

表 3-9　各质点横向水平地震作用及楼层地震剪力计算表

楼　层	H_i/m	G_i/kN	$G_i H_i/(\text{kN} \cdot \text{m})$	$\dfrac{G_i H_i}{\Sigma G_j H_j}$	F_i/kN	V_i/kN
出屋面层	20.55	485.955	9 986.38	0.024	115.38	115.38
5	17.50	7 090.040	124 075.70	0.301	1 447.06	1 562.44
4	14.20	7 463.001	105 974.61	0.257	1 235.53	2 797.97
3	10.90	7 504.376	81 797.70	0.199	956.70	3 754.67
2	7.60	7 504.376	57 033.26	0.138	663.44	4 418.11
1	4.30	7 658.278	32 930.60	0.080	384.60	4 802.71

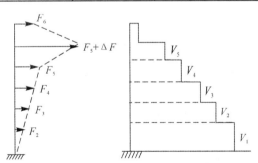

图 3-4　横向水平地震作用及楼层地震剪力

(3)水平地震作用下的侧移验算。

水平地震作用下框架结构的层间位移 Δu_i 分别按 $(\Delta u)_i = V_i / \sum\limits_{j=1}^{s} D_{ij}$ 计算,计算过程见表 3-10。表中还计算了各层的层间弹性位移角 $\theta_e = \Delta u_i / h_i$。各层间位移限值根据《建筑抗震设计规范》(GB 50011—2010)第 5.5.1 条可知为 1/550(也可查附表 3-8)。

由表 3-10 可见,最大层间弹性位移角发生在第 2 层,其值为 $\frac{1}{578}<\frac{1}{550}$,满足要求。

注意:如果层间位移角不满足要求,则说明梁、柱尺寸偏小,应调大梁、柱截面尺寸,或提高混凝土强度等级,重新计算,直到满足限值要求。

表 3-10　横向水平地震作用下的侧移验算

楼 层	$\dfrac{V_i}{\text{kN}}$	$\dfrac{\Sigma D_i}{\text{N/mm}}$	$\dfrac{\Delta u_i}{\text{mm}}$	$\dfrac{u_i}{\text{mm}}$	$\dfrac{H_i}{\text{mm}}$	$\theta=\dfrac{\Delta u_i}{h_i}$
5	1 562.44	588 730	2.65	23.15	3300	1/1245
4	2 797.97	773 322	3.62	20.50	3300	1/911
3	3 754.67	773 322	4.86	16.88	3300	1/679
2	4 418.11	773 322	5.71	12.02	3300	1/578
1	4 802.71	761 002	6.31	6.31	4300	1/681

3. 框架纵向侧移计算

框架纵向水平地震作用下侧移计算方法与横向相同,此处略。

3.2.4　水平地震作用下框架的内力分析

选取结构平面布置图 3-24 中⑤轴线的一榀横向框架为代表,说明内力计算方法,其他轴线框架内力计算过程从略。

框架柱端剪力及弯矩分别按式 $V_{ij}=\dfrac{D_{ij}}{\sum\limits_{j=1}^{s}D_{ij}}V_i$ 和 $M_{ij}^{\text{b}}=V_{ij}yh$ 计算,其中 D_{ij} 值和 ΣD_{ij} 值分别取自表 3-5 框架柱侧移刚度值和表 3-7 横向框架层间侧移刚度值。各柱反弯点高度比 y 按式

$$y=y_n+y_1+y_2+y_3$$

确定,其中 y_1,y_2,y_3 及 y_n 由附表 3-9 ～ 附表 3-13 查得。具体计算过程及结果见表 3-11。

表 3-11　各层柱端弯矩及剪力计算

楼层	$\dfrac{h_i}{\text{m}}$	$\dfrac{V_i}{\text{kN}}$	$\dfrac{\Sigma D_{ij}}{\text{N/mm}}$	边柱						中柱					
				D_{ij}	V_{i1}	$\overline{K}$	y	M_{i1}^{b}	M_{i1}^{u}	D_{i2}	V_{i2}	$\overline{K}$	y	M_{i2}^{b}	M_{i2}^{u}
5	3.3	1 562.44	588 730	15 061	39.97	0.759	0.39	51.44	80.46	24 261	64.39	1.590	0.43	91.37	121.12
4	3.3	2 797.97	773 322	19 413	70.24	0.637	0.40	92.72	139.08	32 409	117.26	1.354	0.45	174.13	212.83
3	3.3	3 754.67	773 322	19 413	94.25	0.637	0.45	139.96	171.06	32 409	157.35	1.354	0.50	259.63	259.63
2	3.3	4 418.11	773 322	19 413	110.91	0.637	0.53	193.98	172.02	32 409	185.16	1.354	0.50	305.51	305.51
1	4.3	4 802.71	761 002	21 561	136.07	0.587	0.72	421.27	163.83	27 619	174.30	1.247	0.63	472.18	277.31

注:表中弯矩 M 单位为"kN·m",剪力 V 单位为"kN"。

梁端弯矩,剪力及柱轴力分别按下式计算,则有

$$M_{\text{b}}^{\text{l}}=(M_{i+1,j}^{\text{b}}+M_{i,j}^{\text{u}})\frac{i_{\text{b}}^{\text{l}}}{i_{\text{b}}^{\text{r}}+i_{\text{b}}^{l}};\quad M_{\text{b}}^{\text{r}}=(M_{i+1,j}^{\text{b}}+M_{i,j}^{\text{u}})\frac{i_{\text{b}}^{\text{r}}}{i_{\text{b}}^{\text{r}}+i_{\text{b}}^{l}}$$

$$V_{b}=\frac{M_{b}^{l}+M_{b}^{r}}{l}; \qquad N_{i}=\sum_{k=i}^{n}\left(V_{b}^{l}-V_{b}^{r}\right)_{k}$$

式中 i_{b}^{l}, i_{b}^{r} 分别表示节点左、右梁的线刚度；M_{b}^{l}, M_{b}^{r} 分别表示节点左、右梁的弯矩；N_{i} 为柱在 i 层的轴力，梁线刚度取自表 3 - 3，具体计算数据见表 3 - 12。

表 3 - 12　梁端弯矩，剪力及柱轴力计算

楼层	边　　梁				走　道　梁				柱轴力	
	M_{b}^{l}	M_{b}^{r}	l	V_{b}	M_{b}^{l}	M_{b}^{r}	l	V_{b}	边柱 N	中柱 N
5	80.46	59.13	5.65	−24.71	61.99	61.99	2.75	−45.08	−24.71	−20.37
4	190.52	143.15	5.65	−59.06	161.05	161.05	2.75	−117.13	−83.77	−78.44
3	263.78	204.12	5.65	−82.81	229.64	229.64	2.75	−167.01	−166.58	−162.64
2	311.98	265.95	5.65	−102.29	299.19	299.19	2.75	−217.59	−268.87	−277.94
1	357.81	274.27	5.65	−111.87	308.55	308.55	2.75	−224.40	−380.74	−390.47

注：柱轴力中负号表示拉力。当为左地震作用时，左侧两根柱为拉力，对应的右侧两根柱为压力。表中弯矩 M 单位为 "kN·m"，剪力 V 单位为 "kN"，轴力 N 单位为 "kN"，梁计算长度 l 单位为 "m"。

水平地震作用下框架的弯矩图、梁端剪力图及柱轴力图如图 3 - 5 所示。

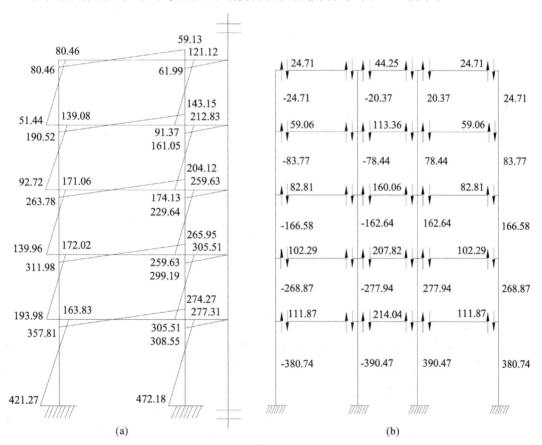

(a)　　　　　　　　　　　　　　(b)

图 3 - 5　左地震作用下框架弯矩图、梁端剪力及柱轴力图

(a)框架弯矩图(kN·m)；　(b)梁端剪力及柱轴力图(kN)

3.2.5 竖向荷载作用下框架结构的内力计算

1.计算单元

取结构平面图 3-24 中⑤轴线横向框架进行计算,计算单位宽度为 7.2 m,如图 3-6 所示。由于纵向框架梁的中心线与柱的中心线不重合,因此在框架节点上还作用有集中力矩。其中竖向阴影线所示荷载传给横梁。

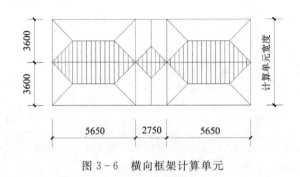

图 3-6 横向框架计算单元

2.荷载计算

(1)恒荷载计算。恒荷载作用下各层框架梁上的恒荷载分布如图 3-7 所示。

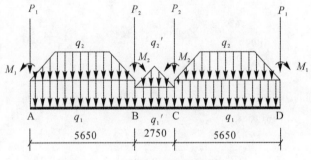

图 3-7 各层梁上作用的恒荷载分布

在图 3-7 中,q_1,q_1' 代表横梁自重,为均匀荷载形式。对于第 5 层,有

$$q_1 = 2.625 \text{ kN/m}, \quad q_1' = 1.969 \text{ kN/m}$$

q_2,q_2' 分别为房间和走道板传给横梁的梯形荷载和三角形荷载,由图 3-6 所示的几何关系可得

$$q_2 = 3.6 \times 5.87 = 21.132 \text{ kN/m}, \quad q_2' = 2.75 \times 5.87 = 16.143 \text{ kN/m}$$

P_1,P_2 分别为由边纵梁、中纵梁直接传给柱的恒荷载、楼板重、内外墙自重以及女儿墙等的重力荷载,则有

$$P_1 = 5.87 \times [(2.05 + 5.65) \times 1.8 \times 0.5 + 2 \times 3.6 \times 1.8 \times 0.5] + 21.983 +$$
$$11.32 \times 0.5 + 7.2 \times 18 \times 0.9 \times 0.12 = 120.358 \text{ kN}$$

$$P_2 = 5.87 \times [2 \times 3.6 \times 1.8 \times 0.5 + (2.05 + 5.65) \times 1.8 \times 0.5 + 2 \times$$
$$(3.6 + 2.225) \times 1.375 \times 0.5] + 21.983 + 11.32 \times 0.5 = 153.379 \text{ kN}$$

对第 5 层,纵梁宽 0.25 m,柱宽 0.5 m,故集中力矩为

$$M_1 = P_1 e_1 = 120.358 \times 0.5 \times (0.5 - 0.25) = 15.045 \text{ kN} \cdot \text{m}$$

$$M_2 = P_2 e_2 = 153.379 \times 0.5 \times (0.5 - 0.25) = 19.172 \text{ kN} \cdot \text{m}$$

对第 4 层,q_1 包括梁自重和其上内墙自重,为均布荷载。其他荷载计算方法同第 5 层,结果为

$$q_1 = 3.55 + 2.055 \times (3.3 - 0.5) = 9.304 \text{ kN/m}, \quad q'_1 = 2.756 \text{ kN/m}$$

$$q_2 = 3.6 \times 3.550 = 12.780 \text{ kN/m}, \quad q'_2 = 2.75 \times 3.550 = 9.763 \text{ kN/m}$$

$$\begin{aligned}
P_1 =& 3.55 \times [(2.05 + 5.65) \times 1.8 \times 0.5 + 2 \times 3.6 \times 1.8 \times 0.5] + \\
& 28.801 + 0.5 \times 15.571 + 0.5 \times 2.055 \times 5.75 \times (3.3 - 0.4) + \\
& 2.215 \times (6.70 \times (3.3 - 0.6) - 1.8 \times 1.5 \times 2) + 1.8 \times 1.5 \times 2 \times \\
& 0.4 = 131.594 \text{ kN}
\end{aligned}$$

$$\begin{aligned}
P_2 =& 3.55 \times [2 \times 3.6 \times 1.8 \times 0.5 + (2.05 + 5.65) \times 1.8 \times 0.5 + 2 \times \\
& (3.6 + 2.225) \times 1.375 \times 0.5] + 28.801 + 0.5 \times 15.571 + 0.5 \times \\
& 2.055 \times 5.75 \times (3.3 - 0.4 + 2.055 \times [6.7 \times (3.3 - 0.6) - 2.1 \times \\
& 0.9 \times 2] + 2.1 \times 0.9 \times 2 \times 0.4 = 160.68 \text{ kN}
\end{aligned}$$

$$M_1 = P_1 e_1 = 131.594 \times 0.5 \times (0.55 - 0.3) = 16.449 \text{ kN} \cdot \text{m}$$

$$M_2 = P_2 e_2 = 160.68 \times 0.5 \times (0.55 - 0.3) = 20.085 \text{ kN} \cdot \text{m}$$

对第 2～3 层,q_1 包括梁自重和其上内墙自重,为均布荷载。其他荷载计算方法同第 5 层,结果为

$$q_1 = 3.55 + 2.055 \times (3.3 - 0.55) = 9.201 \text{ kN/m}, \quad q'_1 = 2.756 \text{ kN/m}$$

$$q_2 = 3.6 \times 3.550 = 12.780 \text{ kN/m}, \quad q'_2 = 2.75 \times 3.550 = 9.763 \text{ kN/m}$$

$$\begin{aligned}
P_1 =& 3.55 \times [(2.05 + 5.65) \times 1.8 \times 0.5 + 2 \times 3.6 \times 1.8 \times 0.5] + \\
& 28.801 + 0.5 \times 15.571 + 0.5 \times 2.055 \times 5.65 \times (3.3 - 0.45) + \\
& 2.215 \times (6.65 \times (3.3 - 0.65) - 1.8 \times 1.5 \times 2) + 1.8 \times 1.5 \times \\
& 2 \times 0.4 = 129.97 \text{ kN}
\end{aligned}$$

$$\begin{aligned}
P_2 =& 3.55 \times [2 \times 3.6 \times 1.8 \times 0.5 + (2.05 + 5.65) \times 1.8 \times 0.5 + 2 \times \\
& (3.6 + 2.225) \times 1.375 \times 0.5] + 28.801 + 0.5 \times 15.571 + 0.5 \times \\
& 2.055 \times 5.65 \times (3.3 - 0.4 + 2.055 \times [6.65 \times (3.3 - 0.65) - 2.1 \times \\
& 0.9 \times 2] + 2.1 \times 0.9 \times 2 \times 0.4 = 159.131 \text{ kN}
\end{aligned}$$

$$M_1 = P_1 e_1 = 129.97 \times 0.5 \times (0.55 - 0.3) = 16.246 \text{ kN} \cdot \text{m}$$

$$M_2 = P_2 e_2 = 159.131 \times 0.5 \times (0.55 - 0.3) = 19.891 \text{ kN} \cdot \text{m}$$

对第 1 层,由于 1 层纵梁宽为 0.3 m,柱为 0.6 m,则有

$$q_1 = 9.201 \text{ kN/m}, \quad q'_1 = 2.756 \text{ kN/m}$$

$$q_2 = 12.780 \text{ kN/m}, \quad q'_2 = 9.763 \text{ kN/m}$$

$$\begin{aligned}
P_1 =& 3.55 \times [(2.05 + 5.65) \times 1.8 \times 0.5 + 2 \times 3.6 \times 1.8 \times 0.5] + \\
& 28.585 + 0.5 \times 15.571 + 0.5 \times 2.055 \times 5.65 \times (3.3 - 0.45) +
\end{aligned}$$

$$2.215 \times (6.65 \times (3.3-0.65)-1.8 \times 1.5 \times 2)+1.8 \times 1.5 \times 2 \times$$
$$0.4 = 129.754 \text{ kN}$$
$$P_2 = 3.55 \times [2 \times 3.6 \times 1.8 \times 0.5+(2.05+5.65) \times 1.8 \times 0.5+2 \times$$
$$(3.6+2.225) \times 1.375 \times 0.5]+28.585+0.5 \times 15.571+0.5 \times 2.055 \times$$
$$5.65 \times (3.3-0.45+2.055 \times [6.65 \times (3.3-0.65)-2.1 \times 0.9 \times 2+$$
$$2.1 \times 0.9 \times 2 \times 0.4 = 158.915 \text{ kN}$$

$$M_1 = P_1 e_1 = 129.754 \times \frac{0.6-0.3}{2} = 19.463 \text{ kN} \cdot \text{m}$$

$$M_2 = P_2 e_2 = 158.915 \times \frac{0.6-0.3}{2} = 23.837 \text{ kN} \cdot \text{m}$$

（2）活荷载计算。活荷载作用下各层框架梁上的荷载分布如图3-8所示。
对第5层，屋面活荷载为
$$q_2 = 3.6 \times 0.5 = 1.8 \text{ kN/m}, \quad q_2' = 2.75 \times 0.5 = 1.375 \text{ kN/m}$$
$$P_1 = 0.5 \times [(2.05+5.65) \times 1.8 \times 0.5+2 \times 3.6 \times 1.8 \times 0.5] = 6.705 \text{ kN}$$
$$P_2 = 0.5 \times [(2.05+5.65) \times 1.8 \times 0.5+2 \times 3.6 \times 1.8 \times 0.5+2 \times$$
$$(3.6+2.225) \times 1.375 \times 0.5] = 10.71 \text{ kN}$$
$$M_1 = P_1 e_1 = 6.705 \times 0.125 = 0.838 \text{ kN} \cdot \text{m}$$
$$M_2 = P_2 e_2 = 10.71 \times 0.125 = 1.339 \text{ kN} \cdot \text{m}$$

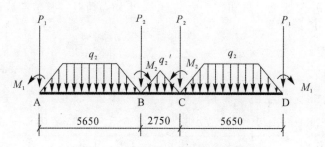

图3-8　各层梁上作用的活荷载

同理，在屋面雪荷载作用下，有
$$q_2 = 3.6 \times 0.25 = 0.9 \text{ kN/m}, \quad q_2' = 2.75 \times 0.25 = 0.688 \text{ kN/m}$$
$$P_1 = 0.25 \times [(2.05+5.65) \times 1.8 \times 0.5+2 \times 3.6 \times 1.8 \times 0.5] = 3.353 \text{ kN}$$
$$P_2 = 0.25 \times [(2.05+5.65) \times 1.8 \times 0.5+2 \times 3.6 \times 1.8 \times 0.5+2 \times$$
$$(3.6+2.225) \times 1.375 \times 0.5] = 5.355 \text{ kN}$$
$$M_1 = P_1 e_1 = 3.353 \times 0.125 = 0.419 \text{ kN} \cdot \text{m}$$
$$M_2 = P_2 e_2 = 5.355 \times 0.125 = 0.669 \text{ kN} \cdot \text{m}$$

对第2～4层，楼面活荷载为
$$q_2 = 3.6 \times 2.5 = 9 \text{ kN/m}, \quad q_2' = 2.75 \times 2.5 = 6.875 \text{ kN/m}$$
$$P_1 = 2.5 \times [(2.05+5.65) \times 1.8 \times 0.5+2 \times 3.6 \times 1.8 \times 0.5] = 33.525 \text{ kN}$$
$$P_2 = 2.5 \times [(2.05+5.65) \times 1.8 \times 0.5+2 \times 3.6 \times 1.8 \times 0.5+2 \times$$

$$(3.6 + 2.225) \times 1.375 \times 0.5] = 53.55 \text{ kN}$$

$$M_1 = P_1 e_1 = 33.525 \times 0.125 = 4.191 \text{ kN} \cdot \text{m}$$

$$M_2 = P_2 e_2 = 53.55 \times 0.125 = 6.694 \text{ kN} \cdot \text{m}$$

对第 1 层,楼面活荷载为

$$q_2 = 3.6 \times 2.5 = 9.0 \text{ kN/m}, \quad q'_2 = 2.75 \times 2.5 = 6.875 \text{ kN/m}$$

$$P_1 = 33.525 \text{ kN}, \quad P_2 = 53.55 \text{ kN}$$

$$M_1 = 33.525 \times 0.15 = 5.029 \text{ kN} \cdot \text{m}$$

$$M_2 = 53.55 \times 0.15 = 8.033 \text{ kN} \cdot \text{m}$$

将以上结果汇总,见表 3-13 和表 3-14。

表 3-13 横向框架恒荷载汇总表

楼层	$\dfrac{q_1}{\text{kN/m}}$	$\dfrac{q'_1}{\text{kN/m}}$	$\dfrac{q_2}{\text{kN/m}}$	$\dfrac{q'_2}{\text{kN/m}}$	$\dfrac{P_1}{\text{kN}}$	$\dfrac{P_2}{\text{kN}}$	$\dfrac{M_1}{\text{kN} \cdot \text{m}}$	$\dfrac{M_2}{\text{kN} \cdot \text{m}}$
5	2.625	1.969	21.132	16.143	120.358	153.379	15.045	19.172
4	9.304	2.756	12.780	9.763	131.594	160.680	16.449	20.085
2~3	9.201	2.756	12.780	9.763	129.970	159.131	16.246	19.891
1	9.201	2.756	12.780	9.763	129.754	158.915	19.463	23.837

表 3-14 横向框架活荷载汇总表

楼层	$\dfrac{q_2}{\text{kN/m}}$	$\dfrac{q'_2}{\text{kN/m}}$	$\dfrac{P_1}{\text{kN}}$	$\dfrac{P_2}{\text{kN}}$	$\dfrac{M_1}{\text{kN} \cdot \text{m}}$	$\dfrac{M_2}{\text{kN} \cdot \text{m}}$
5	1.800(0.9)	1.375(0.688)	6.705(3.353)	10.710(5.355)	0.838(0.419)	1.339(0.669)
4	9.000	6.875	33.525	53.550	4.191	6.694
2~3	9.000	6.875	33.525	53.550	4.191	6.694
1	9.000	6.875	33.525	53.550	5.029	8.033

注:表中括号内数据为屋面雪荷载作用时的相应数值。

(3)柱变截面处的附加弯矩。

以恒荷载和活荷载作用在第 2 层的 A 柱变截面处的附加弯矩和节点外力矩为例。框架梁上荷载引起的剪力计算过程见表 3-15,柱变截面处附加弯矩汇总见表 3-16。

1)恒荷载作用下,有

$$N = (26.621 \times 3 + 22) + (120.358 + 129.97 \times 2 + 131.594) +$$

$$(48.095 + 50.594 \times 2 + 50.885) = 813.923 \text{ kN}$$

$$\Delta M = 813.923 \times \frac{0.6 - 0.55}{2} = 20.348 \text{ kN} \cdot \text{m}$$

第 2 层底部外力矩为

$$M = 20.348 + 19.463 = 39.811 \text{ kN} \cdot \text{m}$$

2）活荷载作用下，有

$$N=(17.325\times3+3.465)+(6.705+33.525\times3)=162.72 \text{ kN}$$

$$\Delta M=162.72\times\frac{0.6-0.55}{2}=4.068 \text{ kN·m}$$

第2层底部外力矩为

$$M=4.068+5.029=9.097 \text{ kN·m}$$

经验算可知，本框架可不考虑重力二阶效应的不利影响。

表 3-15　框架梁上荷载引起的剪力

楼层	恒荷载作用						活荷载作用			
	AB 跨		BC 跨		AB 跨	BC 跨	AB 跨	BC 跨	AB 跨	BC 跨
	q_1	q_2	q_1'	q_2'	$V_A=-V_B$	$V_B=-V_C$	q_2	q_2'	$V_A=-V_B$	$V_B=-V_C$
5	2.625	21.132	1.969	16.143	48.095	13.806	1.8 (0.9)	1.375 (0.688)	3.465 (1.733)	0.945 (0.473)
4	9.304	12.780	2.756	9.763	50.885	10.502	9.000	6.875	17.325	4.727
2～3	9.201	12.780	2.756	9.763	50.594	10.502	9.000	6.875	17.325	4.727
1	9.201	12.780	2.756	9.763	50.594	10.502	9.000	6.875	17.325	4.727

注：1. 表中括号内数据为屋面雪荷载作用时的相应数值；

　　2. 梁端弯矩和梁端剪力均以绕杆件顺时针方向为正；

　　3. 表中剪力的单位为 kN。

表 3-16　柱变截面处弯矩汇总表

楼层	边　柱						中　柱					
	恒荷载			活荷载			恒荷载			活荷载		
	N	ΔM	M	N	ΔM	M	N	ΔM	M	N	ΔM	M
4	190.45	4.76	21.21	10.17	0.25	4.45 (4.32)	237.28	5.93	26.02	15.12	0.38	7.07 (6.88)
1	813.92	20.35	39.81	162.72	4.07	9.10 (8.97)	979.66	24.49	48.33	241.93	6.05	14.08 (13.89)

（4）内力计算。

梁端、柱端弯矩采用弯矩二次分配法计算。由于结构和荷载均对称，故计算时可取半框架，且中间跨梁取为竖向滑动支座。

弯矩计算过程如图 3-9 和图 3-11（屋面取雪荷载）所示，所得弯矩图如图 3-10 和图 3-12（屋面取雪荷载）所示，梁端剪力根据梁上竖向荷载引起的剪力与梁端弯矩引起的剪力相叠加而得。柱轴力可由梁端剪力和节点集中力量叠加得到。计算柱底轴力还需考虑柱的自重，见表 3-17 和表 3-18。计算杆端弯矩分配系数时，由于计算简图中的中间跨梁跨长为原梁长的一半，故其线刚度应取表 3-3 所列值的两倍。

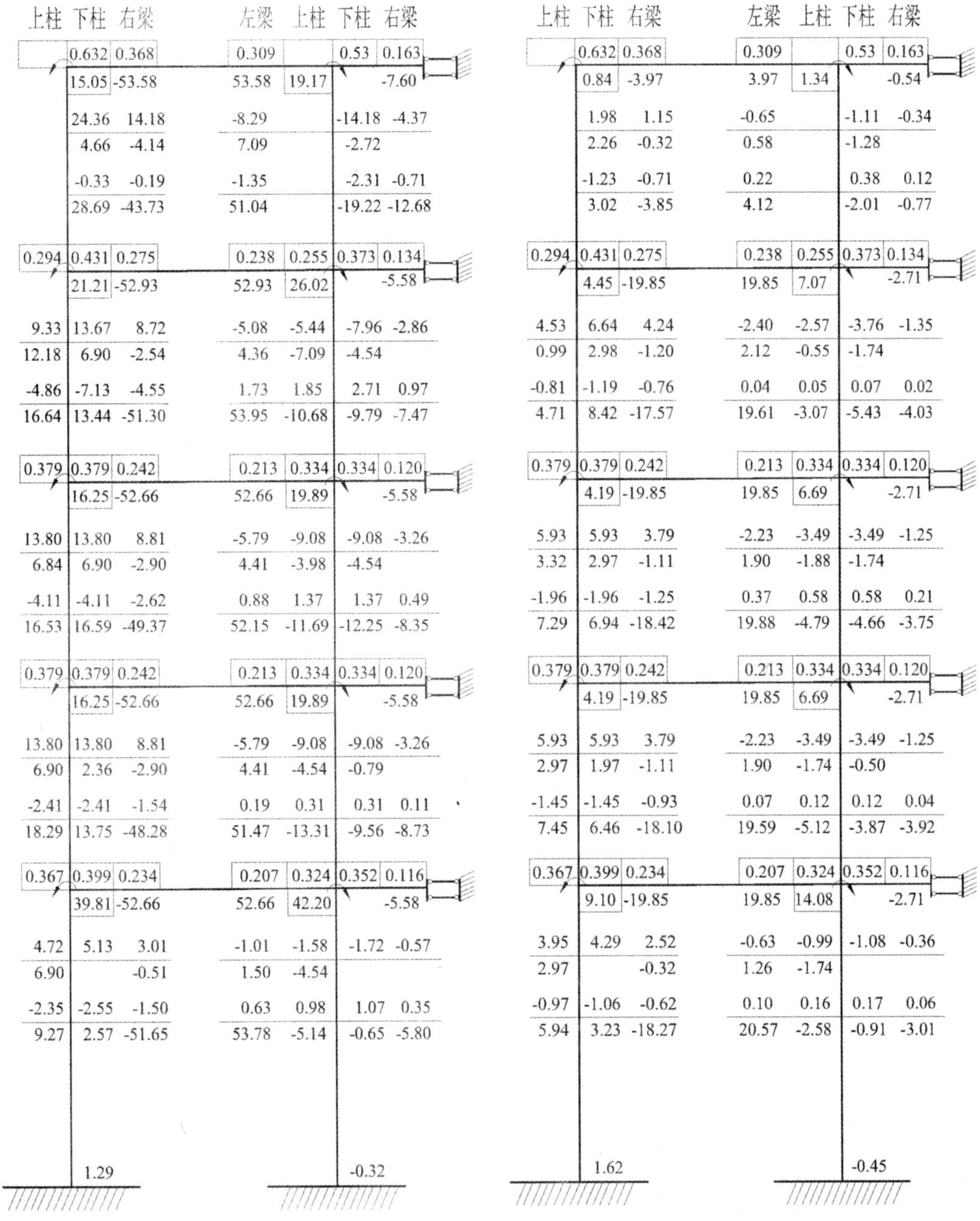

(a)

上柱	下柱	右梁		左梁	上柱	下柱	右梁
	0.632	0.368		0.309		0.53	0.163
	15.05	-53.58		53.58	19.17		-7.60
	24.36	14.18		-8.29		-14.18	-4.37
	4.66	-4.14		7.09		-2.72	
	-0.33	-0.19		-1.35		-2.31	-0.71
	28.69	-43.73		51.04		-19.22	-12.68
0.294	0.431	0.275		0.238	0.255	0.373	0.134
	21.21	-52.93		52.93	26.02		-5.58
9.33	13.67	8.72		-5.08	-5.44	-7.96	-2.86
12.18	6.90	-2.54		4.36	-7.09	-4.54	
-4.86	-7.13	-4.55		1.73	1.85	2.71	0.97
16.64	13.44	-51.30		53.95	-10.68	-9.79	-7.47
0.379	0.379	0.242		0.213	0.334	0.334	0.120
	16.25	-52.66		52.66	19.89		-5.58
13.80	13.80	8.81		-5.79	-9.08	-9.08	-3.26
6.84	6.90	-2.90		4.41	-3.98	-4.54	
-4.11	-4.11	-2.62		0.88	1.37	1.37	0.49
16.53	16.59	-49.37		52.15	-11.69	-12.25	-8.35
0.379	0.379	0.242		0.213	0.334	0.334	0.120
	16.25	-52.66		52.66	19.89		-5.58
13.80	13.80	8.81		-5.79	-9.08	-9.08	-3.26
6.90	2.36	-2.90		4.41	-4.54	-0.79	
-2.41	-2.41	-1.54		0.19	0.31	0.31	0.11
18.29	13.75	-48.28		51.47	-13.31	-9.56	-8.73
0.367	0.399	0.234		0.207	0.324	0.352	0.116
	39.81	-52.66		52.66	42.20		-5.58
4.72	5.13	3.01		-1.01	-1.58	-1.72	-0.57
6.90		-0.51		1.50	-4.54		
-2.35	-2.55	-1.50		0.63	0.98	1.07	0.35
9.27	2.57	-51.65		53.78	-5.14	-0.65	-5.80
	1.29				-0.32		

(b)

上柱	下柱	右梁		左梁	上柱	下柱	右梁
	0.632	0.368		0.309		0.53	0.163
	0.84	-3.97		3.97	1.34		-0.54
	1.98	1.15		-0.65		-1.11	-0.34
	2.26	-0.32		0.58		-1.28	
	-1.23	-0.71		0.22		0.38	0.12
	3.02	-3.85		4.12		-2.01	-0.77
0.294	0.431	0.275		0.238	0.255	0.373	0.134
	4.45	-19.85		19.85	7.07		-2.71
4.53	6.64	4.24		-2.40	-2.57	-3.76	-1.35
0.99	2.98	-1.20		2.12	-0.55	-1.74	
-0.81	-1.19	-0.76		0.04	0.05	0.07	0.02
4.71	8.42	-17.57		19.61	-3.07	-5.43	-4.03
0.379	0.379	0.242		0.213	0.334	0.334	0.120
	4.19	-19.85		19.85	6.69		-2.71
5.93	5.93	3.79		-2.23	-3.49	-3.49	-1.25
3.32	2.97	-1.11		1.90	-1.88	-1.74	
-1.96	-1.96	-1.25		0.37	0.58	0.58	0.21
7.29	6.94	-18.42		19.88	-4.79	-4.66	-3.75
0.379	0.379	0.242		0.213	0.334	0.334	0.120
	4.19	-19.85		19.85	6.69		-2.71
5.93	5.93	3.79		-2.23	-3.49	-3.49	-1.25
2.97	1.97	-1.11		1.90	-1.74	-0.50	
-1.45	-1.45	-0.93		0.07	0.12	0.12	0.04
7.45	6.46	-18.10		19.59	-5.12	-3.87	-3.92
0.367	0.399	0.234		0.207	0.324	0.352	0.116
	9.10	-19.85		19.85	14.08		-2.71
3.95	4.29	2.52		-0.63	-0.99	-1.08	-0.36
2.97		-0.32		1.26	-1.74		
-0.97	-1.06	-0.62		0.10	0.16	0.17	0.06
5.94	3.23	-18.27		20.57	-2.58	-0.91	-3.01
	1.62				-0.45		

图 3 - 9 弯矩二次分配计算过程(单位:kN・m)

(a)恒荷载作用下; (b)活荷载作用下

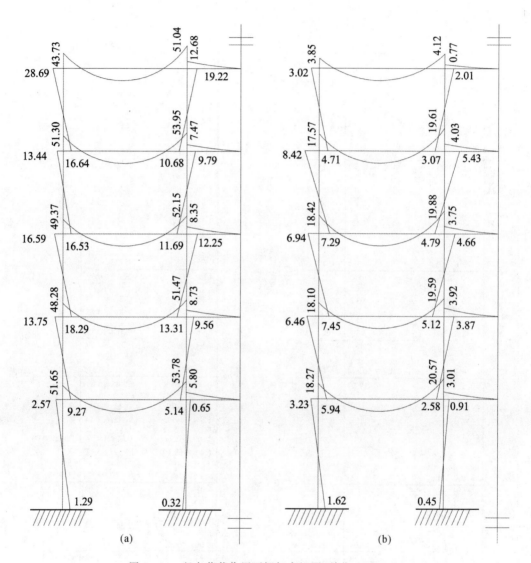

图 3-10　竖向荷载作用下框架弯矩图(单位:kN·m)
(a)恒荷载作用下；　(b)活荷载作用下

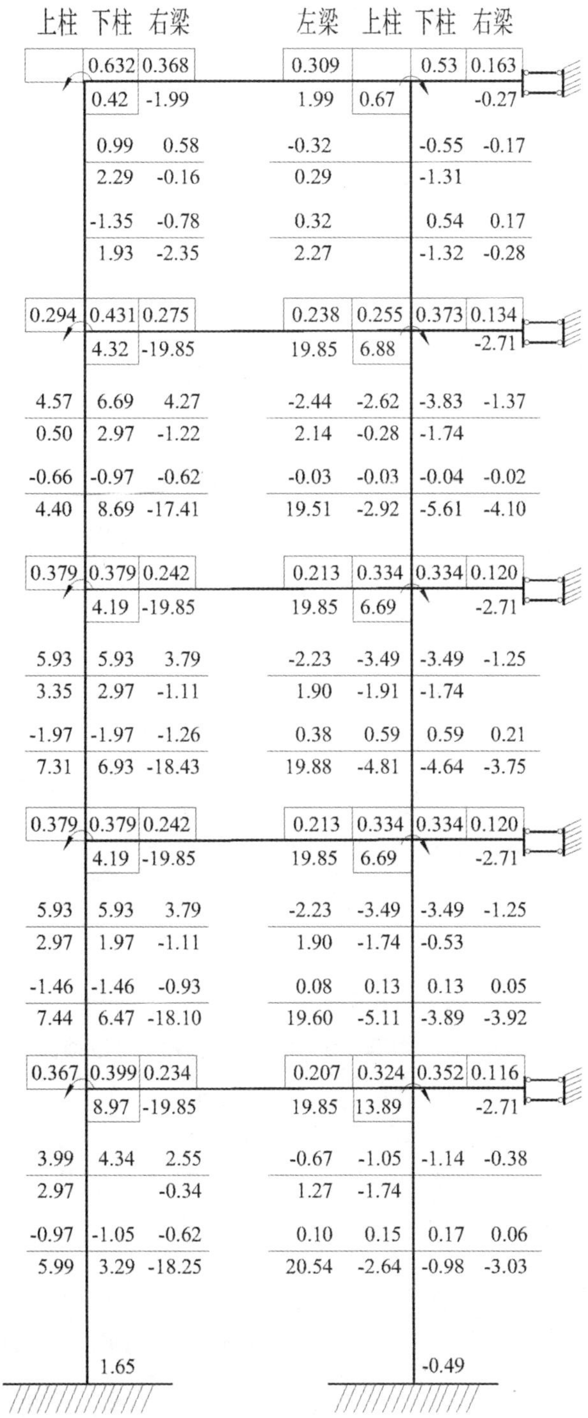

上柱	下柱	右梁		左梁	上柱	下柱	右梁
	0.632	0.368		0.309		0.53	0.163
	0.42	-1.99		1.99	0.67		-0.27
	0.99	0.58		-0.32		-0.55	-0.17
	2.29	-0.16		0.29		-1.31	
	-1.35	-0.78		0.32		0.54	0.17
	1.93	-2.35		2.27		-1.32	-0.28
0.294	0.431	0.275		0.238	0.255	0.373	0.134
	4.32	-19.85		19.85	6.88		-2.71
4.57	6.69	4.27		-2.44	-2.62	-3.83	-1.37
0.50	2.97	-1.22		2.14	-0.28	-1.74	
-0.66	-0.97	-0.62		-0.03	-0.03	-0.04	-0.02
4.40	8.69	-17.41		19.51	-2.92	-5.61	-4.10
0.379	0.379	0.242		0.213	0.334	0.334	0.120
	4.19	-19.85		19.85	6.69		-2.71
5.93	5.93	3.79		-2.23	-3.49	-3.49	-1.25
3.35	2.97	-1.11		1.90	-1.91	-1.74	
-1.97	-1.97	-1.26		0.38	0.59	0.59	0.21
7.31	6.93	-18.43		19.88	-4.81	-4.64	-3.75
0.379	0.379	0.242		0.213	0.334	0.334	0.120
	4.19	-19.85		19.85	6.69		-2.71
5.93	5.93	3.79		-2.23	-3.49	-3.49	-1.25
2.97	1.97	-1.11		1.90	-1.74	-0.53	
-1.46	-1.46	-0.93		0.08	0.13	0.13	0.05
7.44	6.47	-18.10		19.60	-5.11	-3.89	-3.92
0.367	0.399	0.234		0.207	0.324	0.352	0.116
	8.97	-19.85		19.85	13.89		-2.71
3.99	4.34	2.55		-0.67	-1.05	-1.14	-0.38
2.97		-0.34		1.27	-1.74		
-0.97	-1.05	-0.62		0.10	0.15	0.17	0.06
5.99	3.29	-18.25		20.54	-2.64	-0.98	-3.03
	1.65			-0.49			

图 3-11　屋面雪荷载下框架弯矩二次分配计算过程(单位:kN·m)

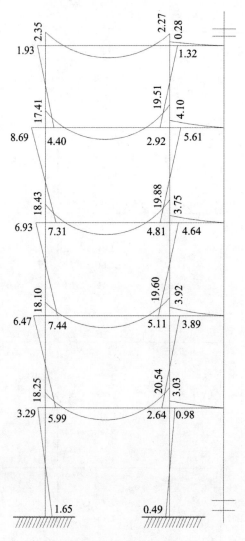

图 3-12 屋面雪荷载下框架弯矩图(单位:kN·m)

表 3-17 恒荷载作用下梁端剪力及柱轴力

楼层	荷载引起剪力		弯矩引起剪力		总剪力			柱轴力			
	AB跨	BC跨	AB跨	BC跨	AB跨		BC跨	A柱		B柱	
	$V_A=-V_B$	$V_B=-V_C$	$V_A=V_B$	$V_B=V_C$	V_A	V_B	$V_B=V_C$	$N_顶$	$N_底$	$N_顶$	$N_底$
5	48.10	13.81	−1.29	0	46.80	−49.39	13.81	167.16	189.16	216.57	238.57
4	50.89	10.50	−0.47	0	50.42	−51.35	10.50	371.17	397.79	461.11	487.73
3	50.59	10.50	−0.49	0	50.10	−51.09	10.50	577.86	604.48	708.45	735.07
2	50.59	10.50	−0.57	0	50.03	−51.16	10.50	784.48	811.10	955.86	982.48
1	50.59	10.50	−0.38	0	50.22	−50.97	10.50	991.07	1 033.64	1 202.87	1 245.44

注:1. 梁端弯矩和梁端剪力均以绕杆件顺时针方向旋转为正;

2. 表中剪力和轴力的单位为"kN"。

表 3 - 18 活荷载作用下梁端剪力及柱轴力

楼层	荷载引起剪力		弯矩引起剪力		总剪力			柱轴力	
	AB 跨	BC 跨	AB 跨	BC 跨	AB 跨		BC 跨	A 柱	B 柱
	$V_A=-V_B$	$V_B=-V_C$	$V_A=V_B$	$V_B=V_C$	V_A	V_B	$V_B=V_C$	$N_顶=N_底$	$N_顶=N_底$
5	3.47 (1.73)	0.95 (0.47)	−0.05 (0.02)	0 (0)	3.42 (1.75)	−3.51 (−1.72)	0.95 (0.47)	10.12 (5.10)	15.17 (7.55)
4	17.33 (17.33)	4.73 (4.73)	−0.36 (−0.37)	0 (0)	16.97 (16.95)	−17.69 (−17.70)	4.73 (4.73)	60.61 (55.58)	91.13 (83.52)
3	17.33 (17.33)	4.73 (4.73)	−0.26 (−0.26)	0 (0)	17.07 (17.07)	−17.59 (−17.58)	4.73 (4.73)	111.20 (106.17)	166.99 (159.38)
2	17.33 (17.33)	4.73 (4.73)	−0.26 (−0.26)	0 (0)	17.07 (17.06)	−17.59 (−17.59)	4.73 (4.73)	161.79 (156.76)	242.86 (235.25)
1	17.33 (17.33)	4.73 (4.73)	−0.41 (−0.41)	0 (0)	16.92 (16.92)	−17.74 (−17.73)	4.73 (4.73)	212.23 (207.20)	318.87 (311.25)

注:1. 表中括号内数据为屋面雪荷载作用时的相应数值;

2. 梁端弯矩和梁端剪力均以绕杆件顺时针方向旋转为正;

3. 表中剪力和轴力的量纲为"kN"。

(5)侧移二阶效应的验算。

重力二阶效应一般包括两部分:一是由于构件自身挠曲引起的附加重力效应,二阶内力与构件挠曲形态有关,一般是构件的中间大,两端为零;二是在水平荷载作用下结构产生侧移后,重力荷载由该侧移引起的附加效应。根据《高层建筑混凝土结构技术规程》(JGJ 3—2010),当框架结构满足下式

$$D_i \geqslant 20 \sum G_i / h_i \quad (i=1,2,\cdots,n)$$

时,弹性计算分析时可不考虑重力二阶效应的不利影响。其中 D_i 为第 i 层楼的弹性等效侧移刚度;G_i 为第 i 楼层重力荷载设计值,取 1.2 倍的永久荷载标准值与 1.4 倍的楼面可变荷载标准值的组合值;h_i 为第 i 楼层层高。验算过程见表 3-19。经验算可知,本框架可不考虑重力二阶效应的不利影响。

表 3 - 19 各楼层重力荷载设计值计算及二阶效应验算

楼层	层高	恒荷载轴力标准值		活荷载轴力标准值		$\dfrac{G_i}{kN}$	$20G_i/h_i$	$\dfrac{\sum D_i}{N/mm}$
		A 柱	B 柱	A 柱	B 柱			
5	3.3	189.16	238.57	10.12 (5.10)	15.17 (7.55)	548.68 (530.99)	3 325.40 (3 218.20)	78 644
4	3.3	397.79	487.73	60.61 (55.58)	91.13 (83.52)	1 275.06 (1 257.36)	7 727.60 (7 620.40)	103 644

续表

楼层	层高	恒荷载轴力标准值		活荷载轴力标准值		$\dfrac{G_i}{kN}$	$20G_i/h_i$	$\dfrac{\sum D_i}{N/mm}$
		A柱	B柱	A柱	B柱			
3	3.3	604.48	735.07	111.20 (106.17)	166.99 (159.38)	1 996.93 (1 979.23)	12 102.60 (11 995.40)	103 644
2	3.3	811.10	982.48	161.79 (156.76)	242.86 (235.25)	2 718.81 (2 707.11)	16 477.60 (16 370.40)	103 644
1	4.3	1 033.64	1 245.44	212.23 (207.20)	318.87 (311.25)	3 478.44 (3 460.73)	16 178.80 (16 096.40)	98 360

注:表中括号内数据为屋面雪荷载作用时的相应数值。

3.2.6 内力组合

1. 抗震等级

结构的抗震等级可根据结构类型、地震烈度、房屋高度等因素,由《建筑抗震设计规范》(GB 50011—2010)第6.1.2条可知,本框架结构的抗震等级为二级。

2. 梁控制截面内力标准值

表3-20列出的是1~5层梁在恒荷载、活荷载标准值作用下,支座中心处及支座边缘处的梁端弯矩值和剪力值,其中支座中心处的弯矩值 M 取自图3-9或图3-10,剪力值 V 取自表3-17和表3-18。在屋面取雪荷载作用下,梁端控制截面相应的内力数据见表3-21。柱边缘处的弯矩值 M_b 和剪力值 V_b 近似按下述方法计算:

在均布荷载作用下:

$$M_b = M - V \cdot b/2$$
$$V_b = V - q \cdot b/2$$

在三角形荷载作用下:

$$M_b = M - V \cdot b/2$$
$$V_b = V - q/2 \cdot b/2$$

式中,b 为柱截面高度。

计算框架梁支座边缘处的内力时,应当考虑柱截面尺寸改变引起的截面位置调整。

以第2层为例说明计算过程,由框架计算简图3-1可知,第2层边柱轴线至梁支座边缘的距离为 $0.55 - 0.6/2 = 0.25$ m,第2层中柱轴线至梁支座边缘距离为 $0.6/2 = 0.3$ m。

(1)恒荷载作用下。

第2层AB跨梁A支座边缘处的内力为

$$M_b = M - V \times b/2 = -48.28 + 50.03 \times 0.25 = -35.77 \text{ kN} \cdot \text{m}$$
$$V_b = V - q_1 \times b/2 - q_2 \times b/2 = 50.03 - 9.201 \times 0.25 - 1/2 \times 12.78 \times$$
$$0.25/1.8 \times 0.25 = 47.51 \text{ kN}$$

第2层AB跨梁B支座边缘处的内力为

$$M_b = M - V \times b/2 = 51.47 - 51.16 \times 0.25 = 36.68 \text{ kN} \cdot \text{m}$$

$$V_b = V - q_1 \times b/2 - q_2 \times b/2 = -51.16 - 9.201 \times 0.25 - 1/2 \times 12.78 \times$$
$$0.25/1.8 \times 0.25 = -53.68 \text{ kN}$$

第 2 层 BC 跨梁 B 支座边缘处的内力为

$$M_b = M - V \times b/2 = -8.73 + 10.50 \times 0.3 = -5.58 \text{ kN} \cdot \text{m}$$
$$V_b = V - q_1 \times b/2 - q_2 \times b/2 = 10.5 - 2.756 \times 0.3 - 1/2 \times 9.763 \times$$
$$0.3/1.375 \times 0.3 = 9.36 \text{ kN}$$

（2）活荷载作用下。

第 2 层 AB 跨梁 A 支座边缘处的内力为

$$M_b = M - V \times b/2 = -18.10 + 17.07 \times 0.25 = -13.83 \text{ kN} \cdot \text{m}$$
$$V_b = V - q_2 \times b/2 = 17.07 - 1/2 \times 9 \times 0.25/1.8 \times 0.25 = 16.91 \text{ kN}$$

第 2 层 AB 跨梁 B 支座边缘处的内力为

$$M_b = M - V \times b/2 = 19.59 - 17.59 \times 0.25 = 15.19 \text{ kN} \cdot \text{m}$$
$$V_b = V - q_2 \times b/2 = -17.59 - 1/2 \times 9 \times 0.25/1.8 \times 0.25 = -17.75 \text{ kN}$$

第 2 层 BC 跨梁 B 支座边缘处的内力为

$$M_b = M - V \times b/2 = -3.92 + 4.73 \times 0.3 = -2.50 \text{ kN} \cdot \text{m}$$
$$V_b = V - q_2' \times b/2 = 4.73 - 1/2 \times 6.875 \times 0.3/1.375 \times 0.3 = 4.50 \text{ kN}$$

（3）地震作用下。

第 2 层 AB 跨梁 A 支座边缘处的内力为

$$M_b = M - V \times b/2 = 311.98 - 102.29 \times 0.25 = 286.41 \text{ kN} \cdot \text{m}$$
$$V_b = V = -102.29 \text{ kN}$$

第 2 层 AB 跨梁 B 支座边缘处的内力为

$$M_b = M - V \times b/2 = 265.95 - 102.29 \times 0.25 = 240.38 \text{ kN} \cdot \text{m}$$
$$V_b = V = -102.29 \text{ kN}$$

第 2 层 BC 跨梁 B 支座边缘处的内力为

$$M_b = M - V \times b/2 = 299.19 - 217.59 \times 0.3 = 233.91 \text{ kN} \cdot \text{m}$$
$$V_b = V = -217.59 \text{ kN}$$

表 3 - 20 框架梁端控制截面内力标准值

楼层	截面	恒荷载作用下内力				活荷载作用下内力				地震作用下内力		
		支座中心线		支座边缘		支座中心线		支座边缘		支座中心线	支座边缘	支座
		M	V	M	V	M	V	M	V	M	M	V
5	A	−43.73	46.80	−34.37	46.04	−3.85	3.42	−3.17	3.40	80.46	75.52	−24.71
	B_l	51.04	−49.39	41.16	−50.15	4.12	−3.51	3.42	−3.53	59.13	54.19	−24.71
	B_r	−12.68	13.81	−8.54	12.69	−0.77	0.95	−0.48	0.90	61.99	48.47	−45.08
4	A	−51.30	50.42	−38.69	47.87	−17.57	16.97	−13.33	16.81	190.52	175.76	−59.06
	B_l	53.95	−51.35	41.11	−53.90	19.61	−17.69	15.19	−17.85	143.15	128.39	−59.06
	B_r	−7.47	10.50	−4.32	9.36	−4.03	4.73	−2.62	4.50	161.05	125.91	−117.13

续 表

楼层	截面	恒荷载作用下内力				活荷载作用下内力				地震作用下内力		
		支座中心线		支座边缘		支座中心线		支座边缘		支座中心线	支座边缘	支座
		M	V	M	V	M	V	M	V	M	M	V
3	A	−49.37	50.10	−36.84	47.58	−18.42	17.07	−14.16	16.91	263.78	243.08	−82.81
	B_l	52.15	−51.09	39.38	−53.61	19.88	−17.59	15.49	−17.74	204.12	183.42	−82.81
	B_r	−8.35	10.50	−5.20	9.36	−3.75	4.73	−2.34	4.50	229.64	179.54	−167.01
2	A	−48.28	50.03	−35.77	47.51	−18.10	17.07	−13.83	16.91	311.98	286.41	−102.29
	B_l	51.47	−51.16	38.68	−53.68	19.59	−17.59	15.19	−17.75	265.95	240.38	−102.29
	B_r	−8.73	10.50	−5.58	9.36	−3.92	4.73	−2.50	4.50	299.19	233.91	−217.59
1	A	−51.65	50.22	−36.59	47.14	−18.27	16.92	−13.19	16.69	357.81	324.25	−111.87
	B_l	53.78	−50.97	38.49	−54.05	20.57	−17.74	15.25	−17.96	274.27	240.71	−111.87
	B_r	−5.80	10.50	−2.65	9.36	−3.01	4.73	−1.59	4.50	308.55	241.23	−224.40

注:1.梁端弯矩和梁端剪力均以绕杆件顺时针方向为正;

2.表中弯矩 M 的单位为"kN·m",剪力 V 的单位为"kN"。

表 3-21 框架梁端控制截面内力标准值(屋面取雪荷载)

楼层	截面	恒荷载作用下内力				活荷载作用下内力				地震作用下内力		
		支座中心线		支座边缘		支座中心线		支座边缘		支座中心线	支座边缘	支座
		M	V	M	V	M	V	M	V	M	M	V
5	A	−43.73	46.80	−34.37	46.04	−2.35	1.75	−2.00	1.74	80.46	75.52	−24.71
	B_l	51.04	−49.39	41.16	−50.15	2.27	−1.72	1.93	−1.73	59.13	54.19	−24.71
	B_r	−12.68	13.81	−8.54	12.69	−0.28	0.47	−0.14	0.45	61.99	48.47	−45.08
4	A	−51.30	50.42	−38.69	47.87	−17.41	16.95	−13.17	16.79	190.52	175.76	−59.06
	B_l	53.95	−51.35	41.11	−53.90	19.51	−17.70	15.09	−17.86	143.15	128.39	−59.06
	B_r	−7.47	10.50	−4.32	9.36	−4.10	4.73	−2.68	4.51	161.05	125.91	−117.13
3	A	−49.37	50.10	−36.84	47.58	−18.43	17.07	−14.16	16.91	263.78	243.08	−82.81
	B_l	52.15	−51.09	39.38	−53.61	19.89	−17.58	15.50	−17.74	204.12	183.42	−82.81
	B_r	−8.35	10.50	−5.20	9.36	−3.75	4.73	−2.33	4.51	229.64	179.54	−167.01
2	A	−48.28	50.03	−35.77	47.51	−18.10	17.06	−13.84	16.90	311.98	286.41	−102.29
	B_l	51.47	−51.16	38.68	−53.68	19.60	−17.59	15.20	−17.75	265.95	240.38	−102.29
	B_r	−8.73	10.50	−5.58	9.36	−3.92	4.73	−2.50	4.51	299.19	233.91	−217.59

续表

楼层	截面	恒荷载作用下内力				活荷载作用下内力				地震作用下内力		
		支座中心线		支座边缘		支座中心线		支座边缘		支座中心线	支座边缘	支座
		M	V	M	V	M	V	M	V	M	M	V
1	A	−51.65	50.22	−36.59	47.14	−18.25	16.92	−13.17	16.70	357.81	324.25	−111.87
	B_l	53.78	−50.97	38.49	−54.05	20.54	−17.73	15.22	−17.96	274.27	240.71	−111.87
	B_r	−5.80	10.50	−2.65	9.36	−3.03	4.73	−1.61	4.51	308.55	241.23	−224.40

注:1.梁端弯矩和梁端剪力均以绕杆件顺时针方向为正;

　　2.表中弯矩 M 的单位为"kN·m",剪力 V 的单位为"kN"。

3. 框架内力组合

考虑两种内力组合,一种为考虑地震作用效应的组合,这种组合要求计算"恒荷载+0.5倍楼面活荷载"产生的内力;另一种组合为不考虑地震作用效应的组合,此时要求计算"恒荷载+楼面活荷载"产生的内力。另外,第一种组合中的屋面活荷载应取雪荷载,而第二种组合时则应取屋面活荷载与雪荷载两者中的较大值。故本设计在地震作用效应下进行内力组合时,应取屋面为雪荷载时的内力进行组合,即取 $1.3S_{Gk}+1.5S_{Qk}$,$1.2(1.0)S_{GE}\pm1.3S_{Ek}$,求得各层梁在持久设计状况和地震设计状况下的内力组合,分别见表 3-22 和表 3-23,其中 S_{Gk} 和 S_{Qk} 两列中的梁端弯矩 M 为经过调幅后的弯矩(调幅系数为 0.8);地震设计状况时,当水平地震作用下支座截面为正弯矩且与永久荷载效应组合时,永久荷载分项系数取 1.0。各种荷载组合下框架梁的跨间最大正弯矩计算结果见表 3-24。

表 3-22　持久设计状况下框架梁端控制截面内力组合值

楼层	截面	恒荷载内力		活荷载内力		$1.3S_{Gk}+1.5S_{Qk}$	
		$0.8M$	V	$0.8M$	V	M	V
5	A	−27.50	46.04	−2.54	3.40	−39.56	64.95
	B_l	32.93	−50.15	2.73	−3.54	46.90	−70.49
	B_r	−6.83	12.69	−0.39	0.90	−9.46	17.85
4	A	−30.95	47.87	−10.66	16.81	−56.23	87.45
	B_l	32.89	−53.90	12.15	−17.84	60.98	−96.83
	B_r	−3.45	9.36	−2.09	4.50	−7.62	18.92
3	A	−29.47	47.58	−11.32	16.91	−55.29	87.22
	B_l	31.50	−53.61	12.39	−17.74	59.54	−96.30
	B_r	−4.16	9.36	−1.87	4.50	−8.21	18.92

续表

楼层	截面	恒荷载内力		活荷载内力		$1.3S_{Gk}+1.5S_{Qk}$	
		0.8M	V	0.8M	V	M	V
2	A	−28.62	47.51	−11.06	16.91	−53.80	87.13
	B_l	30.94	−53.68	12.15	−17.75	58.45	−96.41
	B_r	−4.47	9.36	−2.00	4.50	−8.81	18.92
1	A	−29.27	47.14	−10.55	16.69	−53.88	86.32
	B_l	30.79	−54.05	12.20	−17.96	58.33	−97.21
	B_r	−2.12	9.36	−1.27	4.50	−4.66	18.92

注：表中弯矩 M 的单位为"kN·m"，剪力 V 的单位为"kN"。

表 3-23　地震设计状况下框架梁端控制截面内力组合值(其中 $S_{GE}=S_{Gk}+0.5S_{Qk}$)

楼层	截面	恒荷载内力		活荷载内力		地震内力		$1.2(1.0)S_{GE}\pm1.3S_{Ek}$			
								左　震		右　震	
		0.8M	V	0.8M	V	M	V	$\gamma_{RE}M$	$\gamma_{RE}V$	$\gamma_{RE}M$	$\gamma_{RE}V$
5	A	−27.50	46.04	−1.60	1.74	75.52	−24.71	52.41	12.57	−99.10	75.15
	B_l	32.93	−50.15	1.54	−1.73	54.19	−24.71	83.17	−79.34	−27.56	−16.06
	B_r	−6.83	12.69	−0.11	0.45	48.47	−45.08	42.09	−38.83	−53.46	62.99
4	A	−30.95	47.87	−10.54	16.79	175.76	−59.06	144.19	−17.43	−203.97	122.66
	B_l	32.89	−53.90	12.07	−17.86	128.39	−59.06	160.22	−129.35	−95.98	11.86
	B_r	−3.45	9.36	−2.14	4.51	125.91	−117.13	119.36	−119.56	−126.84	141.27
3	A	−29.47	47.58	−11.33	16.91	243.08	−82.81	210.64	−43.87	−268.64	148.67
	B_l	31.50	−53.61	12.40	−17.74	183.42	−82.81	212.76	−155.23	−150.56	38.40
	B_r	−4.16	9.36	−1.86	4.51	179.54	−167.01	171.23	−174.68	−179.63	196.39
2	A	−28.62	47.51	−11.07	16.90	286.41	−102.29	253.63	−65.46	−309.99	170.11
	B_l	30.94	−53.68	12.16	−17.75	240.38	−102.29	267.69	−176.84	−206.61	59.85
	B_r	−4.47	9.36	−2.00	4.51	233.91	−217.59	223.97	−230.57	−232.98	252.28
1	A	−29.27	47.14	−10.54	16.70	324.25	−111.87	290.25	−76.45	−347.22	180.22
	B_l	30.79	−54.05	12.18	−17.96	240.71	−111.87	267.88	−187.91	−207.03	70.04
	B_r	−2.12	9.36	−1.29	4.51	241.23	−224.40	233.12	−238.09	−237.69	259.80

注：1. 梁端弯矩和梁端剪力均以绕杆件顺时针方向为正；

　　2. 表中弯矩 M 的单位为"kN·m"，剪力 V 的单位为"kN"。

考虑地震设计状况组合时，需要对梁端组合的剪力设计值进行调整，以第一层 AB 跨梁为例说明计算过程，其他各层梁端组合剪力设计调整值见表 3-24。

表 3‑24　框架梁控制截面内力组合值

楼层	截面		1.2(1.0)S_{GE}+1.3S_{Ek} 左　震		1.2(1.0)S_{GE}−1.3S_{Ek} 右　震		1.3S_{Gk}+1.5S_{Qk}	
			$\gamma_{RE}M$	$\gamma_{RE}V$	$\gamma_{RE}M$	$\gamma_{RE}V$	M	V
5	支座	A	52.41	−84.29	−99.10	81.97	−39.56	64.95
		B_l	83.17	−84.29	−27.56	81.97	46.90	−70.49
		B_r	42.09	−66.42	−53.46	80.80	−9.46	17.85
	跨中	AB	66.71	—	44.36	—	58.66	—
		BC	42.09	—	53.46	—	0.66	—
4	支座	A	144.19	−138.45	−203.97	137.27	−56.23	87.45
		B_l	160.22	−138.45	−95.98	137.27	60.98	−96.83
		B_r	119.36	−162.84	−126.84	172.31	−7.62	18.92
	跨中	AB	144.19	—	95.98	—	58.14	—
		BC	119.36	—	126.84	—	2.12	—
3	支座	A	210.64	−169.60	−268.64	168.49	−55.29	87.22
		B_l	212.76	−169.60	−150.56	168.49	59.54	−96.30
		B_r	171.23	−228.47	−179.63	239.09	−8.21	18.92
	跨中	AB	210.64	—	150.56	—	58.88	—
		BC	171.23	—	179.63	—	1.53	—
2	支座	A	253.63	−195.46	−309.99	194.21	−53.80	87.13
		B_l	267.69	−195.46	−206.61	194.21	58.45	−96.41
		B_r	223.97	−295.19	−232.98	306.59	−8.81	18.92
	跨中	AB	253.63	—	206.61	—	60.16	—
		BC	223.97	—	232.98	—	0.93	—
1	支座	A	290.25	−207.50	−347.22	206.45	−53.88	86.32
		B_l	267.88	−207.50	−207.03	206.45	58.33	−97.21
		B_r	233.12	−306.76	−237.69	312.55	−4.66	18.92
	跨中	AB	290.25	—	207.003	—	55.34	—
		BC	233.12	—	237.69	—	5.08	—

注:1.梁端弯矩和梁端剪力均以绕杆件顺时针方向为正;

　　2.表中弯矩 M 的单位为"kN・m",剪力 V 的单位为"kN";

　　3.跨中截面弯矩以下部受拉为正。

梁上荷载设计值:

　　恒荷载:$q_1 = 9.201$ kN・m,$q_2 = 12.780$ kN・m;活荷载:$q_2 = 9.0$ kN・m。

$$V_{Gb} = \frac{1}{2} \times \left\{ 9.201 \times 5.05 + \left[\left(\frac{0.3}{1.8} + 1 \right) \times 1.5 + 2.05 \right] \times 12.78 + \right.$$

$$\left. 0.5 \times 9 \times \left[\left(\frac{0.3}{1.8} + 1 \right) \times 1.5 + 2.05 \right] \right\} \times 1.2 = 67.28 \text{ kN}$$

$$\gamma_{RE} V = \gamma_{RE} \left(\eta_{vb} \frac{M_b^l + M_b^r}{l_n} + V_{Gb} \right) = 0.85 \times$$

$$\left(1.2 \times \frac{290.25/0.75 + 267.88/0.75}{5.05} + 67.28 \right) =$$

$$0.85 \times 244.113 = 207.50 \text{ kN}$$

对于构件受剪承载力验算取 γ_{RE} 为 0.85,受弯承载力验算取 γ_{RE} 为 0.75。

现在以第一层 AB 跨梁的组合为例,说明各内力的组合方法。求跨间最大正弯矩时,可根据梁端弯矩组合值及梁上荷载设计值,由平衡条件确定。由图 3-13 可得

$$V_A = -\frac{M_A + M_B}{l} + \frac{1}{2} q_1 l + \frac{1}{2} (1 - \alpha) l q_2$$

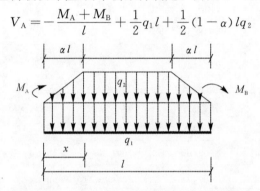

图 3-13　均布和梯形荷载作用下的计算简图

若 $V_A - \frac{1}{2} (2q_1 + q_2) \alpha l \leqslant 0$,说明 $x \leqslant \alpha l$,其中 x 为最大正弯矩截面至 A 支座的距离,则 x 可由下式求解,即

$$V_A - q_1 x - \frac{1}{2} \frac{x^2}{\alpha l} q_2 = 0$$

将求得的 x 值代入下式即可得跨间最大正弯矩,有

$$M_{max} = M_A + V_A x - \frac{1}{2} q_1 x^2 - \frac{1}{b} \frac{x^3}{\alpha l} q_2$$

若 $V_A - \frac{1}{2} (2q_1 + q_2) \alpha l > 0$,说明 $x \geqslant \alpha l$,则

$$x = \frac{V_A + \frac{\alpha l}{2} q_2}{q_1 + q_2}$$

$$M_{max} = M_A + V_A x - \frac{1}{2} q_1 x^2 - \frac{1}{2} q_2 \alpha l \left(x - \frac{2}{3} \alpha l \right) - \frac{1}{2} q_1 (x - \alpha l)^2$$

若 $V_A \leqslant 0$,则 $M_{max} = M_A$。

同理,可求得三角形分布荷载和均匀荷载作用下的 V_A, x 和 M_{max} 的计算式(见图 3-14):

$$V_A = -\frac{M_A + M_B}{L} + \frac{1}{2} q_1 l + \frac{1}{4} q_2 l$$

$$x q_1 + \frac{x^2}{L} q_2 = V_A$$

$$M_{\max}=M_{A}+V_{A}x-\frac{1}{2}q_{1}x^{2}-\frac{x^{3}}{3l}q_{2}$$

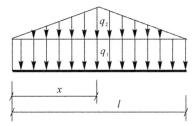

图 3 - 14　均匀和三角形荷载下的计算简图

（1）持久设计状况。

$q_{1}=1.3\times9.201=11.961\ \text{kN/m}$,　$q_{2}=1.3\times12.78+1.5\times0.7\times9=26.064\ \text{kN/m}$

$l=5.05\ \text{m}$, $al=1.8-0.3=1.5\ \text{m}$,　$M_{A}=-53.88\ \text{kN}\cdot\text{m}$,　$M_{Bl}=58.33\ \text{kN}\cdot\text{m}$

$$V_{A}=-\frac{-53.88+58.33}{5.05}+\frac{1}{2}\times11.961\times5.05+\frac{5.05-1.5}{2}\times26.064=75.58\ \text{kN}$$

假定梁跨间最大弯矩距梁左端截面的距离为 x,则最大弯矩处的剪力应满足

$$V_{(x)}=V_{A}-q_{1}x-\frac{q_{2}}{2al}x^{2}=75.58-11.961x-\frac{26.064}{2\times1.5}x^{2}=0$$

得 $x=2.34\ \text{m}>1.5\ \text{m}$,与初始假定不符,所得 x 无效。令

$$V_{(x)}=V_{A}-q_{1}x-\frac{1}{2}q_{2}al-q_{2}(x-al)=0$$

得

$$x=\frac{2V_{A}+q_{2}al}{2(q_{1}+q_{2})}=\frac{2\times75.58+26.064\times1.5}{2\times(11.961+26.064)}=2.50\ \text{m}>1.5\ \text{m}$$

则跨中最大正弯矩为

$$M_{\max}=M_{A}+V_{A}x-\frac{1}{2}q_{1}x^{2}-\frac{1}{2}q_{2}al\left(x-\frac{2}{3}al\right)-\frac{1}{2}q_{2}(x-al)^{2}=$$
$$-53.88+75.58\times2.5-0.5\times11.961\times2.5^{2}-0.5\times26.064\times$$
$$1.5\times(2.5-2/3\times1.5)-0.5\times26.064\times(2.5-1.5)^{2}=55.34\ \text{kN}\cdot\text{m}$$

（2）地震设计状况下。

左震：

$q_{1}=1.2\times9.201=11.041\ \text{kN/m}$,　$q_{2}=1.2\times(12.78+0.5\times9.0)=20.736\ \text{kN/m}$

$M_{A}=290.25/0.75=387.00\ \text{kN}\cdot\text{m}$,　$M_{B}=267.88/0.75=357.17\ \text{kN}\cdot\text{m}$

$$V_{A}=-\frac{387.0+357.17}{5.05}+\frac{1}{2}\times11.041\times5.05+\frac{1}{2}\times(5.05-1.5)\times$$
$$20.736=-82.68\ \text{kN}$$

则 x 不出现在 AB 跨间,梁跨间最大正弯矩出现在支座边缘处,即

$$M_{\max}=M_{A}=387.00\ \text{kN}\cdot\text{m}$$
$$\gamma_{RE}M_{\max}=0.75\times387.0=290.25\ \text{kN}\cdot\text{m}$$

右震：

$M_{A}=-347.22/0.75=-462.96\ \text{kN}\cdot\text{m}$,　$M_{B}=-207.03/0.75=-276.04\ \text{kN}\cdot\text{m}$

$$V_{B}=\frac{462.96+276.04}{5.05}-\frac{1}{2}\times11.041\times5.05-\frac{1}{2}\times(5.05-1.5)\times$$
$$20.736=81.65\ \text{kN}$$

则 x 不出现在 AB 跨间,梁跨间最大正弯矩出现在支座边缘处,即

$$M_{\max}=M_{B}=276.04\ \text{kN}\cdot\text{m}$$

$$\gamma_{RE} M_{max} = 0.75 \times 276.04 = 207.03 \text{ kN} \cdot \text{m}$$

4. 框架柱内力组合

取每层柱顶和柱底两个控制截面,抗震设计中内力组合 $M = 1.2M_{GE} + 1.3M_{Ek}$ 和 $N = 1.2N_{GE} + 1.3N_{Ek}$。由于柱是偏心受力构件且一般采用对称配筋,故应从上述组合中求出最不利内力,即① $|M|_{max}$ 及相应的 N;② N_{max} 及相应的 M;③ N_{min} 及相应的 M。

为实现强柱弱梁的破坏机构,根据《建筑抗震设计规范》(GB 50011—2010)第 6.2.2 条和第 6.2.3 条,抗震等级为二级的框架结构,对柱端组合弯矩设计值应进行调整。对第一层柱底截面组合的弯矩设计值乘以增大系数 1.5,同时二级框架的梁柱节点处,除框架顶层和柱轴压比小于 0.15 者及框支梁与框支柱的节点处,柱端组合的弯矩设计值应符合下式要求: $\sum M_c = \eta_c \sum M_b$。现在以第一层 A 柱左震和右震为例进行计算。

(1) 左震。

第一层:柱底 $M = -545.11 \text{ kN} \cdot \text{m}$,柱顶 $M = -207.92 \text{ kN} \cdot \text{m}$。

第二层:柱底 $M = -237.45 \text{ kN} \cdot \text{m}$。

左震作用下第 1 层梁柱节点处柱端弯矩值之和为

$$\sum M_c = -237.45 - 207.92 = -445.37 \text{ kN} \cdot \text{m}$$

由表 3-24 知 $\sum M_b = 290.25/0.75 = 387.0 \text{ kN} \cdot \text{m}$,由于 $\sum M_c < 1.5 \sum M_b$,则左震时柱端组合弯矩调整为

第二层柱底:

$$M = 1.5 \times (-387.0) \times 237.45/445.37 = -309.49 \text{ kN} \cdot \text{m}$$

第一层柱顶:

$$M = 1.5 \times (-387.0) \times 207.92/445.37 = -271.00 \text{ kN} \cdot \text{m}$$

查表 3-33 知柱轴压比大于 0.15,所以 $\gamma_{RE} = 0.80$(见附表 3-14),则左震时柱端组合弯矩设计值为:

第二层柱底:

$$\gamma_{RE} M = 0.8 \times (-309.49) = -247.59 \text{ kN} \cdot \text{m}$$

第一层柱顶:

$$\gamma_{RE} M = 0.8 \times (-271.0) = -216.80 \text{ kN} \cdot \text{m}$$

对第一层柱底弯矩,直接将弯矩设计值乘以增大系数 1.5,即

$$M = 1.5 \times (-545.11) = -817.67 \text{ kN} \cdot \text{m}$$

(2) 右震。

第一层:柱底 $M = 550.19 \text{ kN} \cdot \text{m}$,柱顶 $M = 218.04 \text{ kN} \cdot \text{m}$。

第二层:柱底 $M = 266.89 \text{ kN} \cdot \text{m}$。

右震作用下第 1 层梁柱节点处柱端弯矩值之和为

$$\sum M_c = 266.89 + 218.04 = 484.93 \text{ kN} \cdot \text{m}$$

由表 3-24 知 $\sum M_b = -347.22/0.75 = -462.96 \text{ kN} \cdot \text{m}$,由于 $\sum M_c < 1.5 \sum M_b$,则右

震时柱端组合弯矩调整为

第二层柱底：

$$M = 1.5 \times 462.96 \times 266.89/484.93 = 382.20 \text{ kN} \cdot \text{m}$$

第一层柱顶：

$$M = 1.5 \times 462.96 \times 218.04/484.93 = 312.24 \text{ kN} \cdot \text{m}$$

查表知柱轴压比大于 0.15，所以 $\gamma_{RE} = 0.80$（见附表 3-14），则右震时柱端组合弯矩设计值为：

第二层柱底：

$$\gamma_{RE}M = 0.8 \times 382.20 = 305.76 \text{ kN} \cdot \text{m}$$

第一层柱顶：

$$\gamma_{RE}M = 0.8 \times 312.24 = 249.79 \text{ kN} \cdot \text{m}$$

对第一层柱底弯矩，直接将弯矩设计值乘以增大系数 1.5，即

$$M = 1.5 \times 550.19 = 825.29 \text{ kN} \cdot \text{m}$$

根据《混凝土结构设计规范》（GB 50010—2010）第 11.4.3 条，对框架柱的剪力设计值进行计算。现以一层 A 柱右震为例，进行柱端组合剪力设计值调整时，选择左震或者右震，用柱两端弯矩值之和的较大值乘以承载力抗震调整系数，再乘以柱端剪力增大系数 1.3 来计算柱子的剪力。即

$$\gamma_{RE}V = 0.85 \times 1.3 \times \frac{(M_c^t + M_c^b)}{H_n} = 0.85 \times 1.3 \times \frac{312.24 + 825.29}{4.3} = 292.32 \text{ kN}$$

组合结果及柱端弯矩设计值的调整值见表 3-25 ～ 表 3-30。

其中，表 3-25 和表 3-26 中 S_{Gk} 和 S_{Qk} 中弯矩 M 取自图 3-9 或图 3-10，柱轴力 N 分别取自表 3-17 和表 3-18；表 3-27 和表 3-28 中 S_{Gk} 取值同上，S_{Qk} 中柱轴力 N 取值同上，弯矩 M 取自图 3-11 或图 3-12，S_{Ek} 取自表 3-11 和表 3-12。

表 3-25　持久设计状况下 A 柱控制截面内力组合值汇总表

楼 层	截 面			S_{Gk}	S_{Qk}	$1.3S_{Gk}+1.5S_{Qk}$
5	柱顶		M	28.69	3.02	41.83
			N	167.16	10.12	232.49
			V	−13.74	−2.34	−21.37
	柱底		M	16.64	4.71	28.70
			N	189.16	10.12	261.09
			V	−13.74	−2.34	−21.37
4	柱顶		M	13.44	8.42	30.10
			N	371.17	60.61	573.44
			V	−9.08	−4.76	−18.94
	柱底		M	16.53	7.29	32.42
			N	397.79	60.61	608.04
			V	−9.08	−4.76	−18.94

续 表

楼 层	截 面		S_{Gk}	S_{Qk}	$1.3S_{Gk}+1.5S_{Qk}$
3	柱顶	M	16.59	6.94	31.98
		N	577.86	111.20	918.02
		V	−10.57	−4.36	−20.28
	柱底	M	18.29	7.45	34.95
		N	604.48	111.20	952.62
		V	−10.57	−4.36	−20.28
2	柱顶	M	13.75	6.46	27.57
		N	784.48	161.79	1262.51
		V	−6.98	−3.76	−14.71
	柱底	M	9.27	5.94	20.96
		N	811.10	161.79	1297.12
		V	−6.98	−3.76	−14.71
1	柱顶	M	2.57	3.23	8.19
		N	991.07	212.23	1606.74
		V	−0.90	−1.13	−2.87
	柱底	M	1.29	1.62	4.11
		N	1033.64	212.23	1662.08
		V	−0.90	−1.13	−2.87

注:1. 表中弯矩 M 的单位为"kN·m",剪力 V 的单位为"kN";

2. 弯矩和剪力均以绕柱端截面顺时针方向旋转为正,轴力以受压为正。

表 3-26　持久设计状况下 B 柱控制截面内力组合值汇总表

楼 层	截 面		S_{Gk}	S_{Qk}	$1.3S_{Gk}+1.5S_{Qk}$
5	柱顶	M	−19.22	−2.01	−28.00
		N	216.57	15.17	304.30
		V	9.06	1.54	14.09
	柱底	M	−10.68	−3.07	−18.49
		N	238.57	15.17	332.90
		V	9.06	1.54	14.09
4	柱顶	M	−9.79	−5.43	−20.87
		N	461.11	91.13	736.14
		V	6.51	3.10	13.11
	柱底	M	−11.69	−4.79	−22.38
		N	487.73	91.13	770.74
		V	6.51	3.10	13.11

续 表

楼 层	截 面		S_{Gk}	S_{Qk}	$1.3S_{Gk}+1.5S_{Qk}$
3	柱顶	M	−12.25	−4.66	−22.92
		N	708.45	166.99	1171.47
		V	7.75	2.96	14.52
	柱底	M	−13.31	−5.12	−24.98
		N	735.07	166.99	1206.08
		V	7.75	2.96	14.52
2	柱顶	M	−9.56	−3.87	−18.23
		N	955.86	242.86	1606.91
		V	4.45	1.95	8.71
	柱底	M	−5.14	−2.58	−10.55
		N	982.48	242.86	1641.51
		V	4.45	1.95	8.71
1	柱顶	M	−0.65	−0.91	−2.21
		N	1202.87	318.87	2042.04
		V	0.23	0.32	0.78
	柱底	M	−0.32	−0.45	−1.09
		N	1245.44	318.87	2097.38
		V	0.23	0.32	0.78

注:1.表中弯矩 M 的单位为"kN·m",剪力 V 的单位为"kN";

2.弯矩和剪力均以绕柱端截面顺时针方向旋转为正,轴力以受压为正。

表 3 - 27　地震设计状况下 A 柱控制截面内力组合值汇总表($S_{GE}=S_{Gk}+0.5S_{Qk}$)

楼层	截面		S_{Gk}	S_{Qk}	$1.2S_{GE}$	S_{Ek}	$1.3S_{Ek}$	$1.2S_{GE}\pm1.3S_{Ek}$	
								左 震	右 震
5	柱顶	M	28.69	1.93	35.59	−80.46	−104.60	−69.01	140.19
		N	167.16	5.10	203.65	−24.71	−32.12	171.53	235.77
		V	−13.74	−1.92					
	柱底	M	16.64	4.40	22.61	−51.44	−66.87	−44.26	89.48
		N	189.16	5.10	230.05	−24.71	−32.12	197.93	262.17
		V	−13.74	−1.92					

续表

楼层	截面		S_{Gk}	S_{Qk}	$1.2S_{GE}$	S_{Ek}	$1.3S_{Ek}$	$1.2S_{GE}\pm1.3S_{Ek}$	
								左 震	右 震
4	柱顶	M	13.44	8.69	21.34	−139.08	−180.80	−159.46	202.14
		N	371.17	55.58	478.75	−83.77	−108.90	369.85	587.65
		V	−9.08	−4.85					
	柱底	M	16.53	7.31	24.22	−92.72	−120.54	−96.32	144.76
		N	397.79	55.58	510.70	−83.77	−108.90	401.80	619.60
		V	−9.08	−4.85					
3	柱顶	M	16.59	6.93	24.07	−171.06	−222.38	−198.31	246.45
		N	577.86	106.17	757.13	−166.58	−216.55	540.58	973.68
		V	−10.57	−4.35					
	柱底	M	18.29	7.44	26.41	−139.96	−181.95	−155.54	208.36
		N	604.48	106.17	789.08	−166.58	−216.55	572.53	1 005.63
		V	−10.57	−4.35					
2	柱顶	M	13.75	6.47	20.38	−172.02	−223.63	−203.25	244.01
		N	784.48	156.76	1 035.43	−266.87	−349.53	685.90	1 384.96
		V	−6.98	−3.78					
	柱底	M	9.27	5.99	14.72	−193.98	−252.17	−237.45	266.89
		N	811.10	156.76	1 067.38	−266.87	−349.53	717.85	1 416.91
		V	−6.98	−3.78					
1	柱顶	M	2.57	3.29	5.06	−163.83	−212.98	−207.92	218.04
		N	991.07	207.20	1 313.60	−380.74	−494.96	818.64	1 808.56
		V	−0.90	−1.15					
	柱底	M	1.29	1.65	2.54	−421.27	−547.65	−545.11	550.19
		N	1 033.64	207.20	1 364.69	−380.74	−494.96	869.73	1 859.65
		V	−0.90	−1.15					

注：1. 表中弯矩 M 的量纲为"kN·m"，剪力 V 的量纲为"kN"；

2. 弯矩和剪力均以绕柱端截面顺时针方向旋转为正，轴力以受压为正。

地震设计状况下 A 柱和 B 柱控制截面内力组合的设计值及调整分别见表 3-29 和表3-30。

表 3 - 28　地震设计状况下 B 柱控制截面内力组合值汇总表

楼层	截面		S_{Gk}	S_{Qk}	$1.2S_{GE}$	S_{Ek}	$1.3S_{Ek}$	$1.2S_{GE}\pm1.3S_{Ek}$	
								左　震	右　震
5	柱顶	M	−19.22	−1.32	−23.86	−121.12	−157.46	−181.32	133.60
		N	216.57	7.55	264.41	−20.37	−26.48	237.93	290.89
		V	9.06	1.28					
	柱底	M	−10.68	−2.92	−14.57	−91.37	−118.78	−133.35	104.21
		N	238.57	7.55	290.81	−20.37	−26.48	264.33	317.29
		V	9.06	1.28					
4	柱顶	M	−9.79	−5.61	−15.11	−212.83	−276.68	−291.79	261.57
		N	461.11	83.52	603.44	−78.44	−101.97	501.47	705.41
		V	6.51	3.16					
	柱底	M	−11.69	−4.81	−16.91	−174.13	−226.37	−243.28	209.46
		N	487.73	83.52	635.39	−78.44	−101.97	533.42	737.36
		V	6.51	3.16					
3	柱顶	M	−12.25	−4.64	−17.48	−259.63	−337.52	−355.00	320.04
		N	708.45	159.38	945.77	−162.64	−211.43	734.34	1157.20
		V	7.75	2.95					
	柱底	M	−13.31	−5.11	−19.04	−259.63	−337.52	−356.56	318.48
		N	735.07	159.38	977.71	−162.64	−211.43	766.28	1 189.14
		V	7.75	2.95					
2	柱顶	M	−9.56	−3.89	−13.81	−305.51	−397.16	−410.97	383.35
		N	955.86	235.25	1288.18	−277.94	−361.32	926.86	1 649.50
		V	4.45	1.98					
	柱底	M	−5.14	−2.64	−7.75	−305.51	−397.16	−404.91	389.41
		N	982.48	235.25	1320.13	−277.94	−361.32	958.81	1 681.45
		V	4.45	1.98					
1	柱顶	M	−0.65	−0.98	−1.37	−277.31	−360.50	−361.87	359.13
		N	1 202.87	311.26	1 630.20	−390.47	−507.61	1 122.59	2 137.81
		V	0.23	0.34					
	柱底	M	−0.32	−0.49	−0.68	−472.18	−613.83	−614.51	613.15
		N	1 245.44	311.26	1 681.28	−390.47	−507.61	1 173.67	2 188.89
		V	0.23	0.34					

注:1.表中弯矩 M 的量纲为"kN·m",剪力 V 的量纲为"kN";

　　2.弯矩和剪力均以绕柱端截面顺时针方向旋转为正,轴力以受压为正。

表 3-29　地震设计状况下 A 柱控制截面内力组合的设计值及调整

楼层	截面	内力	柱端弯矩 $1.2S_{GE}\pm1.3S_{Ek}$ 左震	右震	梁端弯矩 $\sum M_b$ 左震	右震	γ_{RE}	$\gamma_{RE}(\sum M_c=\eta_c\sum M_b)$ 左震	右震	$|M_{max}|$ N	N_{min} M	N_{max} M	$\gamma_{RE}V=\dfrac{\gamma_{RE}\eta_{vc}(M_c^b+M_c^t)}{H_n}$
5	柱顶	M	-69.01	140.19	69.88	-132.13	0.75	-51.76	105.14	105.14	-51.76	41.83	88.86
		N	171.53	235.77				128.65	176.83	176.83	128.65	232.49	
	柱底	M	-44.26	89.48				-46.99	93.88	93.88	-46.99	28.70	
		N	197.93	262.17				148.45	196.63	196.63	148.45	261.09	
4	柱顶	M	-159.46	202.14	192.25	-271.96	0.75	-169.29	212.08	212.08	-169.29	30.10	161.26
		N	369.85	587.65				277.39	440.74	440.74	277.39	573.44	
	柱底	M	-96.32	144.76				-103.29	149.11	149.11	-103.29	32.42	
		N	401.80	619.60				301.35	464.70	464.70	301.35	608.04	
3	柱顶	M	-198.31	246.45	280.85	-358.19	0.8	-226.84	270.78	270.78	-226.84	31.98	208.96
		N	540.58	973.68				432.46	778.94	778.94	432.46	918.02	
	柱底	M	-155.54	208.36				-175.92	228.45	228.45	-175.92	34.95	
		N	572.53	1005.63				458.02	804.50	804.50	458.02	952.62	
2	柱顶	M	-203.25	244.01	338.17	-413.32	0.8	-229.88	267.54	267.54	-229.88	27.57	239.96
		N	685.90	1384.96				548.72	1107.97	1107.97	548.72	1262.51	
	柱底	M	-237.45	266.89				-247.59	305.76	305.76	-247.59	20.96	
		N	717.85	1416.91				574.28	1133.53	1133.53	574.28	1297.12	

续表

楼层	截面	内力	柱端弯矩 $1.2S_{GE}\pm1.3S_{Ek}$ 左震	右震	梁端弯矩 $\sum M_b$ 左震	右震	γ_{RE}	$\gamma_{RE}\left(\sum M_c=\eta_c\sum M_b\right)$ 左震	右震	$\lvert M_{max}\rvert$ N	N_{min} M	N_{max} M	$\gamma_{RE}V=\dfrac{\gamma_{RE}\eta_{vc}(M_c^b+M_c^t)}{H_n}$
1	柱顶	M	−207.92	218.04	387.00	−462.96	0.8	−216.81	249.79	249.79	−216.81	8.19	292.32
		N	818.64	1808.56				654.91	1446.85	1446.85	654.91	1606.74	
	柱底	M	−545.11	550.19				−654.14	660.23	660.23	−654.14	4.11	
		N	869.73	1859.65				695.78	1487.72	1487.72	695.78	1662.08	

注:1. 表中梁端弯矩数据取自表 3 - 24,记 A 支座弯矩为 M_A,则数值计算方法为 $\sum M_b = M_A/\gamma_{RE}$,其中 $\gamma_{RE} = 0.75$;

2. 表中弯矩 M 的单位为"kN·m",剪力 V 的单位为"kN";

3. 弯矩和剪力均以绕柱端截面顺时针方向旋转为正,轴力以受压为正;

4. 表中柱的承载力抗震调整系数 γ_{RE} 的取值,与柱轴压比大小有关,当轴压比小于 0.15 时取 0.75,不小于 0.15 时取 0.8,轴压比验算见表 3 - 33;

5. 表中最后一列,进行柱端剪力值调整时 $\gamma_{RE} = 0.85$。

表 3 - 30　地震设计状况下 B 柱控制截面内力组合的设计值及调整

楼层	截面	内力	柱端弯矩 $1.2S_{GE}\pm1.3S_{Ek}$ 左震	右震	梁端弯矩 $\sum M_b$ 左震	右震	γ_{RE}	$\gamma_{RE}\left(\sum M_c=\eta_c\sum M_b\right)$ 左震	右震	$\lvert M_{max}\rvert$ N	N_{min} M	N_{max} M	$\gamma_{RE}V=\dfrac{\gamma_{RE}\eta_{vc}(M_c^b+M_c^t)}{H_n}$
5	柱顶	M	−181.32	133.60	167.01	−108.03	0.75	−135.99	100.20	100.20	−135.99	−28.00	−119.44
		N	237.93	290.89				178.45	218.17	218.17	178.45	304.30	
	柱底	M	−133.35	104.21				−131.54	95.22	95.22	−131.54	−18.49	
		N	264.33	317.29				198.25	237.97	237.97	198.25	332.90	
4	柱顶	M	−291.79	261.57	372.77	−297.09	0.75	−287.83	239.00	239.00	−287.83	−20.87	161.26
		N	501.47	705.41				376.10	529.06	529.06	376.10	736.14	
	柱底	M	−243.28	209.46				−234.22	195.92	195.92	−234.22	−22.38	
		N	533.42	737.36				400.07	553.02	553.02	400.07	770.74	

续表

楼层	截面	内力	柱端弯矩 1.2S_{GE}±1.3S_{Ek} 左震	右震	梁端弯矩 $\sum M_b$ 左震	右震	γ_{RE}	$\gamma_{RE}(\sum M_c = \eta_c \sum M_b)$ 左震	右震	$|M_{max}|$ N	N_{min} M	N_{max} M	$\gamma_{RE}V = \dfrac{\gamma_{RE}\eta_{vc}(M_c^b + M_c^t)}{H_n}$
3	柱顶	M	−355.00	320.04			0.8	−364.56	319.31	319.31	−364.56	−22.92	
		N	734.34	1 157.20	511.99	−440.25		587.47	925.76	925.76	587.47	1 171.47	−305.55
	柱底	M	−356.56	318.48				−365.45	319.17	319.17	−365.45	−24.98	
		N	766.28	1 189.14				613.02	951.31	951.31	613.02	1 206.08	
2	柱顶	M	−410.97	383.35			0.8	−421.22	384.18	384.18	−421.22	−18.23	
		N	926.86	1 649.50	655.55	−586.12		741.49	1 319.60	1 319.60	741.49	1 606.91	−353.48
	柱底	M	−404.91	389.41				−423.30	370.17	370.17	−423.30	−10.55	
		N	958.81	1 681.45				767.05	1 345.16	1 345.16	767.05	1 641.51	
1	柱顶	M	−361.87	359.13			0.8	−378.30	341.38	341.38	−378.30	−2.21	
		N	1 122.59	2 137.81	668.00	−592.96		898.07	1 710.25	1 710.25	898.07	2 042.04	−358.39
	柱底	M	−614.51	613.15				−737.42	735.78	735.78	−737.42	−1.09	
		N	1 173.67	2 188.89				938.94	1 751.11	1 751.11	938.94	2 097.38	

注：1. 表中梁端弯矩数据取自表 3 - 24，记 B_l 和 B_r 支座弯矩分别为 M_1 和 M_2，则数值计算方法为 $\sum M_b = (M_1 + M_2)/\gamma_{RE}$，其中 $\gamma_{RE} = 0.75$；

2. 表中弯矩 M 的量纲为"kN·m，剪力 V 的量纲为"kN"；

3. 弯矩和剪力均以绕柱截面顺时针方向旋转为正。轴力以受压为正；

4. 表中柱的承载力调整系数 γ_{RE} 的取值，与柱轴压比大小有关，当轴压比大于 0.15 时取 0.75，不小于 0.15 时取 0.8，轴压比验算见表 3 - 33；

5. 表中最后一列，进行柱端剪力设计值调整时，$\gamma_{RE} = 0.85$。

3.2.7　截面配筋计算

1. 框架梁

这里仅以第一层 AB 跨梁为例说明计算方法和过程,其他层梁的配筋计算结果见表 3-31 和表 3-32。

表 3-31　框架梁纵向钢筋计算表

楼层	截面		计算配筋		实际配筋		A'_s/A_s	$\rho/(\%)$
			A_s/mm^2	A'_s/mm^2	A_s/mm^2	A'_s/mm^2		
5	支座	A	671	464	3Φ18(763)	2Φ18(509)	0.67	0.61
		B_l	563	464	3Φ18(763)	2Φ18(509)	0.67	0.61
		B_r	377	329	2Φ18(509)	2Φ18(509)	1.00	0.51
	跨中	AB	401	—	2Φ18(509)	—	—	0.41
		BC	329		2Φ18(509)			0.51
4	支座	A	1232	801	4Φ20(1257)	3Φ20(942)	0.75	0.76
		B_l	968	801	4Φ20(1257)	3Φ20(942)	0.75	0.76
		B_r	921	845	4Φ20(1257)	3Φ20(942)	0.75	0.93
	跨中	AB	801	—	3Φ20(942)	—	—	0.57
		BC	845		3Φ20(942)			0.70
3	支座	A	1622	1157	5Φ22(1900)	4Φ20(1256)	0.66	1.15
		B_l	1285	1157	4Φ22(1520)	4Φ20(1256)	0.83	0.92
		B_r	1321	1221	5Φ20(1570)	4Φ20(1256)	0.80	1.16
	跨中	AB	1157	—	4Φ20(1256)	—	—	0.76
		BC	1221		4Φ20(1256)			0.93
2	支座	A	1872	1380	5Φ22(1900)	5Φ20(1570)	0.83	1.15
		B_l	1616	1380	5Φ22(1900)	5Φ20(1570)	0.83	1.15
		B_r	1728	1616	5Φ22(1900)	5Φ22(1900)	1.0	1.41
	跨中	AB	1380	—	5Φ20(1570)	—	—	0.95
		BC	1616		5Φ22(1900)			1.41
1	支座	A	2097	1647	5Φ25(2454)	5Φ22(1900)	0.77	1.49
		B_l	1618	1647	4Φ25(1963)	5Φ22(1900)	0.97	1.19
		B_r	1799	1672	4Φ25(1963)	5Φ22(1900)	0.97	1.45
	跨中	AB	1647	—	5Φ22(1900)	—	—	1.15
		BC	1672		5Φ22(1900)			1.41

表 3-32　框架梁箍筋数量计算表

楼层	截面	$\gamma_{RE}V/\text{kN}$	A_{sv}/s	梁端加密区	非加密区
				实配箍筋 A_{sv}/s	实配箍筋 $\rho_{sv}/(\%)$
5	A, B_l	84.29	0.173	双肢 Φ 8@100(1.0)	双肢 Φ 8@150(0.301)
	B_r	80.80	0.251	双肢 Φ 8@100(1.0)	双肢 Φ 8@100(0.335)
4	A, B_l	138.45	0.254	双肢 Φ 8@100(1.0)	双肢 Φ 8@150(0.251)
	B_r	172.31	0.759	双肢 Φ 8@100(1.0)	双肢 Φ 8@100(0.335)
3	A, B_l	169.60	0.460	双肢 Φ 8@100(1.0)	双肢 Φ 8@150(0.251)
	B_r	239.09	1.308	双肢 B10@100(1.57)	双肢 B10@100(0.523)
2	A, B_l	195.46	0.631	双肢 Φ 8@100(1.0)	双肢 Φ 8@150(0.251)
	B_r	306.59	1.864	双肢 B10@80(1.96)	双肢 Φ 10@80(0.654)
1	A, B_l	207.50	0.710	双肢 Φ 8@100(1.0)	双肢 Φ 8@150(0.251)
	B_r	312.55	1.913	双肢 Φ 10@80(1.96)	双肢 Φ 10@80(0.654)

(1)梁的正截面受弯承载力计算。

梁的正截面受弯承载力应根据《混凝土结构设计规范》(GB 50010—2010)第 6.2.10 条进行计算。

先计算跨中截面,应取 AB 跨梁的跨中最大正弯矩或支座正弯矩与 1/2 简支梁弯矩中的较大者。

1) 恒荷载:$q_1 = 9.201 \text{ kN/m}$,$q_2 = 12.78 \text{ kN/m}$。

支座

$$V = 1/2 \times [9.201 \times 5.65 + 12.78 \times 0.5 \times (5.65 + 5.65 - 1.8 \times 2)] = 50.594 \text{ kN}$$

弯矩

$$M = 50.594 \times 0.5 \times 5.65 - 0.5 \times 9.201 \times (0.5 \times 5.65)^2 - 0.5 \times 12.78 \times$$
$$1.8 \times (0.5 \times 5.65 - 1.2) - 0.5 \times 12.78 \times (0.5 \times 5.65 - 1.8)^2$$
$$= 80.81 \text{ kN} \cdot \text{m}$$

2) 活荷载:$q_2 = 9 \text{ kN/m}$。

支座

$$V = 1/2 \times 9 \times (5.65 \times 2 - 1.8 \times 2) \times 0.5 = 17.325 \text{ kN}$$

弯矩

$$M = 17.325 \times 0.5 \times 5.65 - 0.5 \times 9 \times 1.8 \times (0.5 \times 5.65 - 1.2) - 0.5 \times$$
$$9 \times (0.5 \times 5.65 - 1.8^2) = 37.65 \text{ kN} \cdot \text{m}$$

AB 跨中简支梁的弯矩为

$M_0/2 = 0.5 \times (1.3 \times 80.81 + 1.5 \times 37.65) = 80.76 \text{ kN} \cdot \text{m} < M = 290.25 \text{ kN} \cdot \text{m}$

故取跨中截面的计算弯矩为 $M = 290.25 \text{ kN} \cdot \text{m}$。

取梁、柱的混凝土保护层厚度为 25 mm,综合考虑箍筋及纵筋直径,取梁的外皮至纵向受力钢筋合力点的距离为 $a_s = 45$ mm。

由于楼盖采用现浇方式,需考虑楼板作为翼缘对梁刚度和承载力的影响。梁的有效翼缘计算宽度 b'_f 根据《混凝土结构设计规范》(GB 50010—2010)第 5.2.4 条(见附表 3-15)应取 $l_0/3$, $b + s_n$, 以及考虑翼缘高度影响($h'_f/h_0 \geq 0.1$)时 $b + 12h'_f$ 三者中的最小值。

$a_s = 45$ mm, $h'_f = 100$ mm, $h_0 = 505$ mm, $h'_f/h_0 = 100/505 = 0.198 > 0.1$, 不考虑翼缘高度影响; $b + s_n = 3600$ mm, $l_0/3 = 1883$ mm, 故取 $b'_f = 1900$ mm。

梁内纵向钢筋选 HRB400 钢筋,根据《混凝土结构设计规范》(GB 50010—2010)第 4.2.3 条,钢筋抗拉强度设计值 $f_y = 360$ N/mm^2, $\xi_b = 0.518$。下部跨间截面按单筋 T 形截面计算。因为

$$\alpha_1 f_c b'_f h'_f \left(h_o - \frac{h'_f}{2} \right) = 1.0 \times 16.7 \times 1900 \times 100 \times (505 - 100 \div 2) =$$

$$1\,443.72 \text{ kN} \cdot \text{m} > 290.25 \text{ kN} \cdot \text{m}$$

所以属于第一类 T 形截面,则有

$$\alpha_s = \frac{M}{\alpha_1 f_c b'_f h_0^2} = \frac{290.25 \times 10^6}{1.0 \times 16.7 \times 1900 \times 505^2} = 0.036$$

$$\xi = 1 - \sqrt{1 - 2\alpha_s} = 0.037$$

$$x = \xi h_0 = 0.037 \times 505 = 18.685 < 0.35 h_0 = 176.75$$

$$A_s = \alpha_1 f_c b'_f \xi h_0 / f_y = \frac{1.0 \times 16.7 \times 1900 \times 0.037 \times 505}{360} = 1647 \text{ mm}^2$$

实配钢筋 5 Φ 22($A_s = 1900$ mm^2)。

根据《混凝土结构设计规范》(GB 50010—2010)第 11.3.6 条,框架抗震等级为二级时,跨中纵向受力钢筋配筋率应取 $\max(0.25\%, 55f_t/f_y)$, 经计算 0.25% 是较大值,则

$$\rho = \frac{1900}{300 \times 505} = 1.25\% > 0.25\%$$

经验算符合要求。

跨中底部实配纵向受拉钢筋伸入支座,作为支座的受压钢筋($A'_s = 1900$ mm^2)承受负弯矩作用。再计算相应的上部纵向受拉钢筋 A_s, 即 A 支座上部:

$$M = 347.22 \text{ kN} \cdot \text{m}, \quad A'_s = 1900 \text{ mm}^2$$

$$\alpha_s = \frac{347.22 \times 10^6 - 360 \times 1900 \times (505 - 45)}{1.0 \times 16.7 \times 300 \times 505^2} = 0.025$$

$$\xi = 1 - \sqrt{1 - 2\alpha_s} = 0.025 < 2a'_s/h_0 = \frac{90}{505} = 0.718$$

这说明 A'_s 过多,达不到屈服。故 A_s 可近似取

$$A_s = \frac{M}{f_y(h_0 - a'_s)} = \frac{347.22 \times 10^6}{360 \times (505 - 45)} = 2097 \text{ mm}^2$$

实配 5 Φ 25($A_s = 2454$ mm^2)。

对支座 B_l 上部:

$$M = 267.88 \text{ kN} \cdot \text{m}$$

$$A_s = \frac{M}{f_y(h_o - a_s)} = \frac{267.88 \times 10^6}{360 \times (505 - 45)} = 1618 \text{ mm}^2$$

实配 $4 \oplus 25 (A_s = 1963 \text{ mm}^2)$。

根据《混凝土结构设计规范》(GB 50010—2010)第 11.3.6 条,框架抗震等级为二级时,支座处纵向受力钢筋配筋率应取 $\max(0.3\%, 65f_t/f_y)$,经计算 0.3% 是较大值,且梁截面底部和顶部纵向受力钢筋面积的比值不应小于 0.3,即

$$\rho = \frac{1963}{300 \times 505} = 1.30\% > 0.3\%, \quad A'_s/A_s = \frac{1618}{1963} = 0.82 > 0.3$$

满足要求。

框架梁纵向钢筋的计算结果详见表 3-31。

(2) 梁截面受剪承载力计算。

以第一层 AB 跨梁为例,根据《混凝土结构设计规范》(GB 50010—2010)第 6.3.1 条,矩形截面受弯构件的斜截面受剪承载力应按下式进行验算:

$$h_w/b = 505/300 = 1.68 \leqslant 4$$

$$\gamma_{RE} V = 207.50 \text{ kN} < 0.25\beta_c f_c bh_0 = 0.25 \times 1.0 \times 16.7 \times 300 \times 505 = 632.51 \text{ kN}$$

截面尺寸满足要求。

根据《混凝土结构设计规范》(GB 50010—2010)第 11.3.4 条对斜截面配筋进行计算。

箍筋选用 HRB335 钢筋,根据《混凝土结构设计规范》(GB 50010—2010)第 4.2.3 条,钢筋抗拉强度设计值为

$$f_{yv} = 300 \text{ N/mm}^2$$

$$A_s/s = \frac{\gamma_{RE} V - 0.42f_t bh_0}{f_{yv} h_0} = \frac{207.50 \times 1000 - 0.42 \times 1.57 \times 300 \times 505}{300 \times 505} = 0.71$$

根据《建筑抗震设计规范》(GB 50011—2010)第 6.3.3 条,箍筋最大间距是 100 mm,箍筋最小直径是 8 mm,加密区最小长度为 825 mm。取梁端加密区箍筋取双肢 $\oplus$ 8@100(A_{sv}/s = 1.13),非加密区取双肢 $\oplus$ 8@150,取加密区长度为 950 mm。

根据《混凝土结构设计规范》(GB 50010—2010)第 11.3.9 条,沿梁全长的箍筋的配筋面积应满足 $\rho_{sv} \geqslant 0.28f_t/f_{yv}$,由于加密区配箍率大于非加密区的,因此非加密区配箍率满足要求时,沿梁全长的箍筋配筋率都满足要求。因此取非加密区进行验算。则非加密区配箍率为

$$\rho_{sv} = \frac{2 \times 50.3}{300 \times 150} = 0.224\% > 0.28 \times \frac{1.57}{300} = 0.147\%$$

符合要求。

1~5 层 AB 跨和 BC 跨梁的箍筋配置见表 3-32。

2. 框架柱

(1) 剪跨比和轴压比验算。

根据《建筑抗震设计规范》(GB 50011—2010)第 6.3.5 条和第 6.3.6 条(见附表 3-5)可知,柱剪跨比应大于 2,框架抗震等级为二级,柱轴压比应小于 0.75。

柱的剪跨比和轴压比计算,以第一层 A 柱为例计算。

根据《建筑抗震设计规范》(GB 50011—2010)第 11.4.6 条可知,剪跨比计算中 M^c 宜取柱考虑地震组合的弯矩设计值的较大值,V^c 取与 M^c 对应的剪力设计值。由表 3-29 知 $M^c = 550.19 \text{ kN} \cdot \text{m}$;由表 3-11 知 $M^b = 421.27 \text{ kN} \cdot \text{m}$,$M^u = 163.83 \text{ kN} \cdot \text{m}$,由表 3-27 知:

$$S_{Gk} = 2.57 \text{ kN} \cdot \text{m}(柱顶), \quad S_{Gk} = 1.29 \text{ kN} \cdot \text{m}(柱底)$$

$$S_{Qk} = 3.29 \text{ kN} \cdot \text{m}(柱顶), \quad S_{Qk} = 1.65 \text{ kN} \cdot \text{m}(柱底)$$

则有

$$V_{Ek} = \frac{421.27 + 163.83}{4.3} = 136.07 \text{ kN}, \quad V_{Gk} = \frac{2.57 + 1.29}{4.3} = 0.9 \text{ kN}$$

$$V_{Qk} = \frac{3.29 + 1.65}{4.3} = 1.15 \text{ kN}$$

$$V_{GE} = 0.9 + 0.5 \times 1.15 = 1.48 \text{ kN}, \quad V^c = 1.2 \times 1.48 + 1.3 \times 136.07 = 178.67 \text{ kN}$$

表 3-33 给出了框架各层柱的剪跨比和轴压比计算结果,其中剪跨比 λ 也可取 $H_n/(2h_0)$。

由表 3-33 可见,各柱的剪跨比和轴压比均满足规范要求。

表 3-33　柱的剪跨比和轴压比验算

柱号	楼层	$\dfrac{b}{\text{mm}}$	$\dfrac{h_0}{\text{mm}}$	$\dfrac{f_c}{\text{N} \cdot \text{mm}^{-2}}$	$\dfrac{M^c}{\text{kN} \cdot \text{m}}$	$\dfrac{V^c}{\text{kN}}$	$\dfrac{N}{\text{kN}}$	$\dfrac{M^c}{V^c h_0}$	$\dfrac{N}{f_c bh}$
A 柱	5	500	450	16.7	89.48	69.60	262.17	2.86	0.063
	4	550	500	16.7	144.76	105.12	619.60	2.75	0.123
	3	550	500	16.7	208.36	137.83	1 005.63	3.02	0.199
	2	550	500	16.7	266.89	154.83	1 416.91	3.45	0.280
	1	600	550	16.7	550.19	178.67	1 859.65	5.60	0.309
B 柱	5	500	450	16.7	133.35	95.35	317.29	3.11	0.076
	4	550	500	16.7	243.28	162.15	737.36	3.00	0.146
	3	550	500	16.7	356.56	215.63	1 189.14	3.31	0.235
	2	550	500	16.7	404.91	247.24	1 681.45	3.28	0.333
	1	600	550	16.7	614.51	227.07	2 188.89	4.92	0.364

(2)柱正截面承载力计算。

第一组为最大弯矩及其对应轴力,第二组为最大轴力及其对应弯矩。

第一组:

$$M_1 = 249.79 \text{ kN} \cdot \text{m}, \quad M_2 = 660.23 \text{ kN} \cdot \text{m}, \quad N = 1487.72 \text{ kN}$$

根据《混凝土结构设计规范》(GB 50010—2010)第 6.2.3 条,弯矩作用平面内截面对称偏心受压构件,当同一主轴方向的杆端弯矩比 M_1/M_2(M_2 绝对值大于 M_1,且当 M_1 和 M_2 方向相同时比值为负,相反时比值为正)不大于 0.9,且轴压比不大于 0.9 时,若构件满足

$$l_c/i \leqslant 34 - 12(M_1/M_2)$$

可不考虑轴向压力在该方向挠曲杆件中产生的附加弯矩影响。

1)判断构件是否需要考虑附加弯矩:

杆端弯矩比:

$$M_1/M_2 = -249.79/660.23 = -0.38 < 0.9$$

截面回转半径:

$$i = h/2\sqrt{3} = 600/2\sqrt{3} = 173.21 \text{ mm}$$

长细比：
$$l_c/i = 4300/173.21 = 24.83 < 34 + 12M_1/M_2$$

轴压比：
$$N/f_cA = 1487.72 \times 10^3/16.7 \times 600^2 = 0.247 < 0.9$$

因此，不需考虑杆件自身挠曲变形的影响，取 $M = M_2 = 660.23$ kN/m。

2）判断偏压类型：

取 $a_s = 50$ mm，$h_0 = h - a_s = 550$ mm，$h/30 = 20$ mm，取 $e_a = \max(h/30, 20) = 20$ mm。

$$e_0 = M/N = 660.23 \times 10^6/1487.72 \times 10^3 = 443.79 \text{ mm}$$

$$e_i = e_0 + e_a = 463.79 \text{ mm}$$

$$x = N/\alpha_1 f_c b = 1\,487.72 \times 10^3/1.0 \times 16.7 \times 600 = 148.48 < \xi_b h_0 =$$
$$0.518 \times 550 = 284.9 \text{ mm}$$

属于大偏心受压。

3）计算钢筋面积：

$$e = e_i + h/2 - a_s = 463.79 + 300 - 50 = 713.79 \text{ mm}$$

$$A_s = A'_s = Ne - \alpha_1 f_c bx(h_0 - 0.5x)/f'_y(h_0 - a'_s) =$$
$$[1487.72 \times 10^3 \times 713.79 - 1.0 \times 16.7 \times 600 \times 148.48 \times$$
$$(550 - 0.5 \times 148.48)]/360 \times (550 - 50) = 1967 \text{ mm}^2$$

根据《建筑抗震设计规范》(GB 50011—2010)第 6.3.7 条，纵向受力钢筋的单侧配筋率应大于 0.2%，同时对于二级框架，总配筋率应大于 0.8%，由于采用对称配筋，总配筋率大于 0.8% 时，单侧配筋率必然大于 0.4%，满足要求，所以在验算单侧配筋率时以 0.4% 作为控制限值，则

$$A_{s,\min} = 0.004bh = 0.004 \times 600 \times 600 = 1440 \text{ mm}^2 < A_s$$

符合要求。

第二组内力：$M_1 = 4.11$ kN·m，$M_2 = 8.19$ kN·m，$N = 1\,662.08$ kN。

4）判断构件是否需要考虑附加弯矩：

杆端弯矩比：
$$M_1/M_2 = -4.11/8.19 = -0.5 < 0.9$$

截面回转半径：
$$i = h/2\sqrt{3} = 600/2\sqrt{3} = 173.21 \text{ mm}$$

长细比：
$$l_c/i = 4300/173.21 = 24.83 < 34 + 12M_1/M_2$$

轴压比：
$$N/f_cA = 1662.08 \times 10^3/16.7 \times 600^2 = 0.276 < 0.9$$

因此，不需考虑杆件自身挠曲变形的影响，取 $M = M_2 = 8.19$ kN·m，则有

$$e_0 = M/N = 8.19 \times 10^6/1662.08 \times 10^3 = 4.93 \text{ mm}$$

$$e_i = e_0 + e_a = 24.93 \text{ mm} < 0.3h_0$$

$$x = N/\alpha_1 f_c b = 1662.08 \times 10^3/1.0 \times 16.7 \times 600 = 165.88 < \xi_b h_0 =$$
$$0.518 \times 550 = 284.9 \text{ mm}$$

　　从而可知该组内力下构件截面并未达到承载力极限状态,其配筋由最小配筋率控制。故按第一组最不利内力配筋,纵向受力钢筋选择 4 $\underline{\Phi}$ 28($A_s = 2463$ mm²)。

　　5)根据《混凝土结构设计规范》(GB 50010—2010)第 6.2.15 条,应对柱正截面承载力进行验算。验算垂直于弯矩作用平面的承载力,有

　　　　$l_0 = l_c = 4.3$ m,$l_0/b = 4300/600 = 7.17$(查附表 3-16)得 $\varphi = 1.0$。

$$N_u = 0.9\varphi(f_c A + f'_y A'_s) = 0.9 \times 1.0 \times (16.7 \times 600 \times 600 + 360 \times 2463 \times 2) =$$
$$7\,006.82 \text{ kN} > 1\,662.08 \text{ kN}$$

满足承载力要求。

　　(3)柱斜截面受剪承载力计算。

　　框架柱斜截面受剪承载力根据《高层建筑混凝土技术规程》(JGJ3—2010)第 6.2.8 条地震设计状况进行计算。

　　以第一层 A 柱为例计算。由前可知,第一层 A 柱的最大剪力 $\gamma_{RE}V = 292.32$ kN,相应的轴力 $N = 1\,859.65$ kN。

　　由表 3-33 可知:

$$\lambda = \frac{M^c}{V^c h_0} = \frac{550.19 \times 10^3}{178.67 \times 550} = 5.6 > 3$$

取 $\lambda = 3$。

$$N = 1859.65 \text{ kN} > 0.3 f_c A = 0.3 \times 16.7 \times 600 \times 600 = 1\,803.6 \text{ kN}$$

取 $N = 1\,803.6$ kN。

$$\frac{A_{sv}}{s} = \frac{\gamma_{RE}V - \frac{1.05}{\lambda+1}f_c bh_0 - 0.056N}{f_{yv}h_0} =$$

$$\frac{292.32 \times 10^3 - \frac{1.05}{4} \times 1.57 \times 600 \times 550 - 0.056 \times 1\,803.6 \times 10^3}{300 \times 550} = 0.34$$

　　根据《建筑抗震设计规范》(GB 50011—2010)第 6.3.7 条,抗震等级为二级的框架箍筋最大间距为 100 mm,箍筋最小直径为 8 mm,柱采用井字复合箍配置箍筋,因此取加密区为 4 $\underline{\Phi}$ 10@100,非加密区 4 $\underline{\Phi}$ 10@200。

　　由于加密区配箍率大于非加密区,非加密区配箍率满足要求时,加密区箍筋配筋率也满足,所以取非加密区进行验算。

　　非加密区配箍率为

$$A_{sv}/s = 4 \times 78.5/200 = 1.57 > 0.34$$

满足要求。

　　加密区体积配箍率为

$$\rho_{sv} = \frac{8 \times 78.5 \times 600}{600 \times 600 \times 100} = 1.05\%$$

　　根据《建筑抗震设计规范》(GB 50011—2010)第 6.3.9 条,柱箍筋加密区的体积配箍率应大于 0.6%,满足要求,同时应大于最小体积配箍率。

　　加密区最小体积配箍率为

$$\rho_{sv \cdot min} = \lambda_v f_c/f_{yv} = 0.087 \times 16.7/300 = 0.48\%$$

满足要求。

根据《建筑抗震设计规范》(GB 50011—2010)第 6.3.9 条,底层柱下端箍筋加密区不小于底层柱高的 1/3,取底层柱下端箍筋加密区长度为 1500 mm,其余各层柱端加密区长度取截面高度、柱净高 1/6 以及 500 mm 中的较大值。一层柱上端取 800 mm,其余各层柱上下端加密区取 600 mm。

各层框架柱受力纵筋计算表见 3-34,受力箍筋计算表见表 3-35。

表 3-34 框架柱受力纵筋数量表

柱 号	层 次	$\dfrac{M}{kN}$	$\dfrac{N}{kN}$	$\dfrac{A_s}{mm^2}$	实配钢筋 $\dfrac{A_s}{mm^2}$
	5	105.14	176.83	1000	4 Φ 18(1018)
	4	212.08	440.74	1210	4 Φ 20(1257)
A 柱	3	270.78	778.94	1210	4 Φ 20(1257)
	2	305.76	1 133.53	1210	4 Φ 20(1257)
	1	660.23	1 487.72	1967	4 Φ 28(2463)
	5	100.20	218.17	1000	4 Φ 18(1018)
	4	239.00	529.06	1210	4 Φ 20(1257)
A 柱	3	319.31	925.76	1210	4 Φ 20(1257)
	2	384.18	1 319.60	1210	4 Φ 20(1257)
	1	735.78	1 751.11	2214	4 Φ 28(2463)

表 3-35 框架柱的箍筋数量表

柱号	楼层	$\dfrac{\gamma_{RE}V}{kN}$	$\dfrac{0.2\beta_c f_c bh_0}{kN}$	$\dfrac{N}{kN}$	$\dfrac{0.3f_cA}{kN}$	$\dfrac{A_{sv}}{s}$ mm	$\dfrac{\lambda_v f_c}{f_{yv}}$ %	实配箍筋 加密区 (A_{sv}/s)	实配箍筋 非加密区 $\rho_{sv}/(\%)$
	5	88.86	751.50	262.17	1 252.50	<0	0.45	4 Φ 10@100(3.14)	4 Φ 10@200(0.73)
	4	161.26	918.50	619.60	1 515.53	0.04	0.45	4 Φ 10@100(3.14)	4 Φ 10@200(0.65)
A 柱	3	208.96	918.50	1 005.63	1 515.53	0.26	0.45	4 Φ 10@100(3.14)	4 Φ 10@200(0.65)
	2	239.96	918.50	1 416.91	1 515.53	0.31	0.47	4 Φ 10@100(3.14)	4 Φ 10@200(0.65)
	1	292.32	1 102.2	1 859.65	1 803.60	0.34	0.48	4 Φ 10@100(3.14)	4 Φ 10@200(0.59)
	5	119.44	751.50	317.29	1 252.50	0.06	0.45	4 Φ 10@100(3.14)	4 Φ 10@200(0.73)
	4	233.07	918.50	737.36	1 515.53	0.52	0.45	4 Φ 10@100(3.14)	4 Φ 10@200(0.65)
B 柱	3	305.55	918.50	1 189.14	1 515.53	0.84	0.45	4 Φ 10@100(3.14)	4 Φ 10@200(0.65)
	2	353.48	918.50	1 681.45	1 515.53	1.04	0.45	4 Φ 10@100(3.14)	4 Φ 10@200(0.65)
	1	358.39	1 102.2	2 188.89	1 803.60	0.74	0.46	4 Φ 10@100(3.14)	4 Φ 10@200(0.59)

3. 框架梁柱节点核心区截面抗震验算

(1)节点核心区的剪力设计值。

《建筑抗震设计规范》(GB 50011—2010)第 6.2.14 条规定,一、二、三级框架的节点核心区,应进行抗震验算;四级框架的节点核心区可不进行验算,但应符合抗震构造措施的要求。本框架的抗震等级为二级,故应进行节点核心区的验算。

以第一层中节点为例,由节点两侧梁的受弯承载力计算节点核心区的剪力设计值。因节点两侧梁不等高,计算时取两侧梁的平均高度,即

$$h_b = (550 + 450)/2 = 500 \text{ mm}$$
$$h_{b0} = (505 + 405)/2 = 455 \text{ mm}$$

本框架为二级抗震等级,应按《建筑设计抗震规范》(GB 50011—2010)附录 D.1.1 的公式计算,即

$$V_j = \frac{\eta_b \sum M_b}{h_{b0} - a'_s}\left(1 - \frac{h_{b0} - a'_s}{H_c - h_b}\right)$$

式中,H_c 为柱子的计算高度,可采用节点上、下柱反弯点之间的距离,则有

$$H_c = (1 - 0.63) \times 4.3 + 0.5 \times 3.3 = 3.241 \text{ m}$$

查表 3-24 可得 $\sum M_b = 267.88 + 233.12 = 501.00 \text{ kN·m}$,进而得剪力设计值为

$$V_j = \frac{1.35 \times 501 \times 1000}{455 - 45} \times \left(1 - \frac{455 - 45}{3241 - 500}\right) = 1\,402.88 \text{ kN}$$

(2)节点核心区截面验算。

在节点设计中,首先要验算节点截面的限制条件,以防止截面太小,节点核心区混凝土承受过大斜压应力致使节点混凝土先被压碎而破坏。框架节点受剪水平截面应符合《建筑设计抗震规范》(GB 50011—2010)附录 D.1.3 要求,即

$$V_j \leqslant \frac{1}{\gamma_{RE}} 0.30 \eta_j f_c b_j h_j$$

节点核心区的截面有效验算宽度 b_j 根据《建筑设计抗震规范》(GB 50011—2010)附录 D.1.2 确定,当验算方向的梁截面宽度不小于该侧柱截面宽度的 1/2 时,可采用该侧柱截面宽度,当小于柱截面的 1/2 时,取 $b_j = b_b + 0.5 h_c$ 和 $b_j = b_c$ 二者中的较小值,其中 b_b 为梁截面宽度,h_c 为验算方向柱截面高度,b_c 为验算方向柱截面宽度。因此可得 $b_j = b_c = 600 \text{ mm}$;再根据上述规范的附录 D.1.3,节点核心区的截面高度 h_j 可采用验算方向的柱截面高度,由此可得 $h_j = 600 \text{ mm}$。η_j 为正交梁的约束影响系数,当同时满足楼板现浇、梁柱中心线重合、四侧各梁截面宽度不小于该侧柱截面宽度的 1/2、正交方向梁的高度不小于框架梁高度的 3/4 时,可采用 1.5,9 度的一级框架宜采用 1.25,其余情况均采用 1.0。此处取 1.0,则

$$\frac{1}{\gamma_{RE}}(0.30 \eta_j f_c b_j h_j) = \frac{1}{0.85}(0.30 \times 1.0 \times 16.7 \times 600 \times 600) =$$
$$2\,121.88 \text{ kN} > 1\,402.88 \text{ kN}$$

符合要求。出于结构安全考虑,为使节点核心区内抗剪承载力满足要求,核心区内的柱箍筋取 4Φ10@70。

(3)节点核心区截面抗剪受剪承载力验算。节点核心区截面抗震受剪承载力,按《建筑设

计抗震规范》(GB 50011—2010)附录 D.1.4 计算,即

$$V_j = \frac{1}{\gamma_{RE}} \left(1.1\eta_j f_t b_j h_j + 0.05\eta_j N \frac{b_j}{b_c} + f_{yv} A_{svj} \frac{h_{b0} - a'_s}{s} \right)$$

其中,N 取对应于剪力设计值的上柱组合轴向压力较小值,由表 3-27 可知

$$N = 958.81 \text{ kN} < 0.5 f_c b_c h_c = 0.5 \times 16.7 \times 600 \times 600 = 3006 \text{ kN}$$

取 $N = 9\,658.81$ kN,代入上述公式求得 $V_j = 1436.95$ kN > 1402.88 kN,满足要求。

综合以上结果,绘出横向框架的配筋图,如图 3-27 所示。

3.2.8 基础设计

《建筑地基基础设计规范》(GB 50007—2011)第 3.0.1 条,根据地基复杂程度,建筑物规模和功能特征以及由于地基问题可能造成建筑物破坏或影响正常使用的程度划分为三个等级。由于本设计场地和地基条件简单,荷载分布均匀,为五层公用建筑,故地基基础设计等级为丙级,再根据上述规范第 3.0.2 条和第 3.0.3 条可知(见附表 3-17),丙级地基可不进行变形验算。

基础采用条形基础,基础埋置深度 2.3 m,$f_{ak} = 160$ kPa。

根据《建筑地基基础设计规范》(GB 50007—2010)第 5.2.4 条,埋置深度大于 0.5 m,需对地基承载力特征值进行修正。根据埋深和场地条件可知基础持力层处的修正系数 $\eta_b = 0$,$\eta_d = 1.0$,则地基承载力特征值为

$$f_a = f_{ak} + \eta_b(b-3) + \eta_d \gamma_m(d-0.5) = 160 + 1.0 \times 20 \times (2.3 - 0.5) = 196 \text{ KPa}$$

混凝土强度等级为 C35,($f_c = 16.7$ N/mm^2,$f_t = 1.57$ N/mm^2),基础梁纵筋选用 HRB400 级钢筋($f_y = f'_y = 360$ N/mm^2),箍筋为 HRB335 级钢筋($f_{yv} = 300$ N/mm^2)。

以 A 轴为例进行计算。

1.基础尺寸的确定

根据《建筑地基基础设计规范》(GB 50007—2011)第 8.3.1,柱下条形基础的高度为 $(1/8 \sim 1/4)L_i$,翼板厚度不小于 200 mm,条形基础的端部外挑为第一跨距的 0.25 倍,取 $h = 1.2$ m,$h_f = 250$ mm,$b = 700$ mm,$l_0 = 1800$ mm,具体基础尺寸如图 3-15 所示。

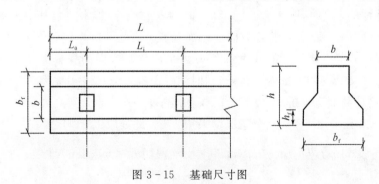

图 3-15　基础尺寸图

因结构纵向为对称结构,所以合力作用点在基础纵向的中心,基底的反力为均匀荷载。沿纵向基础悬挑出长度为

$$1/4 \times 7.2 = 1.8 \text{ m}$$

因此基础长度为

$$L = 5 \times 7.2 + 2 \times 7.025 + 1.8 \times 2 = 53.65 \text{ m}$$

按地基承载力确定基础底面积时,上部结构传至基础的作用效应应采用荷载效应的标准组合。由表 3-25 查得,第一层中框架柱在恒荷载和活荷载作用下传至基础顶面的内力组合标准值如下:

A 柱:$S_{GK} = 1\ 033.64$ kN,$S_{QK} = 212.23$ kN,故有 $F_k = 1\ 033.64 + 212.23 = 1245.87$ kN。

边框架柱在恒荷载和活荷载作用下传至基础的内力近似取中框架柱的 0.6 倍,则有

$$\sum F_k = 1\ 245.87 \times (6 + 0.6 \times 2) = 8\ 970.26 \text{ kN}$$

现在计算基础梁上第一层一片填充墙以及相应的门窗等重量:

A 轴外墙:

$$G_{WA} = 2.215 \times [(7.2 - 0.6) \times (4.3 - 0.55) - (1.5 \times 1.8) \times 2] +$$
$$1.5 \times 1.8 \times 0.4 \times 2 = 45.02 \text{ kN}$$

AB 跨一根基础拉梁和相应的横墙:

$$G_{W1} = 2.055 \times 5.05 \times (4.3 - 0.45) + 0.3 \times 0.5 \times 4.95 \times 25 = 58.52 \text{ kN}$$

$$\sum G_{WA} = 45.02 \times 7 + 58.52/2 \times 8 = 549.22 \text{ kN}$$

现在确定基础底面宽度:

$$b_f \geqslant \frac{\sum F_k + \sum G_{WA}}{(f_a - \gamma_m d)L} = \frac{8970.26 + 549.22}{(196 - 20 \times 2.3) \times 53.65} = 1.18 \text{ m}$$

故可取 $b_f = 1.2$ m。

2.基础反力分析

竖向荷载作用下,基地反力呈均匀分布,单位长度上的基底净反力为

$$p_j = \frac{\sum (F + G_{W1})}{L} = \frac{1\ 662.08 \times 7.2 + 1.35 \times 58.52/2 \times 8}{53.65} = 228.95 \text{ kN/m}$$

根据《建筑地基基础设计规范》(GB 50007—2011)第 8.3.2 条可知,由于上部结构整体性较好,基础梁高度大于 1/6 的平均柱距,地基压缩性,柱距和荷载分布都比较均匀,所以采用倒梁法计算基础梁的内力,此时边跨跨中弯矩及第一内支座的弯矩值宜乘以 1.2 的系数。基础倒梁法计算简图如图 3-16 所示。

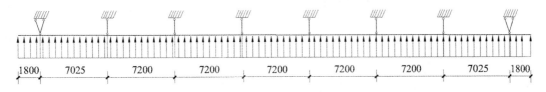

| 1800 | 7025 | 7200 | 7200 | 7200 | 7200 | 7200 | 7025 | 1800 |

图 3-16　基础倒梁法计算简图

因结构对称,可取一半计算,添加定向支座,悬臂端的力作用到节点处。弯矩分配过程如图 3-17 所示,弯矩和剪力图如图 3-18 所示。

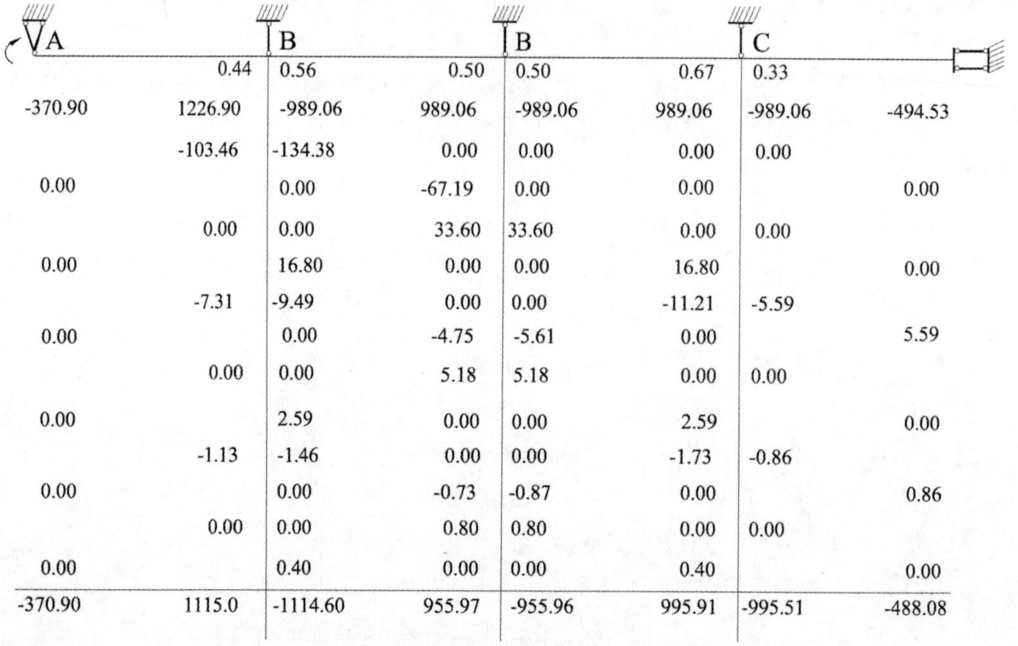

A	B		B		C		
	0.44	0.56	0.50	0.50	0.67	0.33	
-370.90	1226.90	-989.06	989.06	-989.06	989.06	-989.06	-494.53
	-103.46	-134.38	0.00	0.00	0.00	0.00	
0.00		0.00	-67.19	0.00	0.00		0.00
		0.00	33.60	33.60	0.00	0.00	
0.00		16.80	0.00	0.00	16.80		0.00
	-7.31	-9.49	0.00	0.00	-11.21	-5.59	
0.00		0.00	-4.75	-5.61	0.00		5.59
		0.00	5.18	5.18	0.00	0.00	
0.00		2.59	0.00	0.00	2.59		0.00
	-1.13	-1.46	0.00	0.00	-1.73	-0.86	
0.00		0.00	-0.73	-0.87	0.00		0.86
		0.00	0.80	0.80	0.00	0.00	
0.00		0.40	0.00	0.00	0.40		0.00
-370.90	1115.0	-1114.60	955.97	-955.96	995.91	-995.51	-488.08

图 3-17 弯矩分配图

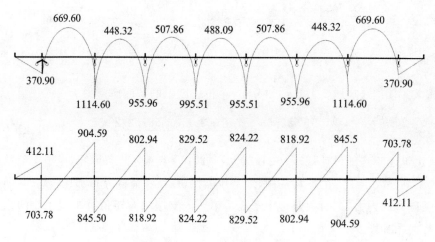

图 3-18 弯矩和剪力图(单位分别为 kN·m 和 kN)

根据《建筑地基基础设计规范》(GB 50007—2011)第 8.2.3 条规定,按倒梁法所求得的条形基础梁边跨跨中弯矩以及第一内支座的弯矩值宜乘以 1.2 的系数。

第一内支座弯矩:

$$1\ 114.60 \times 1.2 = 1\ 337.52\ \text{kN}$$

边跨跨中弯矩:

$$669.6 \times 1.2 = 803.52\ \text{kN}$$

3.配筋计算

(1)梁正截面受弯承载力计算。

为简化起见,取跨中最大负弯矩作为截面配筋的依据,其余截面也按此弯矩 $M = 803.52$ kN·m 来配置钢筋。按 T 形截面进行受弯计算:

$$h_0 = 1200 - (45 + 8 + 25 \times 0.5) = 1135 \text{ mm}$$

$$\alpha_a f_c b'_f h'_f \left(h_0 - \frac{h'_f}{2}\right) = 1.0 \times 16.7 \times 1200 \times 250 \times \left(1135 - \frac{250}{2}\right) =$$

$$5\ 060.1 \text{ kN·m} > 803.52 \text{ kN·m}$$

故为第一类 T 形截面,则

$$\alpha_s = \frac{M}{\alpha_1 f_c b_f h_0^2} = \frac{803.52 \times 10^6}{1.0 \times 16.7 \times 1200 \times 1135^2} = 0.031$$

$$\xi = 1 - \sqrt{1 - 2 \times 0.031} = 0.031$$

$$A_s = \alpha_s f_c b'_f \xi h_0 / f_y = 1.0 \times 16.7 \times 1200 \times 0.031 \times 1135/360 =$$

$$1959 \text{ mm}^2 > A_{smin} = \rho_{min} bh_0 = 0.002 \times 700 \times 1135 = 1589 \text{ mm}^2$$

故可选钢筋 $4 \oplus 25 (A_s = 1963 \text{ mm}^2)$。

受拉钢筋 $4 \oplus 25$ 配置在基础梁顶面,通长布置,并作为支座处受压钢筋数量;支座截面按双筋矩形截面受弯构件计算受拉钢筋数量,并配置在基础梁底面。

支座处:

$$\alpha_s = \frac{M - f'_y A'_s (h_0 - a'_s)}{bh_0^2 f_c} = \frac{1\ 337.52 \times 10^6 - 360 \times 1963 \times (1135 - 65)}{1.0 \times 16.7 \times 700 \times 1135^2} = 0.039$$

$$\xi = 1 - \sqrt{1 - 2\alpha_s} = \sqrt{1 - 2 \times 0.039} = 0.040$$

由于 $x = \xi h_0 = 0.040 \times 1135 = 45.4 < 2a'_s$,故

$$A_s = \frac{M}{f_y (h_0 - a_s)} = \frac{1\ 337.52 \times 10^6}{360 \times (1135 - 65)} = 3472.27 \text{ mm}^2$$

实配钢筋为 $8 \oplus 25 (A_s = 3925 \text{ mm}^2)$。

(2)斜截面受剪承载力计算。

$$V = 904.59 \text{ kN} < 0.25\beta_c f_c bh_0 = 0.25 \times 1.0 \times 16.7 \times 700 \times$$

$$1135/1000 = 3\ 317.038 \text{ kN}$$

故截面尺寸满足要求。

$$0.7 f_t bh_0 = 0.7 \times 1.57 \times 700 \times 1135/1000 = 873.156 \text{ kN} < 904.59 \text{ kN}$$

可见需按计算配置箍筋:

$$\frac{nA_{sl}}{s} = \frac{V - 0.7 f_t bh_0}{f_{yv} h_0} = \frac{904.59 \times 10^3 - 0.7 \times 1.57 \times 700 \times 1135}{300 \times 1135} = 0.092$$

取加密区箍筋:$4 \oplus 8@100$,非加密区箍筋:$4 \oplus 8@150$。

由于加密区箍筋率大于非加密区,因此非加密区箍筋率满足要求时,沿梁全长的箍筋配筋率均满足要求,因此取非加密区进行验算。则有

$$\frac{nA_{svl}}{s} = \frac{4 \times 50.3}{150} = 1.341$$

$$\rho_{sv} = nA_{s1}/bs = 4 \times 50.3/(700 \times 150) = 0.19\% > \rho_{min} = 0.24 f_t/f_{yv} = 0.13\%$$

满足要求。

（3）翼板配筋计算。

$$M = \frac{1}{2} \times \frac{p_j}{b_f} \times \left[\frac{b_f - b}{2}\right]^2 = \frac{1}{2} \times \frac{228.95}{1.5} \times \left[\frac{1.5 - 0.7}{2}\right]^2 = 12.211 \text{ kN} \cdot \text{m}$$

$$\alpha_s = M/\alpha_1 f_c b_f h_0{}^2 = 12.211 \times 10^6/1.0 \times 16.7 \times 1000 \times 185^2 = 0.021$$

$$\xi = 1 - \sqrt{1 - 2\alpha_s} = 1 - \sqrt{1 - 2 \times 0.021} = 0.021$$

$$A_s = \alpha_1 f_c b \xi h_0/f_y = 1.0 \times 16.7 \times 1000 \times 0.021 \times 185/300 = 216 \text{ mm}^2$$

所以翼板受力钢筋选取 Φ 8@150$(A_s = 335 \text{ mm}^2)$，纵向分布钢筋选取 Φ 8@300$(A_s = 168 \text{ mm}^2)$。

综合以上结果，绘出基础结构平面布置图及配筋图，如图 3-29 所示。

3.2.9　板设计

对现浇板的设计，可参照第 1 章第 1.1 节或第 1.2 节进行。

3.2.10　楼梯设计

对楼梯的设计，可参照第 1 章第 1.3 节或第 1.4 节进行。

3.3　绘制施工图

1.建筑施工图

（1）底层平面图，如图 3-19 所示；

（2）标准层平面图，如图 3-20 所示；

（3）顶层平面图，如图 3-21 所示；

（4）①～⑧立面图，如图 3-22 所示；

（5）1-1 剖面图，如图 3-23 所示。

2.结构施工图

（1）基础平面布置图，如图 3-28 所示；

（2）基础配筋图，如图 3-29 所示。

（3）首层结构平面布置图 3-24 所示；

（4）二～四层结构平面布置图 3-25 所示；

（5）顶层结构平面布置图 3-26 所示；

（6）板配筋图，此处略；

（7）⑤号轴线横向框架配筋图，如图 3-27（插页）所示；

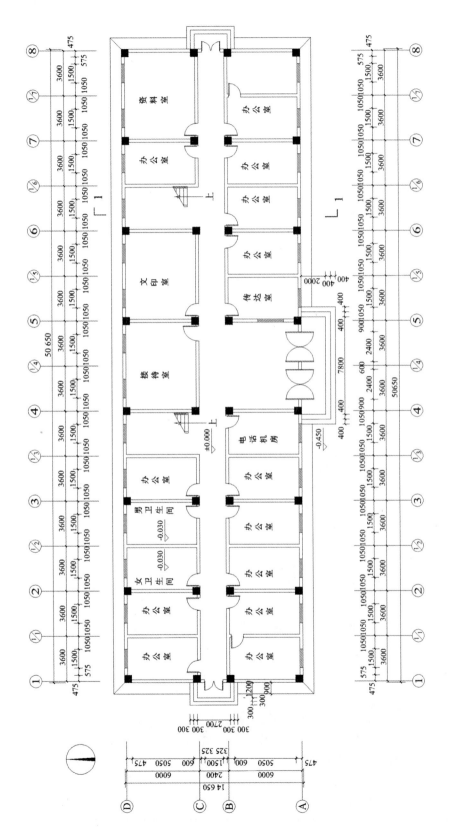

图 3-19　底层平面图(1∶100)

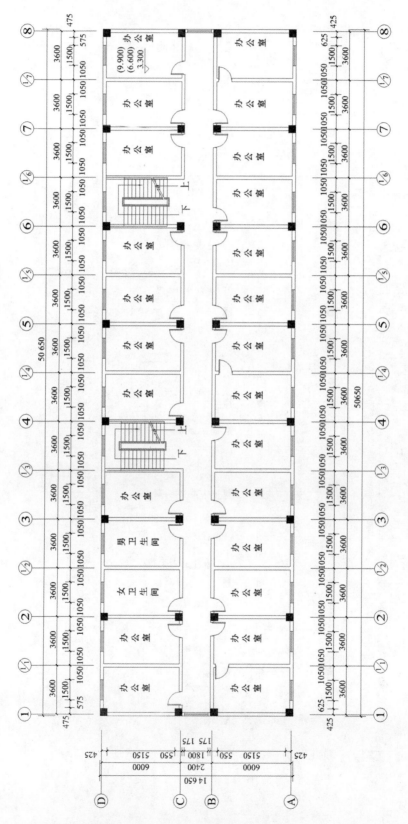

图3-20 标准层平面图(1：100)

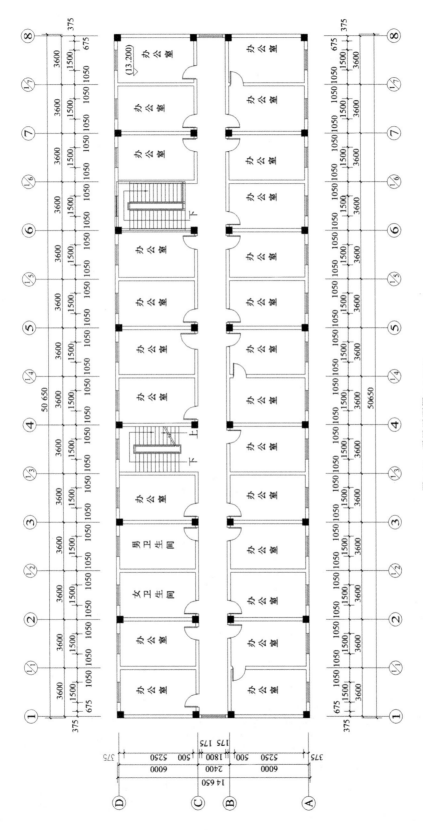

图 3-21 顶层平面图(1∶100)

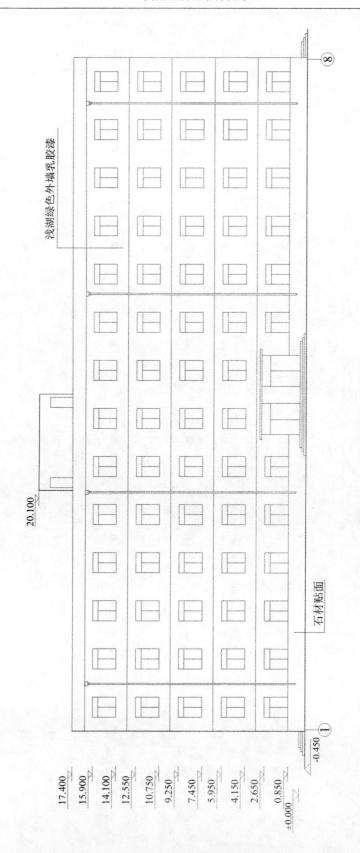

图 3-22 ①~⑧立面图(1∶100)

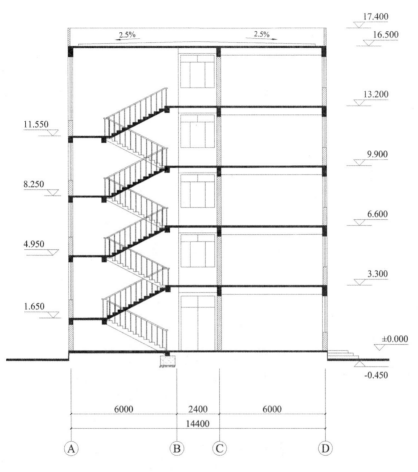

图 3 - 23　1 - 1 剖面图

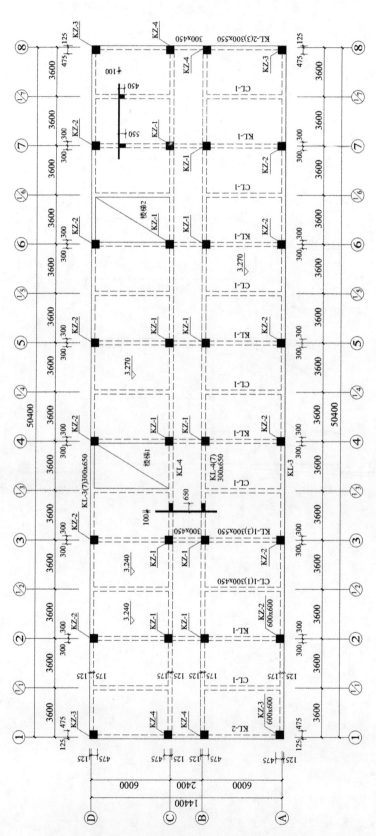

图3-24 首层结构平面布置图

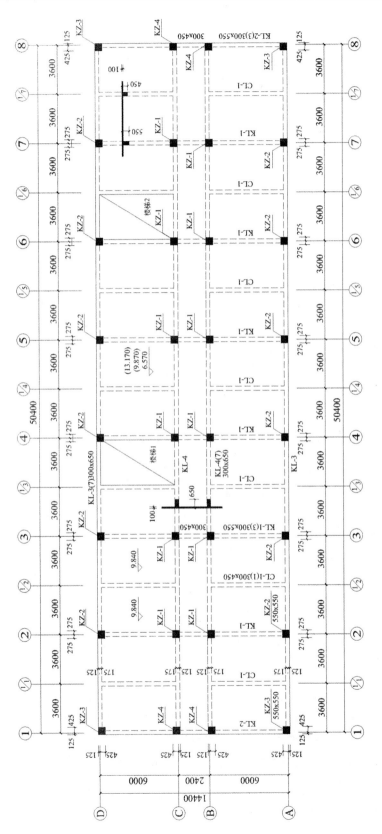

图 3-25　二~四层结构平面布置图

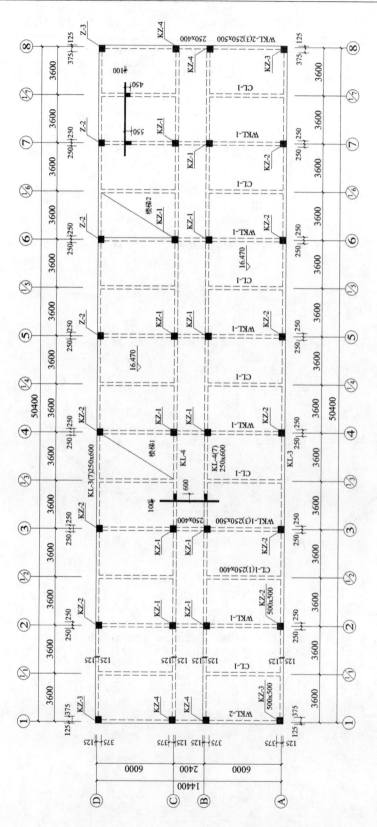

图3-26 顶层结构平面布置图

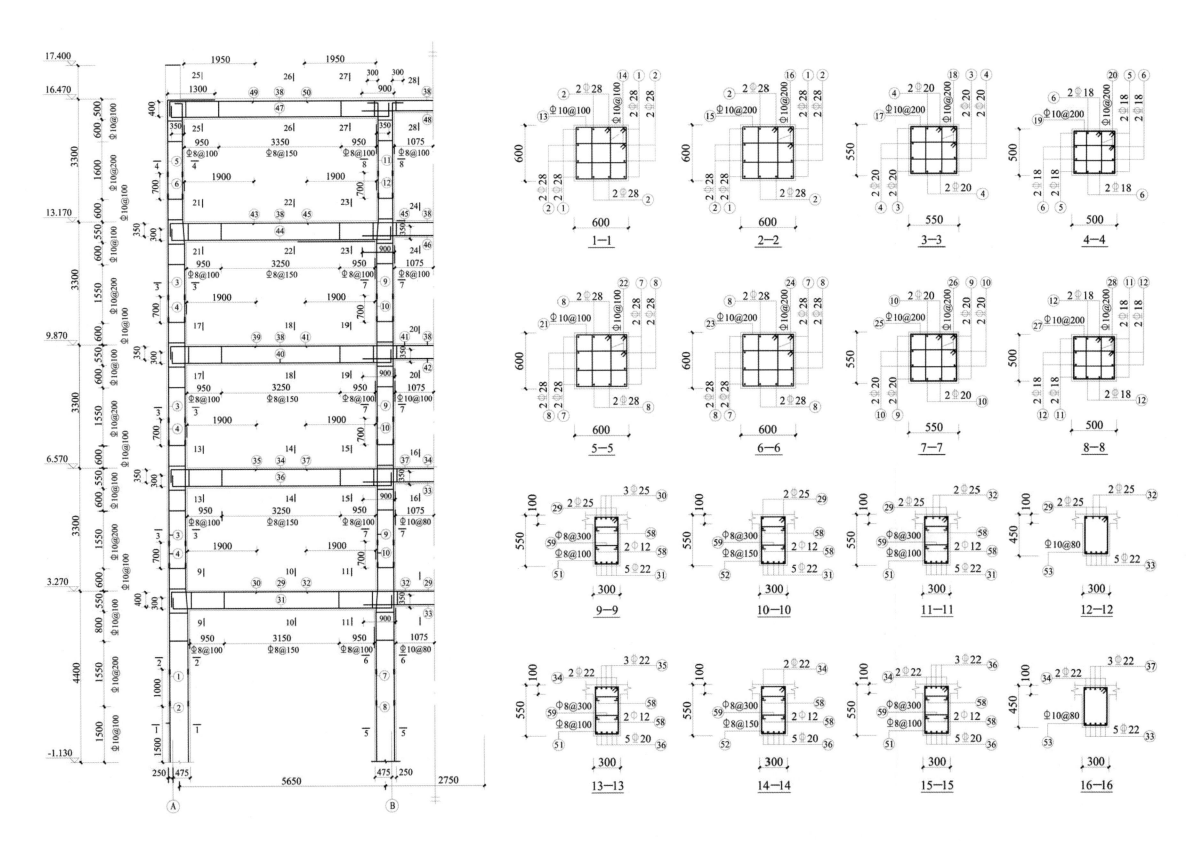

图 3-27 ⑤轴线横向框架配筋图

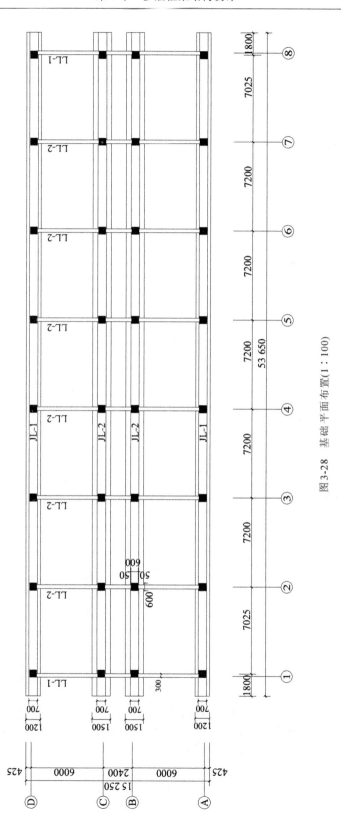

图 3-28 基础平面布置(1 : 100)

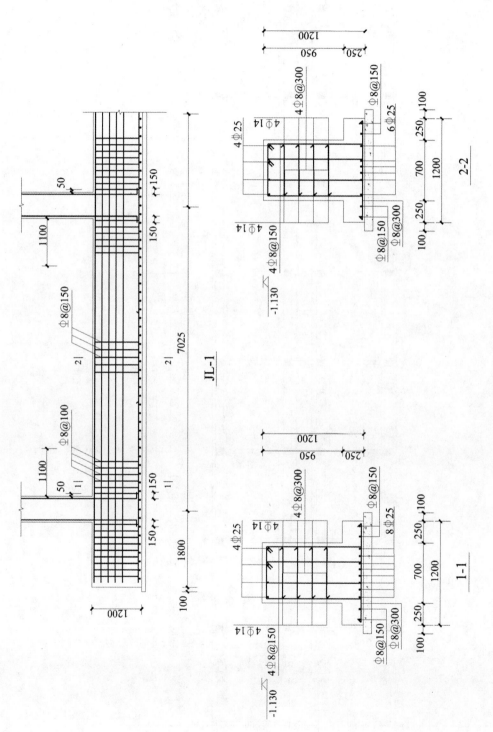

图3-29　基础配筋图

附 录

附录 1 梁板结构设计常用数据表

附表 1-1 混凝土强度标准值、设计值、弹性模量 单位:$10^4(N/mm^2)$

	混凝土强度等级													
	C15	C20	C25	C30	C35	C40	C45	C50	C55	C60	C65	C70	C75	C80
f_{ck}	10.0	13.4	16.7	20.1	23.4	26.8	29.6	32.4	35.5	38.5	41.5	44.5	47.4	50.2
f_{tk}	1.27	1.54	1.78	2.01	2.20	2.39	2.51	2.64	2.74	2.85	2.93	2.99	3.05	3.11
f_c	7.2	9.6	11.9	14.3	16.7	19.1	21.1	23.1	25.3	27.5	29.7	31.8	33.8	35.9
f_t	0.91	1.10	1.27	1.43	1.57	1.71	1.80	1.89	1.96	2.04	2.09	2.14	2.18	2.22
$E_c \times 10^4$	2.20	2.55	2.80	3.00	3.15	3.25	3.35	3.45	3.55	3.60	3.65	3.70	3.75	3.80

附表 1-2 梁、板的计算跨度

按弹性理论计算	单跨		两端搁置	$l_0 = l_n + a$ 且 $l_0 \leqslant l_n + h$(板) $l_0 \leqslant 1.025 l_n$(梁)
			一端搁置、一端与支承构件整浇	$l_0 = l_n + a/2$ 且 $l_0 \leqslant l_n + h/2$(板) $l_0 \leqslant 1.025 l_n$(梁)
			两端与支承构件整浇	$l_0 = l_n$
	多跨	边跨	两端与支承构件整浇	$l_0 = l_c$
			一端搁置、一端与支承构件整浇	$l_0 = \min[1.025 l_n + b/2, l_n + (b+h)/2]$(板) $l_0 = \min[1.025 l_n + b/2, l_n + (a+b)/2]$(梁)
		中间跨		$l_0 = l_c$ 且 $l_0 \leqslant 1.1 l_n$(板) $l_0 \leqslant 1.025 l_n$(梁)
按塑性理论计算			两端搁置	$l_0 = l_n + h$ 且 $l_0 \leqslant l_n + a$(板) $l_0 = 1.05 l_n$ 且 $l_0 \leqslant l_n + a$(梁)
			一端搁置、一端与支承构件整浇	$l_0 = l_n + h/2$ 且 $l_0 \leqslant l_n + a/2$(板) $l_0 = 1.05 l_n$ 且 $l_0 \leqslant l_n + a/2$(梁)
			两端与支承构件整浇	$l_0 = l_n$

附表 1-3　钢筋截面面积 $A_s(\text{mm}^2)$ 及钢筋排成一行时梁的最小宽度 $b(\text{mm})$

直径 d mm	1根	2根	3根		4根		5根		6根	7根	8根	9根
	A_s	A_s	A_s	b	A_s	b	A_s	b	A_s	A_s	A_s	A_s
2.5	4.9	9.8	14.7		19.6		24.5		29.5	34.4	39.3	44.2
3	7.1	14.1	21.2		28.3		35.3		42.4	49.5	56.5	63.6
4	12.6	25.1	37.7		50.3		62.8		75.4	87.9	100.5	113
5	19.6	39.3	58.9		78.5		98.2		118	137	157	177
6	28.3	56.5	84.8		113		141		170	198	226	255
8	50.3	101	151		201		251		302	352	402	452
10	78.5	157	236		314		393		471	550	628	707
12	113.1	226	339	150	452	200/180	565	250/220	679	792	905	1018
14	153.9	308	462	150	615	200/180	770	250/220	924	1078	1232	1385
16	201.1	402	603	180/150	804	200	1005	250	1206	1407	1608	1810
18	254.5	509	763	180/150	1018	220/200	1272	300/250	1527	1781	2036	2290
20	314.2	628	942	180	1256	220	1570	300/250	1885	2199	2513	2827
22	380.1	760	1140	180	1520	250/220	1900	300	2281	2661	3041	3421
25	490.9	982	1473	200/180	1964	250	2454	300	2945	3436	3927	4418
28	615.8	1232	1847	200	2463	250	3079	350/300	3695	4310	4926	5542
32	804.2	1609	2413	220	3217	300	4021	350	4826	5630	6434	7238

注：表中梁最小宽度 b 为分数时，斜线以上数字表示钢筋在梁顶部时所需宽度，斜线以下数字表示钢筋在梁底部时所需宽度。

附表 1-4　每米板宽内各种钢筋间距的钢筋截面面积　　　　单位：mm^2

钢筋间距 mm	钢筋直径													
	3	4	5	6	6/8	8	8/10	10	10/12	12	12/14	14	14/16	16
70	101	180	280	404	561	719	920	1121	1369	1616	1908	2199	2534	2873
75	94.2	168	262	377	524	671	859	1047	1277	1508	1780	2053	2367	2681
80	88.4	157	245	354	491	629	805	981	1198	1414	1669	1924	2218	2513
85	83.2	148	231	333	462	592	758	924	1127	1331	1571	1811	2088	2365
90	78.5	140	218	314	437	559	716	872	1064	1257	1484	1710	1972	2234
95	74.5	132	207	298	414	529	678	826	1008	1190	1405	1620	1868	2116
100	70.6	126	196	283	393	503	644	785	958	1131	1335	1539	1775	2011
110	64.2	114	178	257	357	457	585	714	871	1028	1214	1399	1614	1828
120	58.9	105	163	236	327	419	537	654	798	942	1112	1283	1480	1676
125	56.5	100	157	226	314	402	515	628	766	905	1068	1232	1420	1608
130	54.4	96.6	151	218	302	387	495	604	737	870	1027	1184	1366	1547
140	50.5	89.7	140	202	281	359	460	561	684	808	954	1100	1268	1436
150	47.1	83.8	131	189	262	335	429	523	639	754	890	1026	1183	1340
160	44.1	78.5	123	177	246	314	403	491	599	707	834	962	1110	1257
170	41.5	73.9	115	166	231	296	379	462	564	665	786	906	1044	1183
180	39.2	69.8	109	157	218	279	358	436	532	628	742	855	985	1117
190	37.2	66.1	103	149	207	265	339	413	504	595	702	810	934	1058
200	35.3	62.8	98.2	141	196	251	322	393	479	565	668	770	883	1005

续表

钢筋间距 mm	钢筋直径													
	3	4	5	6	6/8	8	8/10	10	10/12	12	12/14	14	14/16	16
220	32.1	57.1	89.2	129	179	229	293	357	436	514	607	700	807	914
240	29.4	52.4	81.8	118	164	210	268	327	399	471	556	641	740	838
250	28.3	50.3	78.5	113	157	201	258	314	383	452	534	616	710	804
260	27.2	48.3	75.5	109	151	193	248	302	369	435	513	592	682	773
280	25.2	44.9	70.1	101	140	180	230	280	342	404	477	550	634	718
300	23.6	41.9	65.5	94	131	168	215	262	319	377	445	513	592	670
320	22.1	39.3	61.4	88	123	157	201	245	299	353	417	481	554	628

注：表中钢筋直径中的 6/8,8/10… 系指两种直径的钢筋交替放置。

附表 1-5　等截面等跨连续梁在常用荷载作用下的内力系数表

（1）在均布及三角形荷载作用下：

$$M＝表中系数×ql^2（或×gl^2）$$

$$V＝表中系数×ql（或×gl）$$

（2）在集中荷载作用下：

$$M＝表中系数×Ql（或×Gl）$$

$$V＝表中系数×Q（或×G）$$

（3）内力正负号规定：

M——使截面上部受压、下部受拉为正；

V——对邻近截面所产生的力矩沿顺时针方向者为正。

附表 1-5-1　两 跨 梁

荷载图	跨内最大弯矩		支座弯矩	剪　力		
	M_1	M_2	M_B	V_A	V_{Bl} V_{Br}	V_C
	0.070	0.070 3	−0.125	0.375	−0.625 0.625	−0.375
	0.096	—	−0.063	0.437	−0.563 0.063	0.063
	0.048	0.048	−0.078	0.172	−0.328 0.328	−0.172
	0.064	—	−0.039	0.211	−0.289 0.039	0.039

续 表

荷载图	跨内最大弯矩		支座弯矩	剪 力		
	M_1	M_2	M_B	V_A	V_{Bl} V_{Br}	V_C
（G G）	0.156	0.156	−0.188	0.312	−0.688 0.688	−0.312
（Q）	0.203	—	−0.094	0.406	−0.594 0.094	0.094
（Q Q Q Q）	0.222	0.222	−0.333	0.667	−1.333 1.333	−0.667
（Q Q）	0.278	—	−0.167	0.833	−1.167 0.167	0.167

附表 1 - 5 - 2 三 跨 梁

荷载图	跨内最大弯矩		支座弯矩		剪 力			
	M_1	M_2	M_B	M_C	V_A	V_{Bl} V_{Br}	V_{Cl} V_{Cr}	V_D
A B C D	0.080	0.025	−0.100	−0.100	0.400	−0.600 0.500	−0.500 0.600	−0.400
	0.101	—	−0.050	−0.050	0.450	−0.550 0	0 0.550	−0.450
	—	0.075	−0.050	−0.050	0.050	−0.050 0.500	−0.500 0.050	0.050
	0.073	0.054	−0.117	−0.033	0.383	−0.617 0.583	−0.417 0.033	0.033
	0.094	—	−0.067	0.017	0.433	−0.567 0.083	0.083 −0.017	−0.017
	0.054	0.021	−0.063	−0.063	−0.183	−0.313 0.250	−0.250 0.313	−0.188
	0.068	—	−0.031	−0.031	0.219	−0.281 0	0 0.281	−0.219
	—	0.052	−0.031	−0.031	0.031	−0.031 0.250	−0.250 0.051	0.031

续表

荷载图	跨内最大弯矩		支座弯矩		剪　力			
	M_1	M_2	M_B	M_C	V_A	V_{Bl} / V_{Br}	V_{Cl} / V_{Cr}	V_D
三角形分布荷载 q（三跨）	0.050	0.038	−0.073	−0.021	0.177	−0.323 / 0.302	−0.198 / 0.021	0.021
三角形分布荷载 q（一跨）	0.063	—	−0.042	0.010	0.208	−0.292 / 0.052	0.052 / −0.010	−0.010
$G\ \ G\ \ G$	0.175	0.100	−0.150	−0.150	0.350	−0.650 / 0.500	−0.500 / 0.650	−0.350
$Q\quad\quad Q$	0.231	—	−0.075	−0.075	0.425	−0.575 / 0	0 / 0.575	−0.425
Q	—	0.175	−0.075	−0.075	−0.075	−0.075 / 0.500	−0.500 / 0.075	0.075
$Q\ \ Q$	0.162	0.137	−0.175	−0.050	0.325	−0.675 / 0.625	−0.375 / 0.050	0.050
Q	0.200	—	−0.100	0.025	0.400	−0.600 / 0.125	0.125 / −0.025	−0.025
$G\,G\ \ G\,G\ \ G\,G$	0.244	0.067	−0.267	0.267	0.733	−1.267 / 1.000	−1.000 / 1.267	−0.733
$Q\,Q\quad\quad Q\,Q$	0.289	—	0.133	−0.133	0.866	−1.134 / 0	0 / 1.134	−0.866
$Q\,Q$	—	0.200	−0.133	0.133	−0.133	−0.133 / 1.000	−1.000 / 0.133	0.133
$Q\,Q\ \ Q\,Q$	0.229	0.170	−0.311	−0.089	0.689	−1.311 / 1.222	−0.778 / 0.089	0.089
$Q\,Q$	0.274	—	0.178	0.044	0.822	−1.178 / 0.222	0.222 / −0.044	−0.044

附表 1－5－3　四跨梁

荷载图	跨内最大弯矩				支座弯矩			剪力				
	M_1	M_2	M_3	M_4	M_B	M_C	M_D	V_A	V_{Bl} / V_{Br}	V_{Cl} / V_{Cr}	V_{Dl} / V_{Dr}	V_E
	0.077	0.036	0.036	0.077	−0.107	−0.071	−0.107	0.393	−0.607 / 0.536	−0.464 / 0.464	−0.536 / 0.607	−0.393
	0.100	—	0.081	—	−0.054	−0.036	−0.054	0.446	−0.554 / 0.018	0.018 / 0.482	−0.513 / 0.054	0.054
	0.072	0.061	—	0.098	−0.121	−0.018	−0.058	0.380	−0.620 / 0.603	−0.397 / −0.040	−0.040 / −0.558	−0.442
	—	0.056	0.056	—	−0.036	−0.107	−0.036	−0.036	−0.036 / 0.429	−0.571 / 0.571	−0.429 / 0.036	0.036
	0.094	—	—	—	−0.067	0.018	−0.004	0.433	−0.567 / 0.085	0.085 / −0.022	0.022 / 0.004	0.004
	—	0.071	—	—	−0.049	−0.054	0.013	−0.049	−0.049 / 0.496	−0.504 / 0.067	0.067 / 0.013	−0.013

续表

荷载图	跨内最大弯矩				支座弯矩			剪　力				
	M_1	M_2	M_3	M_4	M_B	M_C	M_D	V_A	V_{Bl} / V_{Br}	V_{Cl} / V_{Cr}	V_{Dl} / V_{Dr}	V_E
	0.062	0.028	0.028	0.052	−0.067	−0.045	−0.067	0.183	−0.317 / 0.272	−0.228 / 0.228	−0.272 / 0.317	−0.183
	0.067	—	0.055	—	−0.084	−0.022	−0.034	0.217	−0.234 / 0.011	0.011 / 0.239	−0.261 / 0.034	0.034
	0.049	0.042	—	0.066	−0.075	−0.011	−0.036	0.175	−0.325 / 0.314	−0.186 / −0.025	−0.025 / 0.286	−0.214
	—	0.040	0.040	—	−0.022	−0.067	−0.022	−0.022	−0.022 / 0.205	−0.295 / 0.295	−0.205 / 0.022	0.022
	0.088	—	—	—	−0.042	0.011	−0.003	0.208	−0.292 / 0.053	0.063 / −0.014	−0.014 / 0.003	0.003
	—	0.051	—	—	−0.031	−0.034	0.008	−0.031	−0.031 / 0.247	−0.253 / 0.042	0.042 / −0.008	−0.008

续表

荷载图	跨内最大弯矩				支座弯矩			剪 力				
	M_1	M_2	M_3	M_4	M_B	M_C	M_D	V_A	V_{Bl} / V_{Br}	V_{Cl} / V_{Cr}	V_{Dl} / V_{Dr}	V_E
	0.169	0.116	0.116	0.169	−0.161	−0.107	−0.161	0.339	−0.661 / 0.554	−0.446 / 0.446	−0.554 / 0.661	−0.330
	0.210	—	0.183	—	−0.080	−0.054	−0.080	0.420	−0.580 / 0.027	0.027 / 0.473	−0.527 / 0.080	0.080
	0.159	0.146	0.142	0.206	−0.181	−0.027	−0.087	0.319	−0.681 / 0.654	−0.346 / −0.060	−0.060 / 0.587	−0.413
	—	0.142	0.142	—	−0.054	−0.161	−0.054	0.054	−0.054 / 0.393	−0.607 / 0.607	−0.393 / 0.054	0.054
	0.200	—	—	—	−0.100	−0.027	−0.007	0.400	−0.600 / 0.127	0.127 / −0.033	−0.033 / 0.007	0.007
	—	0.173	—	—	−0.074	−0.080	0.020	−0.074	−0.074 / 0.493	−0.507 / 0.100	0.100 / −0.020	−0.020

续表

荷载图	跨内最大弯矩				支座弯矩			剪力				
	M_1	M_2	M_3	M_4	M_B	M_C	M_D	V_A	V_{Bl} / V_{Br}	V_{Cl} / V_{Cr}	V_{Dl} / V_{Dr}	V_E
GG GG GG	0.238	0.111	0.111	0.238	−0.286	−0.191	−0.286	0.714	1.286 / 1.095	−0.905 / 0.905	−1.095 / 1.286	−0.714
QQ	0.286	—	0.22	—	−0.143	−0.095	−0.143	0.857	−1.143 / 0.048	0.048 / 0.952	−1.048 / 0.143	0.143
QQ QQ	0.226	0.194	—	0.282	−0.321	−0.048	−0.155	0.679	−1.321 / 1.274	−0.726 / −0.107	−0.107 / 1.155	−0.845
QQ QQ	—	0.175	0.175	—	−0.095	−0.286	−0.095	−0.095	0.095 / 0.810	−1.190 / 1.190	−0.810 / 0.095	0.095
QQ	0.274	—	—	—	−0.178	0.048	−0.012	0.822	−1.178 / 0.226	0.226 / −0.060	−0.060 / 0.012	0.012
QQ	—	0.198	—	—	−0.131	−0.143	0.036	−0.131	−0.131 / 0.988	−1.012 / 0.178	0.178 / −0.036	−0.036

附表 1－5－4　五 跨 梁

荷载图	跨内最大弯矩			支座弯矩				剪　力					
	M_1	M_2	M_3	M_B	M_C	M_D	M_E	V_A	V_{Bl} / V_{Br}	V_{Cl} / V_{Cr}	V_{Dl} / V_{Dr}	V_{El} / V_{Er}	V_F
	0.078	0.033	0.046	−0.105	−0.079	−0.079	−0.105	0.394	−0.606 / 0.526	−0.474 / 0.500	−0.500 / 0.474	−0.526 / 0.606	−0.394
	0.100	—	0.085	−0.053	−0.040	−0.040	−0.053	0.447	−0.553 / 0.013	0.013 / 0.500	−0.500 / −0.013	−0.013 / 0.553	−0.447
	—	0.079	—	−0.053	−0.040	−0.040	−0.053	−0.053	−0.053 / 0.513	−0.487 / 0	0 / 0.487	−0.513 / 0.053	0.053
	0.073	②0.059 / 0.078	—	−0.119	−0.022	−0.044	−0.051	0.380	−0.620 / 0.598	−0.402 / −0.023	−0.023 / 0.493	−0.507 / 0.052	0.052
	①− / 0.098	0.055	0.064	−0.035	−0.111	−0.020	−0.057	0.035	0.035 / 0.424	0.576 / 0.591	−0.409 / −0.037	−0.037 / 0.557	−0.443
	0.094	—	—	−0.067	0.018	−0.005	0.001	0.433	0.567 / 0.085	0.086 / 0.023	0.023 / 0.006	0.006 / −0.001	0.001

续表

荷载图	跨内最大弯矩			支座弯矩				剪　力					
	M_1	M_2	M_3	M_B	M_C	M_D	M_E	V_A	V_{Bl} / V_{Br}	V_{Cl} / V_{Cr}	V_{Dl} / V_{Dr}	V_{El} / V_{Er}	V_F
	—	0.074	—	−0.049	−0.054	0.014	−0.004	0.019	−0.049 / 0.496	−0.505 / 0.068	0.068 / −0.018	−0.018 / 0.004	0.004
	—	—	0.072	0.013	0.053	0.053	0.013	0.013	0.013 / −0.066	−0.066 / 0.500	−0.500 / 0.066	0.066 / −0.013	0.013
	0.053	0.026	0.034	−0.066	−0.049	0.049	−0.066	0.184	−0.316 / 0.266	−0.234 / 0.250	−0.250 / 0.234	−0.266 / 0.316	0.184
	0.067	—	0.059	−0.033	−0.025	−0.025	0.033	0.217	0.283 / 0.008	0.008 / 0.250	−0.250 / −0.006	−0.008 / 0.283	0.217
	—	0.055	—	−0.033	−0.025	−0.025	−0.033	0.033	−0.033 / 0.258	−0.242 / 0	0 / 0.242	−0.258 / 0.033	0.033
	0.049	②0.041 / 0.053	—	−0.075	−0.014	−0.028	−0.032	0.175	0.325 / 0.311	−0.189 / −0.014	−0.014 / 0.246	−0.255 / 0.032	0.032
	① — / 0.066	0.039	0.044	−0.022	−0.070	−0.013	−0.036	−0.022	−0.022 / 0.202	−0.298 / 0.307	−0.198 / −0.028	−0.023 / 0.286	−0.214

续表

荷载图	跨内最大弯矩			支座弯矩				剪力					
	M_1	M_2	M_3	M_B	M_C	M_D	M_E	V_A	V_{Bl} / V_{Br}	V_{Cl} / V_{Cr}	V_{Dl} / V_{Dr}	V_{El} / V_{Er}	V_F
(荷载图)	0.063	—	—	-0.042	0.011	-0.003	0.001	0.208	-0.292 / 0.053	0.053 / -0.014	-0.014 / 0.004	0.004 / -0.001	-0.001
(荷载图)	—	0.051	—	-0.031	-0.034	0.009	-0.002	-0.031	-0.031 / 0.247	-0.253 / 0.043	0.049 / -0.011	-0.011 / 0.002	0.002
(荷载图)	—	—	0.050	0.008	-0.033	-0.033	0.008	0.008	0.008 / -0.041	-0.041 / 0.250	-0.250 / 0.041	0.041 / -0.008	-0.008
(荷载图)	0.171	0.112	0.132	-0.158	-0.118	-0.118	-0.158	0.342	-0.658 / 0.540	-0.460 / 0.500	-0.500 / 0.460	-0.540 / 0.658	-0.342
(荷载图)	0.211	—	0.191	-0.079	-0.059	-0.059	-0.079	0.421	-0.579 / 0.020	0.020 / 0.500	-0.500 / -0.020	-0.020 / 0.579	-0.421
(荷载图)	—	0.181	—	-0.079	-0.059	-0.059	-0.079	-0.079	-0.079 / 0.520	-0.480 / 0	0 / 0.480	-0.520 / 0.079	0.079
(荷载图)	0.160	②0.144 / 0.178	—	-0.179	-0.032	-0.066	-0.077	0.321	-0.679 / 0.647	-0.353 / -0.034	-0.034 / 0.489	-0.511 / 0.077	0.077

续表

荷载图	跨内最大弯矩			支座弯矩				剪力					
	M_1	M_2	M_3	M_B	M_C	M_D	M_E	V_A	V_{Bl} / V_{Br}	V_{Cl} / V_{Cr}	V_{Dl} / V_{Dr}	V_{El} / V_{Er}	V_F
	$\dfrac{①-}{0.207}$	0.140	0.151	-0.052	-0.167	-0.031	-0.086	-0.052	-0.052 / 0.385	-0.615 / 0.637	-0.363 / -0.056	-0.056 / 0.586	-0.414
	0.200	—	—	-0.100	0.027	-0.007	0.002	0.400	-0.600 / 0.127	0.127 / -0.031	-0.034 / 0.009	0.009 / -0.002	-0.002
	—	0.173	—	-0.073	-0.081	0.022	-0.005	-0.073	-0.073 / 0.493	-0.507 / 0.102	0.102 / -0.027	-0.027 / 0.005	0.005
	—	—	0.171	0.020	-0.079	-0.079	0.020	0.020	0.020 / -0.099	-0.099 / 0.500	-0.500 / 0.099	0.090 / -0.020	-0.020
	0.240	0.100	0.122	-0.281	-0.211	0.211	-0.281	0.719	-1.281 / 1.070	-0.930 / 0.930	-1.000 / 0.930	1.070 / 1.281	-0.719
	0.287	—	0.228	-0.140	-0.105	-0.105	-0.140	0.860	-1.140 / 0.035	0.035 / 1.000	1.000 / -0.035	-0.035 / 1.140	-0.860

续表

荷载图	跨内最大弯矩			支座弯矩				剪　力					
	M_1	M_2	M_3	M_B	M_C	M_D	M_E	V_A	V_{Bl} / V_{Br}	V_{Cl} / V_{Cr}	V_{Dl} / V_{Dr}	V_{El} / V_{Er}	V_F
	—	0.216	—	-0.140	-0.105	-0.105	-0.140	-0.140	-0.140 / 1.035	-0.965 / 0	0.000 / 0.965	-1.035 / 0.140	0.140
	0.227	② 0.189 / 0.209	0.198	-0.319	-0.057	-0.118	-0.137	0.681	-1.319 / 1.262	-0.738 / -0.061	-0.061 / 0.981	-1.019 / 0.137	0.137
	① — / 0.282	0.172	0.198	-0.093	-0.297	-0.054	-0.153	-0.093	-0.093 / 0.796	-1.204 / 1.243	-0.757 / -0.099	-0.099 / 1.153	-0.847
	0.271	—	—	-0.179	0.048	-0.013	0.003	0.821	-1.179 / 0.227	0.227 / -0.061	-0.061 / 0.016	0.016 / -0.003	-0.003
	—	0.198	—	-0.131	-0.144	0.038	-0.010	-0.131	-0.131 / 0.987	-1.013 / 0.182	0.182 / -0.048	-0.048 / 0.010	0.010
	—	—	0.193	0.035	-0.140	-0.140	0.035	0.035	0.035 / -0.175	-0.175 / 1.000	-1.000 / 0.175	0.175 / -0.035	-0.035

注：①表中分子及分母分别为 M_1 及 M_5 的弯矩系数；②分子及分母分别为 M_2 及 M_4 的弯矩系数。

附表 1－6　钢筋的弹性模量　　　　　　单位：$10^5\,\text{N/mm}^2$

牌号或种类	E_s
HPB300	2.1
HRB335、HRB400、HRB500、 HRBF400、HRBF500、RRB400、 预应力螺纹钢筋	2.0
消除应力钢丝、中强度预应力钢丝	2.05
钢绞线	1.95

附表 1－7　双向板弯矩、挠度计算系数表

符号说明：

$$B_\text{C}=\frac{Eh^3}{12(1-\nu^2)}\quad\text{刚度；}$$

式中　　E——弹性模量；

$\quad\quad h$——板厚；

$\quad\quad \nu$——泊松比；

$\quad\quad f,f_{\max}$——分别为板中心点的挠度和最大挠度；

$\quad\quad f_{01},f_{02}$——分别为平行于 l_{01} 和 l_{02} 方向自由边的中点挠度；

$m_{01},m_{01,\max}$——分别为平行于 l_{01} 方向板中心点单位板宽内的弯矩和板跨内最大弯矩；

$m_{02},m_{02,\max}$——分别为平行于 l_{02} 方向板中心点单位板宽内的弯矩和板跨内最大弯矩；

$\quad\quad m_{01},m_{02}$——分别为平行于 l_{01} 和 l_{02} 方向自由边的中点单位板宽内的弯矩；

$\quad\quad m_1'$——固定边中点沿 l_{01} 方向单位板宽内的弯矩；

$\quad\quad m_2'$——固定边中点沿 l_{02} 方向单位板宽内的弯矩。

├┼┼┼┼┼┼┼┼┼┼┼┤　代表固定边；　　═════════　代表简支边。

正负号的规定：

弯矩——使板的受荷面受压者为正；

挠度——变位方向与荷载方向相同者为正。

附表 1－7－1　四 边 简 支

l_{01}/l_{02}	f	m_1	m_1	l_{01}/l_{02}	f	m_1	m_1
0.50	0.010 13	0.096 5	0.017 4	0.80	0.006 03	0.056 1	0.033 4
0.55	0.009 40	0.089 2	0.021 0	0.85	0.005 47	0.050 6	0.034 8
0.60	0.008 67	0.082 0	0.024 2	0.90	0.004 96	0.045 6	0.358 0
0.65	0.007 96	0.075 0	0.027 1	0.95	0.004 49	0.041 0	0.036 4
0.70	0.007 27	0.068 3	0.029 6	1.00	0.004 06	0.036 8	0.036 8
0.75	0.006 63	0.062 0	0.031 7				

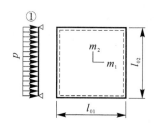

挠度＝表中系数×$\dfrac{pl_{01}^4}{B_\text{C}}$

$\nu=0$，弯矩＝表中系数×pl_{01}^2

这里 $l_{01}<l_{02}$。

附表 1－7－2　三边简支一边固定

l_{01}/l_{02}	$(l_{01})/(l_{02})$	f	f_{max}	m_1	m_{1max}	m_2	m_{2max}	m_1' 或 (m_2')
0.50		0.004 88	0.005 04	0.058 3	0.064 6	0.006 0	0.006 3	−0.121 2
0.55		0.004 71	0.004 92	0.056 3	0.061 8	0.008 1	0.008 7	−0.118 7
0.60		0.004 53	0.004 72	0.053 9	0.058 9	0.010 4	0.011 1	−0.115 8
0.65		0.004 32	0.004 48	0.051 3	0.055 9	0.012 6	0.013 3	−0.112 4
0.70		0.004 10	0.004 22	0.048 5	0.052 9	0.014 8	0.015 4	−0.108 7
0.75		0.003 88	0.003 99	0.045 7	0.049 6	0.016 8	0.017 4	−0.104 8
0.80		0.003 65	0.003 76	0.042 8	0.046 3	0.018 7	0.019 3	−0.100 7
0.85		0.003 43	0.003 52	0.040 0	0.043 1	0.020 4	0.021 1	−0.096 5
0.90		0.003 21	0.003 29	0.037 2	0.040 0	0.021 9	0.022 6	−0.092 2
0.95		0.002 99	0.003 06	0.034 5	0.036 9	0.023 2	0.023 9	−0.088 0
1.00	1.00	0.002 79	0.002 85	0.031 9	0.034 0	0.024 3	0.024 9	−0.083 9
	0.95	0.003 16	0.003 24	0.032 4	0.034 5	0.028 0	0.028 7	−0.088 2
	0.90	0.003 60	0.003 68	0.032 8	0.034 7	0.032 2	0.033 0	−0.092 6
	0.85	0.004 09	0.004 17	0.032 9	0.034 7	0.037 0	0.037 8	−0.097 0
	0.80	0.004 64	0.004 73	0.032 6	0.034 3	0.042 4	0.043 3	−0.101 4
	0.75	0.005 26	0.005 36	0.031 9	0.033 5	0.048 5	0.049 4	−0.105 6
	0.70	0.005 95	0.006 05	0.030 8	0.032 3	0.055 3	0.056 2	−0.109 6
	0.65	0.006 70	0.006 80	0.029 1	0.030 6	0.062 7	0.063 7	−0.113 3
	0.60	0.007 52	0.007 62	0.026 8	0.028 9	0.070 7	0.071 7	−0.116 6
	0.55	0.008 38	0.008 48	0.023 9	0.027 1	0.079 2	0.080 1	−0.119 3
	0.50	0.009 27	0.009 35	0.020 5	0.024 9	0.088 0	0.088 8	−0.121 5

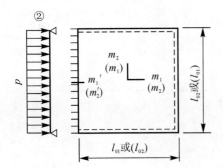

挠度＝表中系数×$\dfrac{pl_{01}^1}{B_C}$（或×$\dfrac{p(l_{01})^4}{B_C}$）

$\nu=0$,弯矩＝表中系数×pl_{01}^2（或×$p(l_{01})^2$）

这里 $l_{01}<l_{02}$,$(l_{01})<(l_{02})$。

附表 1－7－3　对边简支、对边固定

l_{01}/l_{02}	$(l_{01})/(l_{02})$	f	m_1	m_2	m_1' 或 (m_2')
0.50		0.002 61	0.041 6	0.004 7	−0.084 3
0.55		0.002 59	0.041 0	0.002 8	−0.084 0
0.60		0.002 55	0.040 2	0.004 2	−0.083 4
0.65		0.002 50	0.039 2	0.005 7	−0.082 6
0.70		0.002 43	0.037 9	0.007 2	−0.081 4
0.75		0.002 36	0.036 6	0.008 8	−0.079 9
0.80		0.002 28	0.035 1	0.010 3	−0.078 2
0.85		0.002 20	0.033 5	0.011 8	−0.076 3
0.90		0.002 01	0.031 9	0.013 3	−0.074 3
0.95		0.002 01	0.030 2	0.014 6	−0.072 1
1.00	1.00	0.001 92	0.028 5	0.015 8	−0.069 8
	0.95	0.002 23	0.029 6	0.018 9	−0.074 6
	0.90	0.002 60	0.030 6	0.022 4	−0.079 7
	0.85	0.003 03	0.031 4	0.026 6	−0.085 0
	0.80	0.003 54	0.031 9	0.031 6	−0.090 4
	0.75	0.004 13	0.032 1	0.037 4	−0.095 9
	0.70	0.004 82	0.031 8	0.044 1	−0.101 3
	0.65	0.005 60	0.030 8	0.051 8	−0.106 6
	0.60	0.006 47	0.029 2	0.060 4	−0.111 4
	0.55	0.007 43	0.026 7	0.069 8	−0.115 6
	0.50	0.008 44	0.023 4	0.079 8	−0.119 1

③

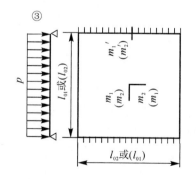

$$挠度 = 表中系数 \times \frac{p l_{01}^1}{B_C} \left(或 \times \frac{p(l_{01})^4}{B_C} \right)$$

$$\nu = 0, 弯矩 = 表中系数 \times p l_{01}^2 （或 \times p(l_{01})^2）$$

这里 $l_{01} < l_{02}$，$(l_{01}) < (l_{02})$。

附表 1-7-4 四边简支

l_{01}/l_{02}	f	m_1	m_2	m_1'	m_2'
0.50	0.002 53	0.040 0	0.003 8	−0.082 9	−0.057 0
0.55	0.002 46	0.038 5	0.005 6	−0.081 4	−0.057 1
0.60	0.002 36	0.036 7	0.007 6	−0.079 3	−0.057 1
0.65	0.002 24	0.034 5	0.009 5	−0.076 6	−0.057 1
0.70	0.002 11	0.032 1	0.011 3	−0.073 5	−0.056 9
0.75	0.001 97	0.029 6	0.013 0	−0.070 1	−0.056 5
0.80	0.001 82	0.027 1	0.014 4	−0.066 4	−0.055 9
0.85	0.001 68	0.024 6	0.015 6	−0.062 6	−0.055 1
0.90	0.001 53	0.022 1	0.016 5	−0.058 8	−0.054 1
0.95	0.001 40	0.019 8	0.017 2	−0.055 0	−0.052 8
1.00	0.001 27	0.017 6	0.017 6	−0.051 3	−0.051 3

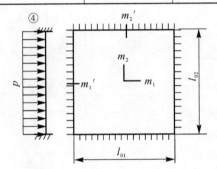

挠度 = 表中系数 $\times \dfrac{p l_{01}^4}{B_C}$；

$\nu = 0$，弯矩 = 表中系数 $\times p l_{01}^2$

这里 $l_{01} < l_{02}$。

附表 1-7-5 邻边简支、邻边固定

l_{01}/l_{02}	f	f_{max}	m_1	m_{1max}	m_2	m_{2max}	m_1'	m_2'
0.50	0.004 68	0.004 71	0.055 9	0.056 2	0.007 9	0.013 5	−0.117 9	−0.078 6
0.55	0.004 45	0.004 54	0.052 9	0.053 0	0.010 4	0.015 3	−0.114 0	−0.078 5
0.60	0.004 19	0.004 29	0.049 6	0.049 8	0.012 9	0.016 9	−0.109 5	−0.078 2
0.65	0.003 91	0.003 99	0.046 1	0.046 5	0.015 1	0.018 3	−0.104 5	−0.077 7
0.70	0.003 63	0.003 68	0.042 6	0.043 2	0.017 2	0.019 5	−0.099 2	−0.077 0
0.75	0.003 35	0.003 40	0.039 0	0.039 6	0.018 9	0.020 6	−0.093 8	−0.076 0
0.80	0.003 08	0.003 13	0.035 6	0.036 1	0.020 4	0.021 8	−0.088 3	−0.074 8
0.85	0.002 81	0.002 86	0.032 2	0.032 8	0.021 5	0.022 9	−0.082 9	−0.073 3
0.90	0.002 56	0.002 61	0.029 1	0.029 7	0.022 4	0.023 8	−0.077 6	−0.071 6
0.95	0.002 32	0.002 37	0.026 1	0.026 7	0.023 0	0.024 4	−0.072 6	−0.069 8
1.00	0.002 10	0.002 15	0.023 4	0.024 0	0.023 4	0.024 9	−0.067 7	−0.067 7

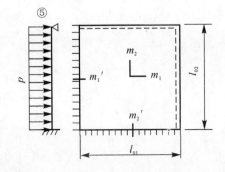

挠度 = 表中系数 $\times \dfrac{p l_{01}^4}{B_C}$

$\nu = 0$，弯矩 = 表中系数 $\times p l_{01}^2$

这里 $l_{01} < l_{02}$。

附表 1-7-6　三边固定一边简支

l_{01}/l_{02}	$(l_{01})/(l_{02})$	f	$f_{\max}$	m_1	$m_{1\max}$	m_2	$m_{2\max}$	m_1'	m_2'
0.50		0.002 57	0.002 58	0.040 8	0.040 9	0.002 8	0.008 9	−0.083 6	−0.056 9
0.55		0.002 52	0.002 55	0.039 8	0.039 9	0.004 2	0.009 3	−0.082 7	−0.057 0
0.60		0.002 45	0.002 49	0.038 4	0.038 6	0.005 9	0.010 5	−0.081 4	−0.057 1
0.65		0.002 37	0.002 40	0.036 8	0.037 1	0.007 6	0.011 6	−0.079 6	−0.057 2
0.70		0.002 27	0.002 29	0.035 0	0.035 4	0.009 3	0.012 7	−0.077 4	−0.057 2
0.75		0.002 16	0.002 19	0.033 1	0.033 5	0.010 9	0.013 7	−0.075 0	−0.057 2
0.80		0.002 05	0.002 08	0.031 0	0.031 4	0.012 4	0.014 7	−0.072 2	−0.057 1
0.85		0.001 93	0.001 96	0.028 9	0.029 3	0.013 8	0.015 5	−0.069 3	−0.056 7
0.90		0.001 81	0.001 84	0.026 8	0.027 3	0.015 9	0.016 3	−0.066 3	−0.056 3
0.95		0.001 69	0.001 72	0.024 7	0.025 2	0.016 3	0.017 2	−0.063 1	−0.055 8
1.00	1.00	0.001 57	0.001 60	0.022 7	0.023 1	0.016 8	0.018 0	−0.060 0	−0.055 0
	0.95	0.001 78	0.001 82	0.022 9	0.023 4	0.019 4	0.020 7	−0.062 9	−0.059 9
	0.90	0.002 01	0.002 06	0.022 8	0.023 4	0.022 3	0.023 8	−0.065 6	−0.065 3
	0.85	0.002 27	0.002 33	0.022 5	0.023 1	0.025 5	0.027 3	−0.068 3	−0.071 1
	0.80	0.002 56	0.002 62	0.021 9	0.022 4	0.029 0	0.031 1	−0.070 7	−0.077 2
	0.75	0.002 86	0.002 94	0.020 8	0.021 4	0.032 9	0.035 4	−0.072 9	−0.083 7
	0.70	0.003 19	0.003 27	0.019 4	0.020 0	0.037 0	0.040 0	−0.074 8	−0.090 3
	0.65	0.003 52	0.003 65	0.017 5	0.018 2	0.041 2	0.044 6	−0.076 2	−0.097 0
	0.60	0.003 86	0.004 03	0.015 3	0.016 0	0.045 4	0.049 3	−0.077 3	−0.103 3
	0.55	0.004 19	0.004 37	0.012 7	0.013 3	0.049 6	0.054 1	−0.078 0	−0.109 3
	0.50	0.004 49	0.004 63	0.009 9	0.010 3	0.053 4	0.058 8	−0.078 4	−0.114 6

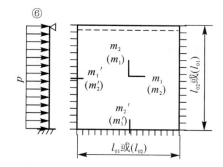

挠度＝表中系数×pl_{01}^4（或×$p(l_{01})^4$）

$\nu=0$，弯矩＝表中系数×pl_{01}^2（或×$p(l_{01})^2$）

这里 $l_{01} < l_{02}$，$(l_{01}) < (l_{02})$。

附表 1-8　连续梁和连续单向板的弯矩计算系数 α_M

支撑情况		截面位置				
		端支座	边跨跨中	离端第二支座	中间支座	中间跨跨中
梁、板搁置在墙上		0	$\dfrac{1}{11}$	两跨连续：$-\dfrac{1}{10}$ 三跨以上连续：$-\dfrac{1}{11}$	$-\dfrac{1}{14}$	$\dfrac{1}{16}$
板	梁整浇连接	$-\dfrac{1}{16}$	$\dfrac{1}{14}$			
梁		$-\dfrac{1}{24}$	$\dfrac{1}{14}$			
梁与柱整浇连接		$-\dfrac{1}{16}$	$\dfrac{1}{14}$			

注:1. 表中系数适用于荷载比 $q/g > 0.3$ 的等跨连续梁和连续单向板；

2. 连续梁和连续单向板的各跨长度不等，但相邻两跨的长跨与短跨比值小于 1.10 时，仍可采用表中弯矩系数值；计算支座弯矩时，应取相邻两跨中的较大值，计算跨中弯矩时，应取本跨长度。

附表 1-9　连续梁的剪力计算系数 α_V

支撑情况	截面位置				
	端支座内侧	离端第二支座		中间支座	
		外侧	内侧	外侧	内侧
搁置在墙上	0.45	0.60	0.55	0.55	0.55
与梁或柱整体连接	0.50	0.55			

附录 2　工业厂房结构设计常用图表

附表 2-1　5~50/5t 一般用途电动桥式起重机基本参数和尺寸系列(ZQ-162)

起重量 Q/t	跨度 L_k/m	尺　寸					吊车工作级别 A4~A5			
		宽度 B/mm	轮距 K/mm	轨顶以上高度 H/mm	轨道中心至端部距离 B_1/mm		最大轮压 P_{max}/t	最小轮压 P_{min}/t	起重机总重 G/t	小车总重 g/t
5	16.5	4650	3500	1870	230		7.6	3.1	16.4	2.0(单闸) 2.1(双闸)
	19.5	5150	4000				8.5	3.5	19.0	
	22.5						9.0	4.2	21.4	
	25.5	6400	5250				10.0	4.7	24.4	
	28.5						10.5	6.3	28.5	

续　表

起重量 Q/t	跨度 L_k/m	尺　寸				吊车工作级别 A4～A5			
		宽度 B/mm	轮距 K/mm	轨顶以上高度 H/mm	轨道中心至端部距离 B_1/mm	最大轮压 P_{max}/t	最小轮压 P_{min}/t	起重机总重 G/t	小车总重 g/t
30/5	16.5	6050	4600	2600	260	27.0	5.0	34.0	11.7(单闸) 11.8(双闸)
	19.5	6150	4800		300	28.0	6.5	36.5	
	22.5					29.0	7.0	42.0	
	25.5	6650	5250			31.0	7.8	47.5	
	28.5					32.0	8.8	51.5	
10	16.5	5550	4400	2140	230	11.5	2.5	18.0	3.8(单闸) 3.9(双闸)
	19.5	5550	4400			12.0	3.2	20.3	
	22.5					12.5	4.7	22.4	
	25.5	6400	5250	2190		13.5	5.0	27.0	
	28.5					14.0	6.6	31.5	
15	16.5	5650		2050	230	16.5	3.4	24.1	5.3(单闸) 5.5(双闸)
	19.5	5550	4400	2140	260	17.0	4.8	25.5	
	22.5					18.5	5.8	31.6	
	25.5	6400	5250			19.5	6.0	38.0	
	28.5					21.0	6.8	40.0	
15/3	16.5	5650		2050	230	16.5	3.4	25.0	6.9(单闸) 7.4(双闸)
	19.5	5550	4400	2150	260	17.0	4.3	28.5	
	22.5					18.5	5.0	32.1	
	25.5	6400	5250			19.5	6.0	36.0	
	28.5					21.0	6.8	40.5	
20/5	16.5	5650		2200	230	19.5	3.0	25.0	7.5(单闸) 7.8(双闸)
	19.5	5550	4400	2300	260	20.5	3.5	28.0	
	22.5					21.5	4.5	32.0	
	25.5	6400	5250			23.0	5.3	30.5	
	28.5					24.0	6.5	41.0	
50/5	16.5	6350	4800	2700	300	39.05	7.5	44.0	14.0(单闸) 14.5(双闸)
	19.5			2750		41.5	7.5	48.0	
	22.5					42.5	8.5	52.0	
	25.5	6800	5250			44.5	8.5	56.0	
	28.5					46.0	9.5	61.0	

注:1. 表列尺寸和重量均为该标准制造的最大限值;

2. 起重机总重量根据带双闸小车和封闭式操纵室重量求得;

3. 本表未包括重级工作制吊车;需要时可查(ZQ,1-62)系列;

4. 本表重量单位为吨(t),使用时要折算成法定重力计量单位千牛顿(kN),理应将表中值乘以 9.81,为简化,可近似以表中值乘以 10.0。

附表 2-2　6 m 柱距单层厂房矩形、I 形截面柱截面尺寸限值

柱的类型	b	h		
		$Q \leqslant 10 \text{ t}$	$10 \text{ t} < Q < 30 \text{ t}$	$30 \text{ t} \leqslant Q \leqslant 50 \text{ t}$
有吊车厂房下柱	$\geqslant \dfrac{H_1}{22}$	$\geqslant \dfrac{H_1}{14}$	$\geqslant \dfrac{H_1}{12}$	$\geqslant \dfrac{H_1}{10}$
露天吊车柱	$\geqslant \dfrac{H_1}{25}$	$\geqslant \dfrac{H_1}{10}$	$\geqslant \dfrac{H_1}{8}$	$\geqslant \dfrac{H_1}{7}$
单跨无吊车厂房柱	$\geqslant \dfrac{H}{30}$	$\geqslant \dfrac{1.5H}{25}$(或 $0.06H$)		
多跨无吊车厂房柱	$\geqslant \dfrac{H}{30}$	$\geqslant \dfrac{H}{20}$		
仅承受风载与自重的山墙抗风柱	$\geqslant \dfrac{H_b}{40}$	$\geqslant \dfrac{H_1}{25}$		
同时承受由连系梁传来山墙重的山墙抗风柱	$\geqslant \dfrac{H_b}{30}$	$\geqslant \dfrac{H_1}{25}$		

注:H_1 为下柱高度(算至基础顶面);H 为柱全高(算至基础顶面);H_b 为山墙抗风柱从基础顶面至柱平面外(宽度)方向支撑点的高度。

附表 2-3　吊车工作级别为 A4,A5 时柱截面形式和尺寸(参考)

吊车起重量 t	轨顶高度 m	6 m 柱距(边柱)		6 m 柱距(中柱)	
		上柱/mm	下柱/mm	上柱/mm	下柱/mm
$\leqslant 5$	6~8	矩 400×400	I 400×600×100	矩 400×400	I 400×600×100
10	8	矩 400×400	I 400×700×100	矩 400×400	I 400×800×150
	10	矩 400×400	I 400×800×150	矩 400×400	I 400×800×150
15~20	8	矩 400×400	I 400×800×150	矩 400×600	I 400×800×150
	10	矩 400×400	I 400×900×150	矩 400×600	I 400×1000×150
	12	矩 500×400	I 500×1000×200	矩 500×600	I 500×1200×200
30	8	矩 400×400	I 400×1000×150	矩 400×600	I 400×1000×150
	10	矩 400×500	I 400×1000×150	矩 500×600	I 500×1200×150
	12	矩 500×500	I 500×1000×200	矩 500×600	I 500×1200×200
	14	矩 600×600	I 600×1200×200	矩 600×600	I 600×1200×200
50	10	矩 500×500	I 500×1200×200	矩 500×700	双 500×1600×300
	12	矩 500×600	I 500×1400×200	矩 500×700	双 500×1600×300
	14	矩 600×600	I 600×1400×200	矩 600×700	双 600×1800×300

附表 2-4　吊车工作级别为 A6,A7 时柱截面形式和尺寸(参考)

吊车起重量 t	轨顶高度 m	6 m 柱距(边柱)		6 m 柱距(中柱)	
		上柱/mm	下柱/mm	上柱/mm	下柱/mm
≤5	6~8	矩 400×400	Ⅰ 400×600×100	矩 400×400	Ⅰ 400×800×150
10	8	矩 400×400	Ⅰ 400×800×150	矩 400×500	Ⅰ 400×800×150
	10	矩 400×400	Ⅰ 400×800×150	矩 400×600	Ⅰ 400×800×150
15~20	8	矩 400×400	Ⅰ 400×800×150	矩 400×600	Ⅰ 400×1000×150
	10	矩 500×500	Ⅰ 500×1000×200	矩 500×600	Ⅰ 500×1000×200
	12	矩 500×500	Ⅰ 500×1000×200	矩 500×600	Ⅰ 500×1000×220
30	10	矩 500×500	Ⅰ 500×1000×200	矩 500×600	Ⅰ 500×1200×200
	12	矩 500×600	Ⅰ 500×1200×200	矩 500×600	Ⅰ 500×1400×200
	14	矩 600×600	Ⅰ 600×1400×200	矩 600×600	Ⅰ 600×1400×200
50	10	矩 500×500	Ⅰ 500×1200×200	矩 500×700	双 500×1600×300
	12	矩 500×600	Ⅰ 500×1400×200	矩 500×700	双 500×1600×300
	14	矩 600×600	双 600×1600×300	矩 600×700	双 600×1800×300
75	12	双 600×1000×250	双 600×1800×300	双 600×1000×300	双 600×2400×350
	14	双 600×1000×250	双 600×2000×350	双 600×1000×300	双 600×2400×350
	16	双 600×1000×300	双 700×2200×400	双 700×1000×300	双 700×2400×400

注:截面形式采用下述符号:"矩"为矩形截面 $b×h$(宽度×高度);"Ⅰ"为Ⅰ形截面 $b_f×h×h_f$(h_f 为翼缘高度);"双"为双肢柱 $b×h×h_f$(h_f 为肢杆高度)。

附表 2-5　Ⅰ形截面柱腹板、翼缘尺寸(参考)

截面宽度 b_f/mm	300~400	400	500	600	图 注
截面高度 h/mm	500~700	700~1000	1000~2500	1500~2500	
腹板厚度 b/mm $b/h'≥1/10~1/14$	60	80~100	100~120	120~150	15~25 mm
翼板厚度 h_f/mm	80~100	100~150	150~200	200~250	

附表 2−6　Ⅰ形截面柱的力学特征

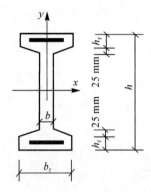

A—— 截面面积；

I_x—— 对 x 轴的惯性矩（mm）；

I_y—— 对 y 轴的惯性矩（mm）；

g—— 每米长的自重（kN/m）。

截面尺寸/mm	$\dfrac{A}{10^2\,\text{mm}^2}$	$\dfrac{I_x}{10^8\,\text{mm}^4}$	$\dfrac{I_y}{10^8\,\text{mm}^4}$	$\dfrac{g}{\text{kN/m}}$
Ⅰ 300×400×60×60	588	12.68	3.31	1.47
Ⅰ 300×400×60×80	684	14.01	4.20	1.71
Ⅰ 300×500×60×60	648	22.30	3.33	1.62
Ⅰ 300×500×60×80	744	25.00	4.22	1.86
Ⅰ 300×600×60×60	708	35.16	3.35	1.77
Ⅰ 300×600×60×80	804	39.71	4.24	2.01
Ⅰ 300×600×80×80	887	40.90	4.34	2.22
Ⅰ 350×400×60×60	660	14.66	5.23	1.65
Ⅰ 350×400×60×80	776	16.27	6.65	1.94
Ⅰ 350×400×80×80	819	16.43	6.70	2.05
Ⅰ 350×500×60×60	720	25.64	5.25	1.80
Ⅰ 350×500×60×80	836	28.91	6.67	2.09
Ⅰ 350×500×80×80	899	29.43	6.74	2.25
Ⅰ 350×600×60×60	780	40.24	5.26	1.95
Ⅰ 350×600×60×80	896	45.73	6.69	2.24
Ⅰ 350×600×80×80	979	46.92	6.79	2.45
Ⅰ 350×700×80×80	1059	69.31	6.83	2.65
Ⅰ 350×800×80×80	1139	97.00	6.87	2.85

续 表

截面尺寸/mm	$\dfrac{A}{10^2\,\mathrm{mm}^2}$	$\dfrac{I_x}{10^8\,\mathrm{mm}^4}$	$\dfrac{I_y}{10^8\,\mathrm{mm}^4}$	$\dfrac{g}{\mathrm{kN/m}}$
Ⅰ 400×400×60×60	733	16.64	7.78	1.83
Ⅰ 400×400×60×80	869	18.52	9091	2.17
Ⅰ 400×400×80×80	912	18.68	9.96	2.28
Ⅰ 400×400×100×100	1075	19.99	12.15	2.69
Ⅰ 400×500×60×60	793	28.99	7.80	1.98
Ⅰ 400×500×60×80	929	32.81	9.92	2.32
Ⅰ 400×500×80×80	992	33.33	10.00	2.48
Ⅰ 400×500×100×100	1175	36.47	12.23	2.94
Ⅰ 400×600×60×60	853	45.31	7.82	2.13
Ⅰ 400×600×60×80	989	51.75	9.94	2.47
Ⅰ 400×600×80×80	1072	52.94	10.04	2.68
Ⅰ 400×600×100×100	1275	58.76	11.84	3.19
Ⅰ 400×700×60×80	1049	77.11	9.38	2.62
Ⅰ 400×700×80×80	1152	77.91	10.09	2.88
Ⅰ 400×700×100×100	1375	87.47	11.93	3.44
Ⅰ 400×800×80×80	1232	108.64	10.13	3.08
Ⅰ 400×800×100×100	1475	123.14	12.48	3.69
Ⅰ 400×800×100×150	1775	143.80	17.26	4.44
Ⅰ 400×900×100×150	1875	195.38	17.34	4.69
Ⅰ 400×1000×100×150	1975	256.34	17.43	4.94
Ⅰ 400×1100×120×150	2230	334.94	18.03	5.58
Ⅰ 500×400×120×100	1335	24.97	23.69	3.34
Ⅰ 500×500×120×100	1455	45.50	23.83	3.64
Ⅰ 500×600×120×100	1575	73.30	23.98	3.94
Ⅰ 500×1000×120×200	2815	356.37	44.17	7.04
Ⅰ 500×1200×120×200	3055	572.45	44.45	7.64
Ⅰ 500×1300×120×200	3175	703.10	44.60	7.94
Ⅰ 500×1400×120×200	3295	849.64	44.74	8.24
Ⅰ 500×1500×120×200	3415	1012.65	44.89	8.54
Ⅰ 500×1600×120×200	3535	1192.73	45.03	8.84
Ⅰ 600×1800×150×250	5063	2127.91	96.50	12.66
Ⅰ 600×2000×150×250	5363	2785.72	97.07	13.41

附表 2-7 风压高度变化系数 μ_z

离地面或海面高度 m	地 面 粗 糙 度 类 别			
	A	B	C	D
5	1.17	1.00	0.74	0.62
10	1.38	1.00	0.74	0.62
15	1.52	1.14	0.74	0.62
20	1.63	1.25	0.84	0.62
30	1.80	1.42	1.00	0.62
40	1.92	1.56	1.13	0.73
50	2.03	1.67	1.25	0.84
60	2.12	1.77	1.35	0.93
70	2.02	1.86	1.45	1.02
80	2.27	1.95	1.54	1.11
90	2.34	2.02	1.62	1.19
100	2.40	2.09	1.70	1.27
150	2.64	2.38	2.03	1.61
200	2.83	2.61	2.30	1.92
250	2.99	2.80	2.54	2.19
300	3.12	2.97	2.75	2.45
350	3.12	3.12	2.94	2.68
400	3.12	3.12	3.12	2.91
≥450	3.12	3.12	3.12	3.12

注:地面粗糙度应分为四类;A类指近海海面和海岛、海岸、湖岸及沙漠地区;B类指田野、乡村、丛林、丘陵以及房屋比较稀疏的乡镇和城市郊区;C类指有密集建筑群的城市市区;D类指有密集建筑群且房屋较高的城市市区。

附表 2-8 部分建筑的风荷载体型系数

项 次	类 别	体型及体型系数 μ_s
1	封闭式 双坡屋面	 中间值按插入法计算
2	封闭式 带天窗 双坡屋面	 带天窗的拱形屋面可按本图采用

续　表

项　次	类　别	体型及体型系数 μ_s
3	封闭式双跨双坡屋面	 迎风坡面的 μ_s 按第 1 项采用
4	封闭式不等高不等跨的双跨双坡屋面	 迎风坡面的 μ_s 按第 1 项采用
5	封闭式房屋和构筑物	 (a)正多边形(包括矩形)平面 (b)Y 型平面 (c)L 型平面　(d)Ⅱ型平面 (e)十字型平面　　(f)截角三角形平面

附表 2-9 多台吊车的荷载折减系数

参与组合的吊车台数	吊车工作级别	
	A1～A5	A6～A8
2	0.9	0.95
3	0.85	0.90
4	0.8	0.85

附表 2-10 单层厂房空间作用分配系数 μ

厂房情况		吊车起重量/t	厂房长度/m	
			≤60	>60
有檩屋盖	两端无山墙或一端有山墙	≤30	0.90	0.85
	两端有山墙	≤30	0.85	
无檩屋盖			厂房跨度/m	
	两端无山墙或一端有山墙	≤75	12～27	>27	12～27	>27
			0.90	0.85	0.85	0.80
	两端有山墙	≤75	0.80	

注:1.厂房山墙应为实心砖墙,洞口对山墙水平截面面积的削弱应不超过50%,否则应视为无山墙情况。

2.当厂房设有伸缩缝时,厂房长度应按一个伸缩缝区段的长度计,且伸缩缝处应视为无山墙。

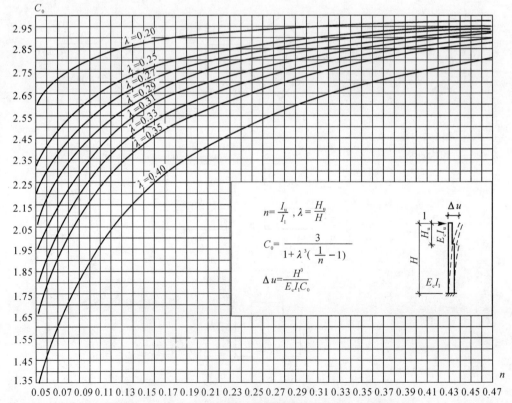

附图 2-4-1 柱顶单位集中荷载作用下系数 C_0 的数值

附图 2-4 单阶柱柱顶反力与水平位移系数值

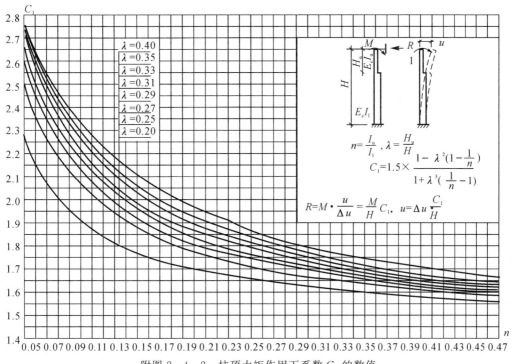

附图 2-4-2　柱顶力矩作用下系数 C_1 的数值

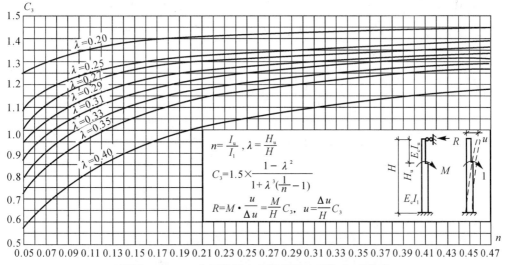

附图 2-4-3　力矩作用在牛腿顶面时系数 C_3 的数值

续附图 2-4　单阶柱柱顶反力与水平位移系数值

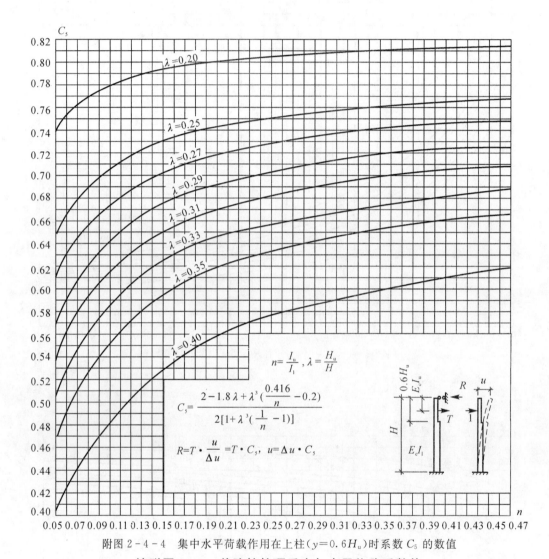

附图 2-4-4 集中水平荷载作用在上柱（$y=0.6H_u$）时系数 C_5 的数值

续附图 2-4 单阶柱柱顶反力与水平位移系数值

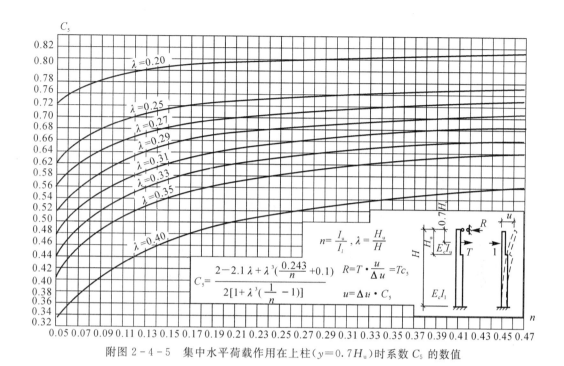

附图 2-4-5　集中水平荷载作用在上柱($y=0.7H_u$)时系数 C_5 的数值

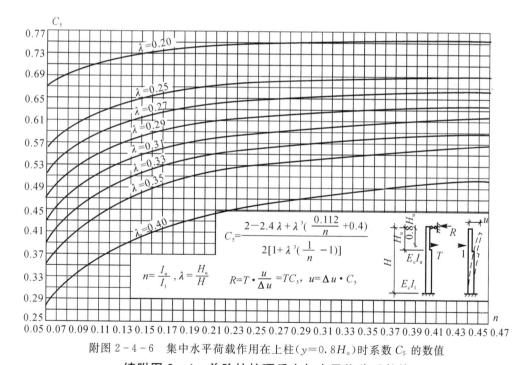

附图 2-4-6　集中水平荷载作用在上柱($y=0.8H_u$)时系数 C_5 的数值

续附图 2-4　单阶柱柱顶反力与水平位移系数值

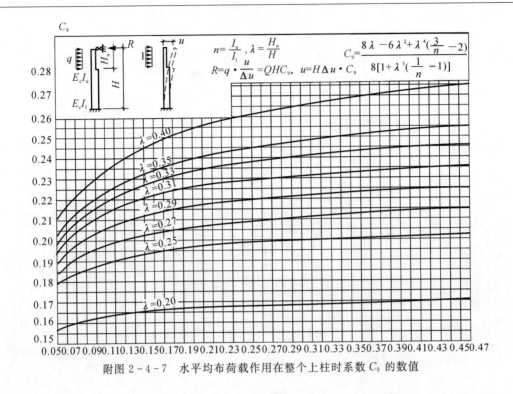

附图 2-4-7 水平均布荷载作用在整个上柱时系数 C_9 的数值

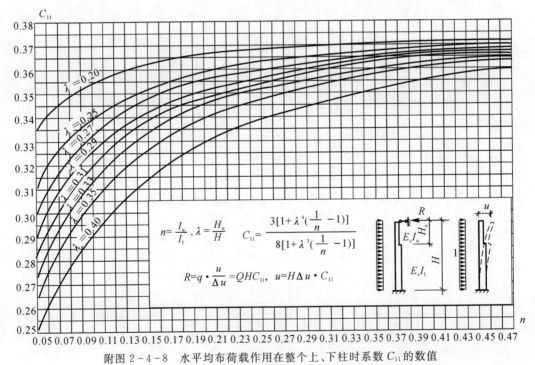

附图 2-4-8 水平均布荷载作用在整个上、下柱时系数 C_{11} 的数值

续附图 2-4 单阶柱柱顶反力与水平位移系数值

附表 2－11　采用刚性屋盖单层工业厂房排架柱、露天吊车柱和栈桥柱的计算长度 l_0

柱　的　类　型		排架方向	垂直排架方向	
			有柱间支撑	无柱间支撑
无吊车厂房柱	单　　跨	$1.5H$	$1.0H$	$1.2H$
	两跨及多跨	$1.25H$	$1.0H$	$1.2H$
有吊车厂房柱	上　　柱	$2.0H_u$	$1.25H_u$	$1.5H_u$
	下　　柱	$1.0H_l$	$0.8H_l$	$1.0H_l$
露天吊车柱和栈桥柱		$2.0H_l$	$1.0H_l$	—

注：1.表中 H 为从基础顶面算起的柱子全高；H_l 为从基础顶面至装配式吊车梁底面或现浇式吊车梁顶面的柱子下部高度；H_u 为从装配式吊车梁底面或从现浇式吊车梁顶面算起的柱子上部高度。

2.表中有吊车厂房排架柱的计算长度，当计算中不考虑吊车荷载时，可按无吊车厂采用，但上柱的计算长度仍按有吊车厂房采用。

3.表中有吊车厂房排架柱的上柱在排架方向的计算长度，仅适用于 $H_u/H_l \geqslant 0.3$ 的情况。当 $H_u/H_l < 0.3$ 时，宜采用 $2.5H_u$。

附表 2－12　柱的插入深度 h_1

矩形或"工"字形柱				肢管柱	双肢柱
< 500	$500 \leqslant h < 800$	$800 \leqslant h \leqslant 1000$	$h > 1000$		
$h \sim 1.2h$	h	$0.9h$	$0.8h$	$1.5d$	$(1/3 \sim 2/3)h_a$
		$\geqslant 800$	$\geqslant 1000$	$\geqslant 500$	$(1.5 \sim 1.8)h_b$

注：1.h 为柱截面长边尺寸；d 为管柱的外直径；h_a 为双肢柱整个截面长边尺寸；h_b 为双肢柱整个截面矩边尺寸。

2.柱轴心受压或小偏心受压时，h_1 可适当减小，偏心距大于 $2h$（或 $2d$）时，h_1 应适当加大。

附表 2－13　基础的杯底厚度和杯壁厚度

柱截面长边尺寸 h/mm	杯底厚度 a_1/mm	杯壁厚度 t/mm
$h < 500$	$\geqslant 150$	$150 \sim 200$
$500 \leqslant h < 800$	$\geqslant 200$	$\geqslant 200$
$800 \leqslant h < 1\,000$	$\geqslant 200$	$\geqslant 300$
$1\,000 \leqslant h < 1\,500$	$\geqslant 250$	$\geqslant 350$
$1\,500 \leqslant h < 2\,000$	$\geqslant 300$	$\geqslant 400$

注：1.双肢柱的杯底厚度值，可适当加大。

2.当有基础梁时，基础梁下的杯壁厚度，应满足其支承宽度的要求。

3.柱子插入杯口部分的表面应凿毛，柱子与杯口之间的空隙，应用比基础混凝土强度等级高一级的细石混凝土充填密实，当达到材料强度设计值的 70% 以上时，方能进行上部结构的吊装。

附表 2-14　钢筋混凝土结构裂缝最大宽度限值

环境类别	钢筋混凝土结构		预应力混凝土结构	
	裂缝控制等级	w_{lim}/mm	裂缝控制等级	w_{lim}/mm
一	三	0.3(0.4)	三	0.2
二	三	0.2	二	—
三	三	0.2	—	—

注:1.表中的规定适用于采用热轧钢筋的钢筋混凝土构件和采用预应力钢丝、钢绞线及热处理钢筋的预应力混凝土构件;当采用其他类别的钢丝或钢筋时,其裂缝控制要求可按专门标准确定。

2.对处于年平均相对湿度小于 60% 地区一类环境下的受弯构件,其最大裂缝宽度限值可采用括号内的数值。

3.在一类环境下,对钢筋混凝土屋架、托架及需作疲劳验算的吊车梁,其最大裂缝宽度限值应取为0.2 mm;对钢筋混凝土屋面梁和托梁,其最大裂缝宽度限值应取为 0.3 mm。

4.在一类环境下,对预应力混凝土屋面梁、托梁、屋架、托架、屋面板和楼板,应按二级裂缝控制等级进行验算;在一类和二类环境下,对需作疲劳验算的预应力混凝土吊车梁,应按一级裂缝控制等级进行验算。

5.表中规定的预应力混凝土构件的裂缝控制等级和最大裂缝宽度限值仅适用于正截面的验算;预应力混凝土构件的斜截面裂缝控制验算应符合《混凝土结构设计规范》(GB50010—2002) 第 8 章的要求。

6.对于烟囱、筒仓和处于液体压力下的结构构件,其裂缝控制要求应符合专门标准的有关规定。

7.对于处于四、五类环境下的结构构件,其裂缝控制要求应符合专门标准的有关规定。

8.表中的最大裂缝宽度限值用于验算荷载作用引起的最大裂缝宽度。

附录 3　多层框架结构设计常用图表

附表 3-1　混凝土强度设计值　　　　　　　　单位:N/mm²

强度种类	符　号	混凝土强度等级									
		C15	C20	C25	C30	C35	C40	C45	C50	C55	C60
轴心抗压	f_c	7.2	9.6	11.9	14.3	16.7	19.1	21.1	23.1	25.3	27.5
轴心抗拉	f_t	0.91	1.10	1.27	1.43	1.57	1.71	1.80	1.89	1.96	2.04

附表 3-2　水平地震影响系数最大值

地震影响	6 度	7 度	8 度	9 度
多遇地震	0.04	0.08(0.12)	0.16(0.24)	0.32
罕遇地震	0.28	0.50(0.72)	0.90(1.20)	1.4

注:括号中数值分别用于设计基本地震加速度为 0.15g 和 0.30g 的地区。

附表 3-3　特征周期值　　　　　　　　　　单位:s

设计地震分组	场地类别				
	I_0	I_1	II	III	VI
第一组	0.20	0.25	0.35	0.45	0.65
第二组	0.25	0.30	0.40	0.55	0.75
第三组	0.30	0.35	0.45	0.65	0.90

附表 3-4　现浇钢筋混凝土房屋的抗震等级

结构类型		设防烈度						
		6		7		8		9
	高度/m	≤24	>24	≤24	>24	≤24	>24	≤24
框架结构	框架	四	三	三	二	二	一	一
	大跨度框架	三		二		一		一

注:大跨度框架指跨度不小于 18 m 的框架。

附表 3-5　柱轴压比限值

结构类型	抗震等级			
	一	二	三	四
框架结构	0.65	0.75	0.85	0.90
框架-抗震墙、板柱-抗震墙	0.75	0.85	0.90	0.95
部分框支抗震墙	0.6	0.7	—	

注:表内限值适用于剪跨比大于 2,混凝土强度等级不高于 C60 的柱;剪跨比不大于 2 的柱,轴压限值应降 0.05。

附表 3-6　柱侧向刚度修正系数 α_c

位置		边柱		中柱		α_c
		简图	$\overline{K}$	简图	$\overline{K}$	
一般层			$\overline{K}=\dfrac{i_2+i_4}{2i_c}$		$\overline{K}=\dfrac{i_1+i_2+i_3+i_4}{2i_c}$	$\alpha_c=\dfrac{\overline{K}}{2+\overline{K}}$
底层	固接		$\overline{K}=\dfrac{i_2}{i_c}$		$\overline{K}=\dfrac{i_1+i_2}{i_c}$	$\alpha_c=\dfrac{0.5+\overline{K}}{2+\overline{K}}$
	铰接		$\overline{K}=\dfrac{i_2}{i_c}$		$\overline{K}=\dfrac{i_1+i_2}{i_c}$	$\alpha_c=\dfrac{0.5\overline{K}}{1+2\overline{K}}$

附表 3-7　自振周期折减系数(ψ_T)

结构类型	框架结构	框架-剪力墙结构	框架-核心筒结构	剪力墙结构
取值范围	0.6~0.7	0.7~0.8	0.8~0.9	0.8~1.0

注:当非承重墙为砌体墙时,高层建筑结构的计算自振周期折减系数按表格中取值;

　对于其他结构体系或采用其他非承重墙体时,可根据工程情况确定折减系数。

附表 3-8 弹性层间位移角限值

结构类型	$[\theta_e]$
钢筋混凝土框架	1/550
钢筋混凝土框架-抗震墙、板柱-抗震墙、框架-核心筒	1/800
钢筋混凝土抗震墙、筒中筒	1/1000
钢筋混凝土框支层	1/1000
多、高层钢结构	1/250

附表 3-9 均布水平荷载下各层柱反弯点高度比 y_n

m	n	$\overline{K}$													
		0.1	0.2	0.3	0.4	0.5	0.6	0.7	0.8	0.9	1.0	2.0	3.0	4.0	5.0
1	1	0.80	0.75	0.70	0.65	0.65	0.60	0.60	0.60	0.60	0.55	0.55	0.55	0.55	0.55
2	2	0.45	0.40	0.35	0.35	0.35	0.35	0.40	0.40	0.40	0.40	0.45	0.45	0.45	0.45
	1	0.95	0.80	0.75	0.70	0.65	0.65	0.65	0.60	0.60	0.60	0.55	0.55	0.55	0.50
3	3	0.15	0.20	0.20	0.25	0.30	0.30	0.30	0.35	0.35	0.35	0.40	0.45	0.45	0.45
	2	0.55	0.50	0.45	0.45	0.45	0.45	0.45	0.45	0.45	0.45	0.50	0.50	0.50	0.50
	1	1.00	0.85	0.80	0.75	0.70	0.70	0.65	0.65	0.65	0.60	0.55	0.55	0.55	0.55
4	4	−0.05	0.05	0.15	0.20	0.25	0.30	0.30	0.35	0.35	0.35	0.40	0.45	0.45	0.45
	3	0.25	0.30	0.30	0.35	0.35	0.40	0.40	0.40	0.40	0.45	0.45	0.50	0.50	0.50
	2	0.65	0.55	0.50	0.50	0.45	0.45	0.45	0.45	0.45	0.45	0.50	0.50	0.50	0.50
	1	1.10	0.90	0.80	0.75	0.70	0.70	0.65	0.65	0.65	0.60	0.55	0.55	0.55	0.55
5	5	−0.20	0.00	0.15	0.20	0.25	0.30	0.30	0.30	0.35	0.35	0.40	0.45	0.45	0.45
	4	0.10	0.20	0.25	0.30	0.35	0.35	0.40	0.40	0.40	0.40	0.45	0.45	0.50	0.50
	3	0.40	0.40	0.40	0.40	0.40	0.45	0.45	0.45	0.45	0.50	0.50	0.50	0.50	0.50
	2	0.65	0.55	0.50	0.50	0.50	0.50	0.50	0.50	0.50	0.50	0.50	0.50	0.50	0.50
	1	1.20	0.95	0.80	0.75	0.75	0.70	0.70	0.65	0.65	0.65	0.55	0.55	0.55	0.55
6	6	−0.30	0.00	0.10	0.20	0.25	0.25	0.30	0.30	0.35	0.35	0.40	0.45	0.45	0.45
	5	0.00	0.20	0.25	0.30	0.35	0.35	0.40	0.40	0.40	0.40	0.45	0.45	0.50	0.50
	4	0.20	0.30	0.35	0.35	0.40	0.40	0.40	0.45	0.45	0.45	0.45	0.50	0.50	0.50
	3	0.40	0.40	0.40	0.45	0.45	0.45	0.45	0.45	0.45	0.45	0.50	0.50	0.50	0.50
	2	0.70	0.60	0.55	0.50	0.50	0.50	0.50	0.50	0.50	0.50	0.50	0.50	0.50	0.50
	1	1.20	0.95	0.85	0.80	0.75	0.70	0.70	0.65	0.65	0.65	0.55	0.55	0.55	0.55

续表

m	n	$\bar{K}$													
		0.1	0.2	0.3	0.4	0.5	0.6	0.7	0.8	0.9	1.0	2.0	3.0	4.0	5.0
7	7	−0.35	−0.05	0.10	0.20	0.20	0.25	0.30	0.30	0.35	0.35	0.40	0.45	0.45	0.15
	6	−0.10	0.15	0.25	0.30	0.35	0.35	0.35	0.40	0.40	0.40	0.45	0.45	0.50	0.50
	5	0.10	0.25	0.30	0.35	0.40	0.40	0.40	0.45	0.45	0.45	0.50	0.50	0.50	0.50
	4	0.30	0.35	0.40	0.40	0.40	0.45	0.45	0.45	0.45	0.45	0.50	0.50	0.50	0.50
	3	0.50	0.45	0.45	0.45	0.45	0.45	0.45	0.45	0.45	0.45	0.50	0.50	0.50	0.50
	2	0.75	0.60	0.55	0.50	0.50	0.50	0.50	0.50	0.50	0.50	0.50	0.50	0.55	0.50
	1	1.20	0.95	0.85	0.80	0.75	0.70	0.70	0.65	0.65	0.65	0.55	0.55	0.55	0.55
8	8	−0.35	−0.15	0.10	0.10	0.25	0.25	0.30	0.30	0.35	0.35	0.40	0.45	0.45	0.45
	7	−0.10	0.15	0.25	0.30	0.35	0.35	0.40	0.40	0.40	0.40	0.45	0.50	0.50	0.50
	6	0.05	0.25	0.30	0.35	0.40	0.40	0.40	0.45	0.45	0.45	0.50	0.50	0.50	0.50
	5	0.20	0.30	0.35	0.40	0.40	0.45	0.45	0.45	0.45	0.45	0.50	0.50	0.50	0.50
	4	0.35	0.40	0.40	0.45	0.45	0.45	0.45	0.45	0.45	0.45	0.50	0.50	0.50	0.50
	3	0.50	0.45	0.45	0.45	0.45	0.45	0.45	0.45	0.50	0.50	0.50	0.50	0.50	0.50
	2	0.75	0.60	0.55	0.55	0.50	0.50	0.50	0.50	0.50	0.50	0.50	0.50	0.50	0.50
	1	1.20	1.00	0.85	0.80	0.75	0.70	0.70	0.65	0.65	0.65	0.55	0.55	0.55	0.55
9	9	−0.40	0.05	0.10	0.20	0.25	0.25	0.30	0.30	0.35	0.35	0.45	0.45	0.45	0.45
	8	−0.15	0.15	0.25	0.30	0.35	0.35	0.35	0.40	0.40	0.40	0.45	0.45	0.50	0.50
	7	0.05	0.25	0.30	0.35	0.40	0.40	0.40	0.45	0.45	0.45	0.45	0.50	0.50	0.50
	6	0.15	0.30	0.35	0.40	0.40	0.45	0.45	0.45	0.45	0.45	0.50	0.50	0.50	0.50
	5	0.25	0.35	0.40	0.40	0.45	0.45	0.45	0.45	0.45	0.45	0.50	0.50	0.50	0.50
	4	0.40	0.40	0.40	0.45	0.45	0.45	0.45	0.45	0.45	0.45	0.50	0.50	0.50	0.50
	3	0.55	0.45	0.45	0.45	0.45	0.45	0.45	0.45	0.50	0.50	0.50	0.50	0.50	0.50
	2	0.80	0.65	0.55	0.55	0.50	0.50	0.50	0.50	0.50	0.50	0.50	0.50	0.50	0.50
	1	1.20	1.00	0.85	0.80	0.75	0.70	0.70	0.65	0.65	0.65	0.55	0.55	0.55	0.55
10	10	−0.40	−0.05	0.10	0.20	0.25	0.30	0.30	0.30	0.30	0.35	0.40	0.45	0.45	0.45
	9	−0.15	0.15	0.25	0.30	0.35	0.35	0.40	0.40	0.40	0.40	0.45	0.45	0.50	0.50
	8	0.00	0.25	0.30	0.35	0.40	0.40	0.40	0.45	0.45	0.45	0.45	0.50	0.50	0.50
	7	−0.10	0.30	0.35	0.40	0.40	0.40	0.45	0.45	0.45	0.45	0.50	0.50	0.50	0.50
	6	0.20	0.35	0.40	0.40	0.45	0.45	0.45	0.45	0.45	0.45	0.50	0.50	0.50	0.50
	5	0.30	0.40	0.40	0.45	0.45	0.45	0.45	0.45	0.45	0.45	0.50	0.50	0.50	0.50
	4	0.40	0.40	0.45	0.45	0.45	0.45	0.45	0.45	0.45	0.45	0.50	0.50	0.50	0.50
	3	0.55	0.50	0.45	0.45	0.45	0.50	0.50	0.50	0.50	0.50	0.50	0.50	0.50	0.50
	2	0.80	0.65	0.55	0.55	0.55	0.50	0.50	0.50	0.50	0.50	0.50	0.50	0.50	0.50
	1	1.30	1.00	0.85	0.80	0.75	0.70	0.70	0.55	0.65	0.65	0.60	0.55	0.55	0.55

续 表

m	n	$\overline{K}$													
		0.1	0.2	0.3	0.4	0.5	0.6	0.7	0.8	0.9	1.0	2.0	3.0	4.0	5.0
11	11	−0.40	−0.05	0.10	0.20	0.25	0.30	0.30	0.30	0.35	0.35	0.40	0.45	0.45	0.45
	10	−0.15	0.15	0.25	0.30	0.35	0.35	0.40	0.40	0.40	0.40	0.45	0.45	0.50	0.50
	9	0.00	0.25	0.30	0.35	0.40	0.40	0.40	0.45	0.45	0.45	0.45	0.50	0.50	0.50
	8	0.10	0.30	0.35	0.40	0.40	0.45	0.45	0.45	0.45	0.45	0.50	0.50	0.50	0.50
	7	0.20	0.35	0.40	0.45	0.45	0.45	0.45	0.45	0.45	0.45	0.50	0.50	0.50	0.50
	6	0.25	0.35	0.40	0.45	0.45	0.45	0.45	0.45	0.45	0.45	0.50	0.50	0.50	0.50
	5	0.35	0.40	0.40	0.45	0.45	0.45	0.45	0.45	0.45	0.45	0.50	0.50	0.50	0.50
	4	0.40	0.45	0.45	0.45	0.45	0.45	0.45	0.50	0.50	0.50	0.50	0.50	0.50	0.50
	3	0.55	0.50	0.50	0.50	0.50	0.50	0.50	0.50	0.50	0.50	0.50	0.50	0.50	0.50
	2	0.80	0.65	0.60	0.55	0.55	0.50	0.50	0.50	0.50	0.50	0.50	0.50	0.50	0.50
	1	1.30	1.00	0.85	0.80	0.75	0.70	0.70	0.65	0.65	0.65	0.60	0.55	0.55	0.55
12 以 上	自上 1	−0.40	−0.05	0.10	0.20	0.25	0.30	0.30	0.30	0.35	0.35	0.40	0.45	0.45	0.45
	2	−0.15	0.15	0.25	0.30	0.35	0.35	0.40	0.40	0.40	0.40	0.45	0.45	0.50	0.50
	3	0.00	0.25	0.30	0.35	0.40	0.40	0.40	0.45	0.45	0.45	0.50	0.50	0.50	0.50
	4	0.10	0.30	0.35	0.40	0.40	0.45	0.45	0.45	0.45	0.45	0.50	0.50	0.50	0.50
	5	0.20	0.35	0.40	0.40	0.45	0.45	0.45	0.45	0.45	0.45	0.50	0.50	0.50	0.50
	6	0.25	0.35	0.40	0.45	0.45	0.45	0.45	0.45	0.45	0.45	0.50	0.50	0.50	0.50
	7	0.30	0.40	0.40	0.45	0.45	0.45	0.45	0.45	0.50	0.50	0.50	0.50	0.50	0.50
	8	0.35	0.40	0.45	0.45	0.45	0.45	0.45	0.50	0.50	0.50	0.50	0.50	0.50	0.50
	中间	0.40	0.40	0.45	0.45	0.45	0.50	0.50	0.50	0.50	0.50	0.50	0.50	0.50	0.50
	4	0.45	0.45	0.45	0.45	0.50	0.50	0.50	0.50	0.50	0.50	0.50	0.50	0.50	0.50
	3	0.60	0.50	0.50	0.50	0.50	0.50	0.50	0.50	0.50	0.50	0.50	0.50	0.50	0.50
	2	0.80	0.65	0.60	0.55	0.55	0.50	0.50	0.50	0.50	0.50	0.50	0.50	0.50	0.50
	自下 1	1.30	1.00	0.85	0.80	0.75	0.70	0.70	0.65	0.65	0.55	0.55	0.55	0.55	0.55

附表 3 - 10　倒三角形分布水平荷载下各层柱标准反弯点高度比 y_n

m	n	$\overline{K}$													
		0.1	0.2	0.3	0.4	0.5	0.6	0.7	0.8	0.9	1.0	2.0	3.0	4.0	5.0
1	1	0.80	0.75	0.70	0.65	0.65	0.60	0.60	0.60	0.60	0.60	0.55	0.55	0.55	0.55
2	2	0.50	0.45	0.40	0.40	0.40	0.40	0.40	0.40	0.40	0.45	0.45	0.45	0.45	0.50
	1	1.00	0.85	0.75	0.70	0.70	0.65	0.65	0.65	0.60	0.60	0.55	0.55	0.55	0.55
3	3	0.25	0.25	0.25	0.30	0.30	0.35	0.35	0.35	0.40	0.40	0.45	0.45	0.45	0.50
	2	0.60	0.50	0.50	0.50	0.50	0.45	0.45	0.45	0.45	0.45	0.50	0.50	0.50	0.50
	1	1.15	0.90	0.80	0.75	0.75	0.70	0.70	0.65	0.65	0.65	0.60	0.55	0.55	0.55

续表

m	n	$\bar{K}$													
		0.1	0.2	0.3	0.4	0.5	0.6	0.7	0.8	0.9	1.0	2.0	3.0	4.0	5.0
4	4	0.10	0.15	0.20	0.25	0.30	0.30	0.35	0.35	0.35	0.40	0.45	0.45	0.45	0.45
	3	0.35	0.35	0.35	0.40	0.40	0.40	0.40	0.45	0.45	0.45	0.45	0.50	0.50	0.50
	2	0.70	0.60	0.55	0.50	0.50	0.50	0.50	0.50	0.50	0.50	0.50	0.50	0.50	0.50
	1	1.20	0.95	0.85	0.80	0.75	0.70	0.70	0.70	0.65	0.65	0.55	0.55	0.55	0.50
5	5	−0.05	0.10	0.20	0.25	0.30	0.30	0.35	0.35	0.35	0.35	0.40	0.45	0.45	0.45
	4	0.20	0.25	0.35	0.35	0.40	0.40	0.40	0.40	0.40	0.45	0.45	0.50	0.50	0.50
	3	0.45	0.40	0.45	0.45	0.45	0.45	0.45	0.45	0.45	0.45	0.50	0.50	0.50	0.50
	2	0.75	0.60	0.55	0.55	0.50	0.50	0.50	0.50	0.50	0.50	0.50	0.50	0.50	0.50
	1	1.30	1.00	0.85	0.80	0.75	0.70	0.70	0.65	0.65	0.65	0.65	0.55	0.55	0.55
6	6	−0.15	0.05	0.15	0.20	0.25	0.30	0.30	0.35	0.35	0.35	0.40	0.45	0.45	0.45
	5	0.10	0.25	0.30	0.35	0.35	0.40	0.40	0.40	0.45	0.45	0.45	0.50	0.50	0.50
	4	0.30	0.35	0.40	0.40	0.45	0.45	0.45	0.45	0.45	0.45	0.50	0.50	0.50	0.50
	3	0.50	0.45	0.45	0.45	0.45	0.45	0.45	0.45	0.45	0.50	0.50	0.50	0.50	0.50
	2	0.80	0.65	0.55	0.55	0.55	0.55	0.50	0.50	0.50	0.50	0.50	0.50	0.50	0.50
	1	1.30	1.00	0.85	0.80	0.55	0.70	0.70	0.65	0.65	0.65	0.60	0.55	0.55	0.55
7	7	−0.20	0.05	0.15	0.20	0.25	0.30	0.30	0.35	0.35	0.35	0.45	0.45	0.45	0.45
	6	0.05	0.20	0.30	0.35	0.35	0.40	0.40	0.40	0.40	0.45	0.45	0.50	0.50	0.50
	5	0.20	0.30	0.35	0.40	0.40	0.45	0.45	0.45	0.45	0.45	0.50	0.50	0.50	0.50
	4	0.35	0.40	0.40	0.45	0.45	0.45	0.45	0.45	0.45	0.45	0.50	0.50	0.50	0.50
	3	0.55	0.50	0.50	0.50	0.50	0.50	0.50	0.50	0.50	0.50	0.50	0.50	0.50	0.50
	2	0.80	0.65	0.60	0.55	0.55	0.55	0.50	0.50	0.50	0.50	0.50	0.50	0.50	0.50
	1	1.30	1.00	0.90	0.80	0.75	0.70	0.70	0.70	0.65	0.65	0.60	0.55	0.55	0.55
8	8	−0.20	0.05	0.15	0.20	0.25	0.30	0.30	0.35	0.35	0.35	0.45	0.45	0.45	0.45
	7	0.00	0.20	0.30	0.35	0.35	0.40	0.40	0.40	0.40	0.45	0.45	0.50	0.50	0.50
	6	0.15	0.30	0.35	0.40	0.40	0.45	0.45	0.45	0.45	0.45	0.50	0.50	0.50	0.50
	5	0.30	0.45	0.40	0.45	0.45	0.45	0.45	0.45	0.45	0.45	0.50	0.50	0.50	0.50
	4	0.40	0.45	0.45	0.45	0.45	0.45	0.45	0.50	0.50	0.50	0.50	0.50	0.50	0.50
	3	0.60	0.50	0.50	0.50	0.50	0.50	0.50	0.50	0.50	0.50	0.50	0.50	0.50	0.50
	2	0.85	0.65	0.60	0.55	0.55	0.55	0.50	0.50	0.50	0.50	0.50	0.50	0.50	0.50
	1	1.30	1.00	0.90	0.80	0.75	0.70	0.70	0.70	0.65	0.65	0.60	0.55	0.55	0.55
9	9	0.25	0.00	0.15	0.20	0.25	0.30	0.30	0.35	0.35	0.40	0.45	0.45	0.45	0.45
	8	0.00	0.20	0.30	0.35	0.35	0.40	0.40	0.40	0.40	0.45	0.45	0.50	0.50	0.50
	7	0.15	0.30	0.35	0.40	0.40	0.45	0.45	0.45	0.45	0.45	0.50	0.50	0.50	0.50
	6	0.25	0.35	0.40	0.40	0.45	0.45	0.45	0.45	0.45	0.50	0.50	0.50	0.50	0.50
	5	0.35	0.40	0.45	0.45	0.45	0.45	0.45	0.45	0.50	0.50	0.50	0.50	0.50	0.50
	4	0.45	0.45	0.45	0.45	0.45	0.50	0.50	0.50	0.50	0.50	0.50	0.50	0.50	0.50
	3	0.65	0.50	0.50	0.50	0.50	0.50	0.50	0.50	0.50	0.50	0.50	0.50	0.50	0.50
	2	0.80	0.65	0.65	0.55	0.55	0.55	0.55	0.50	0.50	0.50	0.50	0.50	0.50	0.50
	1	1.35	1.00	1.00	0.80	0.75	0.75	0.70	0.70	0.65	0.65	0.60	0.55	0.55	0.55

续 表

m	n	$\overline{K}$													
		0.1	0.2	0.3	0.4	0.5	0.6	0.7	0.8	0.9	1.0	2.0	3.0	4.0	5.0
10	10	−0.25	0.00	0.15	0.20	0.25	0.30	0.30	0.35	0.35	0.40	0.45	0.45	0.45	0.45
	9	−0.05	0.20	0.30	0.35	0.35	0.40	0.40	0.40	0.40	0.45	0.45	0.50	0.50	0.50
	8	0.10	0.30	0.35	0.40	0.40	0.40	0.45	0.45	0.45	0.45	0.50	0.50	0.50	0.50
	7	0.20	0.35	0.40	0.40	0.45	0.45	0.45	0.45	0.45	0.50	0.50	0.50	0.50	0.50
	6	0.30	0.40	0.40	0.45	0.45	0.45	0.45	0.45	0.45	0.50	0.50	0.50	0.50	0.50
	5	0.40	0.45	0.45	0.45	0.45	0.45	0.45	0.50	0.50	0.50	0.50	0.50	0.50	0.50
	4	0.50	0.45	0.45	0.45	0.50	0.50	0.50	0.50	0.50	0.S0	0.50	0.50	0.50	0.50
	3	0.60	0.55	0.50	0.50	0.50	0.50	0.50	0.50	0.50	0.50	0.50	0.50	0.50	0.50
	2	0.85	0.65	0.60	0.55	0.55	0.55	0.55	0.50	0.50	0.50	0.50	0.50	0.50	0.50
	1	1.35	1.00	0.90	0.80	0.75	0.75	0.70	0.70	0.65	0.65	0.60	0.55	0.55	0.55
11	11	−0.25	0.00	0.10	0.20	0.25	0.30	0.30	0.30	0.35	0.35	0.45	0.45	0.45	0.45
	10	−0.05	0.20	0.25	0.30	0.35	0.40	0.40	0.40	0.40	0.45	0.45	0.50	0.50	0.50
	9	0.10	0.30	0.35	0.40	0.40	0.40	0.45	0.45	0.45	0.50	0.50	0.50	0.50	0.50
	8	0.20	0.35	0.40	0.40	0.45	0.45	0.45	0.45	0.45	0.45	0.50	0.50	0.50	0.50
	7	0.25	0.40	0.40	0.45	0.45	0.45	0.45	0.45	0.45	0.50	0.50	0.50	0.50	0.50
	6	0.35	0.40	0.45	0.45	0.45	0.45	0.45	0.50	0.50	0.50	0.50	0.50	0.50	0.50
	5	0.40	0.44	0.45	0.45	0.45	0.50	0.50	0.50	0.50	0.50	0.50	0.50	0.50	0.50
	4	0.50	0.50	0.50	0.50	0.50	0.50	0.50	0.50	0.50	0.50	0.50	0.50	0.50	0.50
	3	0.65	0.55	0.50	0.50	0.50	0.50	0.50	0.50	0.50	0.50	0.50	0.50	0.50	0.50
	2	0.85	0.65	0.60	0.55	0.55	0.55	0.55	0.50	0.50	0.50	0.50	0.50	0.50	0.50
	1	1.35	1.00	0.90	0.80	0.75	0.75	0.70	0.70	0.65	0.65	0.60	0.55	0.55	0.55
12以上	自上1	−0.30	0.00	0.15	0.20	0.25	0.30	0.30	0.30	0.35	0.35	0.40	0.45	0.45	0.45
	2	−0.10	0.20	0.25	0.30	0.35	0.40	0.40	0.40	0.40	0.40	0.45	0.45	0.45	0.50
	3	0.05	0.25	0.35	0.40	0.40	0.40	0.45	0.45	0.45	0.45	0.45	0.50	0.50	0.50
	4	0.15	0.30	0.40	0.40	0.45	0.45	0.45	0.45	0.45	0.45	0.45	0.50	0.50	0.50
	5	0.25	0.30	0.40	0.45	0.45	0.45	0.45	0.45	0.45	0.45	0.50	0.50	0.50	0.50
	6	0.30	0.40	0.40	0.45	0.45	0.45	0.45	0.50	0.50	0.50	0.50	0.50	0.50	0.50
	7	0.35	0.40	0.40	0.45	0.45	0.45	0.50	0.50	0.50	0.50	0.50	0.50	0.50	0.50
	8	0.35	0.45	0.45	0.45	0.50	0.50	0.50	0.50	0.50	0.50	0.50	0.50	0.50	0.50
	中间	0.45	0.45	0.45	0.50	0.50	0.50	0.50	0.50	0.50	0.50	0.50	0.50	0.50	0.50
	4	0.55	0.50	0.50	0.50	0.50	0.50	0.50	0.50	0.50	0.50	0.50	0.50	0.50	0.50
	3	0.65	0.55	0.50	0.50	0.50	0.50	0.50	0.50	0.50	0.50	0.50	0.50	0.50	0.50
	2	0.70	0.70	0.60	0.55	0.55	0.55	0.55	0.50	0.50	0.50	0.50	0.50	0.50	0.50
	自下1	1.35	1.05	0.90	0.80	0.75	0.70	0.70	0.70	0.65	0.65	0.60	0.55	0.55	0.55

附表 3 - 11　顶点集中水平荷载下各层柱标准反弯点高度比 y_n

m	n	$\bar{K}$													
		0.1	0.2	0.3	0.4	0.5	0.6	0.7	0.8	0.9	1.0	2.0	3.0	4.0	5.0
1	1	0.80	0.75	0.70	0.65	0.65	0.60	0.60	0.60	0.60	0.55	0.55	0.55	0.55	0.55
2	2	0.55	0.50	0.45	0.45	0.45	0.45	0.45	0.45	0.45	0.45	0.45	0.50	0.50	0.50
	1	1.15	0.95	0.85	0.80	0.75	0.70	0.70	0.65	0.65	0.65	0.60	0.55	0.55	0.55
3	3	0.40	0.40	0.40	0.40	0.40	0.40	0.40	0.45	0.45	0.45	0.45	0.50	0.50	0.50
	2	0.75	0.60	0.55	0.55	0.55	0.50	0.50	0.50	0.50	0.50	0.50	0.50	0.50	0.50
	1	1.30	1.00	0.90	0.80	0.75	0.50	0.70	0.70	0.65	0.65	0.60	0.55	0.55	0.55
4	4	0.35	0.35	0.35	0.40	0.40	0.40	0.40	0.45	0.45	0.45	0.45	0.50	0.50	0.50
	3	0.60	0.50	0.50	0.50	0.50	0.50	0.50	0.50	0.50	0.50	0.50	0.50	0.50	0.50
	2	0.85	0.65	0.60	0.55	0.55	0.55	0.55	0.55	0.50	0.50	0.50	0.50	0.50	0.50
	1	1.35	1.05	0.90	0.80	0.75	0.70	0.70	0.70	0.65	0.65	0.60	0.55	0.55	0.55
5	5	0.30	0.35	0.35	0.40	0.40	0.40	0.40	0.45	0.45	0.45	0.45	0.50	0.50	0.50
	4	0.50	0.45	0.45	0.50	0.50	0.50	0.50	0.50	0.50	0.50	0.50	0.50	0.50	0.50
	3	0.65	0.55	0.50	0.50	0.50	0.50	0.50	0.50	0.50	0.50	0.50	0.50	0.50	0.50
	2	0.90	0.70	0.60	0.55	0.55	0.55	0.55	0.55	0.50	0.50	0.50	0.50	0.50	0.50
	1	1.40	1.05	0.90	0.80	0.75	0.75	0.70	0.70	0.65	0.65	0.60	0.55	0.55	0.55
6	6	0.30	0.35	0.35	0.40	0.40	0.40	0.40	0.45	0.45	0.45	0.45	0.50	0.50	0.50
	5	0.45	0.45	0.45	0.45	0.50	0.50	0.50	0.50	0.50	0.50	0.50	0.50	0.50	0.50
	4	0.55	0.S0	0.50	0.50	0.50	0.50	0.50	0.50	0.50	0.50	0.50	0.50	0.50	0.50
	3	0.65	0.55	0.55	0.50	0.50	0.50	0.50	0.50	0.50	0.50	0.50	0.50	0.50	0.50
	2	0.90	0.50	0.60	0.60	0.55	0.55	0.55	0.55	0.50	0.50	0.50	0.50	0.50	0.50
	1	1.40	1.05	0.90	0.80	0.75	0.75	0.70	0.70	0.65	0.65	0.60	0.55	0.55	0.55
7	7	0.30	0.35	0.35	0.40	0.40	0.40	0.40	0.45	0.45	0.45	0.45	0.50	0.50	0.50
	6	0.40	0.45	0.45	0.45	0.50	0.50	0.50	0.50	0.50	0.50	0.50	0.50	0.50	0.50
	5	0.50	0.50	0.50	0.50	0.50	0.50	0.50	0.50	0.50	0.50	0.50	0.50	0.50	0.50
	4	0.55	0.50	0.50	0.50	0.50	0.50	0.50	0.50	0.50	0.50	0.50	0.50	0.50	0.50
	3	0.70	0.55	0.55	0.50	0.50	0.50	0.50	0.50	0.50	0.50	0.50	0.50	0.50	0.50
	2	0.90	0.70	0.60	0.60	0.55	0.55	0.55	0.55	0.50	0.50	0.50	0.50	0.50	0.50
	1	1.40	1.05	0.90	0.80	0.75	0.75	0.70	0.70	0.65	0.65	0.60	0.55	0.55	0.55
8	8	0.30	0.35	0.35	0.40	0.40	0.40	0.40	0.45	0.45	0.45	0.45	0.50	0.50	0.50
	7	0.40	0.40	0.45	0.45	0.50	0.50	0.50	0.50	0.50	0.50	0.50	0.50	0.50	0.50
	6	0.45	0.50	0.50	0.50	0.50	0.50	0.50	0.50	0.50	0.50	0.50	0.50	0.50	0.50
	5	0.50	0.50	0.50	0.50	0.50	0.50	0.50	0.50	0.50	0.50	0.50	0.50	0.50	0.50
	4	0.60	0.50	0.50	0.50	0.50	0.50	0.50	0.50	0.50	0.50	0.50	0.50	0.50	0.50
	3	0.70	0.55	0.55	0.50	0.50	0.50	0.50	0.50	0.50	0.50	0.50	0.50	0.50	0.50
	2	0.90	0.50	0.60	0.60	0.55	0.55	0.55	0.55	0.50	0.50	0.50	0.50	0.50	0.50
	1	1.40	1.05	0.90	0.80	0.75	0.75	0.70	0.70	0.65	0.65	0.60	0.55	0.55	0.55

续 表

m	n	$\overline{K}$													
		0.1	0.2	0.3	0.4	0.5	0.6	0.7	0.8	0.9	1.0	2.0	3.0	4.0	5.0
9	9	0.25	0.35	0.35	0.40	0.40	0.40	0.40	0.45	0.45	0.45	0.45	0.50	0.50	0.50
	8	0.40	0.45	0.45	0.45	0.50	0.50	0.50	0.50	0.50	0.50	0.50	0.50	0.50	0.50
	7	0.45	0.50	0.50	0.50	0.50	0.50	0.50	0.50	0.50	0.50	0.50	0.50	0.50	0.50
	6	0.50	0.50	0.50	0.50	0.50	0.50	0.50	0.50	0.50	0.50	0.50	0.50	0.50	0.50
	5	0.55	0.50	0.50	0.50	0.50	0.50	0.50	0.50	0.50	0.50	0.50	0.50	0.50	0.50
	4	0.60	0.50	0.50	0.50	0.50	0.50	0.50	0.50	0.50	0.50	0.50	0.50	0.50	0.50
	3	0.70	0.55	0.50	0.50	0.50	0.50	0.50	0.50	0.50	0.50	0.50	0.50	0.50	0.50
	2	0.90	0.70	0.60	0.60	0.50	0.50	0.50	0.50	0.50	0.50	0.50	0.50	0.50	0.50
	1	1.40	1.05	0.90	0.80	0.75	0.75	0.50	0.70	0.65	0.60	0.60	0.55	0.55	0.55
10	10	0.25	0.35	0.35	0.40	0.40	0.40	0.40	0.45	0.45	0.45	0.45	0.50	0.50	0.50
	9	0.40	0.45	0.45	0.45	0.50	0.50	0.50	0.50	0.50	0.50	0.50	0.50	0.50	0.50
	8	0.45	0.50	0.50	0.50	0.50	0.50	0.50	0.50	0.50	0.50	0.50	0.50	0.50	0.50
	7	0.50	0.50	0.50	0.50	0.50	0.50	0.50	0.50	0.50	0.50	0.50	0.50	0.50	0.50
	6	0.50	0.50	0.50	0.50	0.50	0.50	0.50	0.50	0.50	0.50	0.50	0.50	0.50	0.50
	5	0.55	0.50	0.50	0.50	0.50	0.50	0.50	0.50	0.50	0.50	0.50	0.50	0.50	0.50
	4	0.60	0.50	0.50	0.50	0.50	0.50	0.50	0.50	0.50	0.50	0.50	0.50	0.50	0.50
	3	0.70	0.55	0.55	0.50	0.50	0.50	0.50	0.50	0.50	0.50	0.50	0.50	0.50	0.50
	2	0.90	0.70	0.60	0.60	0.55	0.55	0.55	0.55	0.50	0.50	0.50	0.50	0.50	0.50
	1	1.40	1.05	0.90	0.80	0.75	0.75	0.70	0.70	0.65	0.65	0.60	0.55	0.55	0.50
11	11	0.25	0.35	0.35	0.40	0.40	0.40	0.40	0.45	0.45	0.5	0.45	0.50	0.50	0.50
	10	0.40	0.45	0.45	0.45	0.50	0.50	0.50	0.50	0.50	0.50	0.50	0.50	0.50	0.50
	9	0.45	0.50	0.50	0.50	0.50	0.50	0.50	0.50	0.50	0.50	0.50	0.50	0.50	0.50
	8	0.50	0.50	0.50	0.50	0.50	0.50	0.50	0.50	0.50	0.50	0.50	0.50	0.50	0.50
	7	0.50	0.50	0.50	0.50	0.50	0.50	0.50	0.50	0.50	0.50	0.50	0.50	0.50	0.50
	6	0.50	0.50	0.50	0.50	0.50	0.50	0.50	0.50	0.50	0.50	0.50	0.50	0.50	0.50
	5	0.55	0.50	0.50	0.50	0.50	0.50	0.50	0.50	0.50	0.50	0.50	0.50	0.50	0.50
	4	0.60	0.50	0.50	0.50	0.50	0.50	0.50	0.50	0.50	0.50	0.50	0.50	0.50	0.50
	3	0.70	0.55	0.55	0.50	0.50	0.50	0.50	0.50	0.50	0.50	0.50	0.50	0.50	0.50
	2	0.90	0.70	0.60	0.60	0.55	0.55	0.55	0.55	0.50	0.50	0.50	0.50	0.50	0.50
	1	1.40	1.05	0.90	0.80	0.75	0.75	0.70	0.70	0.65	0.65	0.60	0.55	0.55	0.55
12以上	12	0.25	0.35	0.35	0.40	0.40	0.40	0.40	0.45	0.45	0.45	0.45	0.50	0.50	0.50
	11	0.40	0.45	0.45	0.45	0.50	0.50	0.50	0.50	0.50	0.50	0.50	0.50	0.50	0.50
	10	0.45	0.50	0.50	0.50	0.50	0.50	0.50	0.50	0.50	0.50	0.50	0.50	0.50	0.50
	9	0.50	0.50	0.50	0.50	0.50	0.50	0.50	0.50	0.50	0.50	0.50	0.50	0.50	0.50
	8	0.50	0.50	0.50	0.50	0.50	0.50	0.50	0.50	0.50	0.50	0.50	0.50	0.50	0.50
	7	0.50	0.50	0.50	0.50	0.50	0.50	0.50	0.50	0.50	0.50	0.50	0.50	0.50	0.50
	6	0.50	0.50	0.50	0.50	0.50	0.50	0.50	0.50	0.50	0.50	0.50	0.50	0.50	0.50
	5	0.55	0.50	0.50	0.50	0.50	0.50	0.50	0.50	0.50	0.50	0.50	0.50	0.50	0.50
	4	0.60	0.50	0.50	0.50	0.50	0.50	0.50	0.50	0.50	0.50	0.50	0.50	0.50	0.50
	3	0.70	0.55	0.50	0.50	0.50	0.50	0.50	0.50	0.50	0.50	0.50	0.50	0.50	0.50
	2	0.90	0.50	0.60	0.60	0.55	0.55	0.50	0.50	0.50	0.50	0.50	0.50	0.50	0.50
	1	1.40	1.05	0.90	0.80	0.55	0.75	0.70	0.65	0.65	0.65	0.60	0.55	0.55	0.55

附表 3－12　下层梁相对刚度变化的修正值 y_1

α_1	$\overline{K}$													
	0.1	0.2	0.3	0.4	0.5	0.6	0.7	0.8	0.9	1.0	2.0	3.0	4.0	5.0
0.4	0.55	0.40	0.30	0.25	0.20	0.20	0.20	0.15	0.15	0.15	0.05	0.05	0.05	0.05
0.5	0.45	0.30	0.20	0.20	0.20	0.10	0.15	0.10	0.10	0.10	0.05	0.05	0.05	0.05
0.6	0.30	0.20	0.15	0.15	0.10	0.10	0.10	0.10	0.05	0.05	0.05	0.05	0.00	0.00
0.7	0.0	0.15	0.10	0.10	0.10	0.05	0.05	0.05	0.05	0.05	0.05	0.00	0.00	0.00
0.8	0.15	0.10	0.05	0.05	0.05	0.05	0.05	0.05	0.05	0.00	0.00	0.00	0.00	0.00
0.9	0.05	0.05	0.05	0.05	0.00	0.00	0.00	0.00	0.00	0.00	0.00	0.00	0.00	0.00

附表 3－13　上、下层高不同的修正值 y_1 和 y_2

α_2	α_3	$\overline{K}$													
		0.1	0.2	0.3	0.4	0.5	0.6	0.7	0.8	0.9	1.0	2.0	3.0	4.0	5.0
2.0		0.25	0.15	0.15	0.10	0.10	0.10	0.10	0.10	0.05	0.05	0.05	0.05	0.0	0.0
1.8		0.20	0.15	0.10	0.10	0.10	0.05	0.05	0.05	0.05	0.05	0.05	0.0	0.0	0.0
1.6	0.4	0.15	0.10	0.10	0.05	0.05	0.05	0.05	0.05	0.05	0.05	0.0	0.0	0.0	0.0
1.4	0.6	0.10	0.05	0.05	0.05	0.05	0.05	0.05	0.05	0.05	0.0	0.0	0.0	0.0	0.0
1.2	0.8	0.05	0.05	0.05	0.0	0.0	0.0	0.0	0.0	0.0	0.0	0.0	0.0	0.0	0.0
1.0	1.0	0.0	0.0	0.0	0.0	0.0	0.0	0.0	0.0	0.0	0.0	0.0	0.0	0.0	0.0
0.8	1.2	−0.05	−0.05	−0.05	0.0	0.0	0.0	0.0	0.0	0.0	0.0	0.0	0.0	0.0	0.0
0.6	1.4	−0.10	−0.05	−0.05	−0.05	−0.05	−0.05	−0.05	−0.05	−0.05	0.0	0.0	0.0	0.0	0.0
0.4	1.6	−0.15	−0.10	−0.10	−0.05	−0.05	−0.05	−0.05	−0.05	−0.05	−0.05	0.0	0.0	0.0	0.0
	1.8	−0.20	−0.15	−0.10	−0.10	−0.10	−0.05	−0.05	−0.05	−0.05	−0.05	−0.05	0.0	0.0	0.0
	2.0	−0.25	−0.15	−0.15	−0.10	−0.10	−0.10	−0.10	−0.10	−0.05	−0.05	−0.05	−0.05	0.0	0.0

附表 3－14　承载力抗震调整系数

材　料	结构构件	受力状态	γ_{RE}
钢	柱、梁、支撑、节点板件、螺栓、焊缝	强度	0.75
	柱、支撑	稳定	0.80
砌体	两端均有构造柱、芯柱的抗震墙	受剪	0.9
	其他抗震墙	受剪	1.0
混凝土	梁	受弯	0.75
	轴压比小于 0.15 的柱	偏压	0.75
	轴压比不小于 015 的柱	偏压	0.80
	抗震墙	偏压	0.85
	各类构件	受剪、偏拉	0.85

附表 3－15　受弯构件受压区有效翼缘计算宽度 b'_f

情　况		T 形、I 形截面		倒 L 形截面
		肋形梁（板）	独立梁	肋形梁（板）
1	按计算跨度 l_0 考虑	$l_0/3$	$l_0/3$	$l_0/6$
2	按梁（肋）净距 s_n 考虑	$b+s_n$	—	$b+s_n/2$
3 按翼缘高度考虑	$h'_f/h_0 \geqslant 0.1$	—	$b+12h'_f$	—
	$0.1 > h'_f/h_0 \geqslant 0.05$	$b+12h'_f$	$b+6h'_f$	$b+5h'_f$
	$h'_f/h_0 > 0.05$	$b+12h'_f$	b	$b+5h'_f$

注：1.表中 b 为梁的腹板厚度；

2.肋形梁在梁跨内设有间距小于纵肋间距的横肋时，可不考虑表中情况 3 的规定；

3.加腋的 T 形、I 形截面和倒 L 形截面，当受压区加腋的高度 h_h 不小于 h'_f 且加腋的长度 b_h 不大于 $3h_h$ 时，其翼缘计算宽度可按表中情况 3 的规定分别增加 $2b_h$（T 形、I 形截面）和 b_h（倒 L 形截面）；

4.独立梁受压区的翼缘板在荷载作用下经验算沿纵肋方向可能产生裂缝时，其计算宽度应取腹板宽度 b。

附表 3－16　钢筋混凝土轴心受压构件稳定系数

l_0/b	≤8	10	12	14	16	18	20	22	24	26	28
l_0/d	≤7	8.5	10.5	12	14	15.5	17	19	21	22.5	24
l_0/i	≤28	35	42	48	55	62	69	76	83	90	97
φ	1.00	0.98	0.95	0.92	0.87	0.81	0.75	0.70	0.65	0.60	0.56

附表 3 - 17　可不做地基变形验算的设计等级为丙级的建筑范围

地基主要受力情况			地基承载力特征值 f_{ak}/kPa	$80 \leqslant f_{ak}$ < 100	$100 \leqslant f_{ak}$ < 130	$130 \leqslant f_{ak}$ < 160	$160 \leqslant f_{ak}$ < 200	$200 \leqslant f_{ak}$ < 300
			各土层坡度/(%)	≤5	≤10	≤10	≤10	≤10
建筑类型	砌体承重结构、框架结构			≤5	≤5	≤6	≤6	≤7
	单层排架结构	单跨	吊车起重量	10~15	15~20	20~30	30~50	50~100
			厂房跨度 m	≤18	≤24	≤30	≤30	≤30
		多跨	吊车起重量	5~10	10~15	15~20	20~30	30~175
			厂房跨度 m	≤18	≤24	≤30	≤30	≤30

参 考 文 献

[1] 中华人民共和国国家标准.建筑结构可靠性设计统一标准:GB 50068—2018.[S].北京:
中国建筑工业出版社,2019.

[2] 中华人民共和国国家标准.建筑设计防火规范:GB 50016—2014.[S].2018 年版.北京:
中国计划出版社,2018.

[3] 中华人民共和国国家标准.建筑结构荷载规范:GB 50009—2012[S].北京:中国建筑工
业出版社,2012.

[4] 中华人民共和国国家标准.混凝土结构设计规范:GB 50010—2010[S].2015 年版.北京:
中国建筑工业出版社,2015.

[5] 中华人民共和国国家标准.建筑抗震设计规范:GB 50011—2010[S].2016 年版.北京:中
国建筑工业出版社,2016.

[6] 中华人民共和国国家标准.建筑地基基础设计规范:GB 50007—2011[S].北京:中国建
筑工业出版社,2012.

[7] 中华人民共和国行业标准.高层建筑混凝土结构技术规程:JGJ 3—2010[S].北京:中国
建筑工业出版社,2011.

[8] 中华人民共和国国家标准.房屋建筑制图统一标准:GB/T 50001—2017[S].北京:中国
建筑工业出版社,2018.

[9] 梁兴文,史庆轩.混凝土结构设计[M].4 版.北京:中国建筑工业出版社,2019.

[10] 梁兴文,史庆轩.混凝土结构设计原理[M].4 版.北京:中国建筑工业出版社,2019.

[11] 史庆轩,梁兴文.高层建筑结构设计[M].北京:科学出版社,2006.

[12] 沈蒲生.楼盖结构设计原理[M].北京:科学出版社,2003.

[13] 顾祥林.混凝土结构基本原理[M].3 版.上海:同济大学出版社,2015.

[14] 顾祥林.建筑混凝土结构设计[M].上海:同济大学出版社,2011.

[15] 彭少民.混凝土结构:下册[M].2 版.武汉:武汉理工大学出版社,2004.

[16] 吴培明.混凝土结构:上、下册[M].2 版.武汉:武汉理工大学出版社,2009.

[17] 东南大学,天津大学,同济大学.混凝土结构:上、中册[M].7 版.北京:中国建筑工业出
版社,2020.

[18] 叶列平.混凝土结构:上册[M].2 版.北京:中国建筑工业出版社,2014.

[19] 白国良,王毅红.混凝土结构设计[M].武汉:武汉理工大学出版社,2011.

[20] 罗福午.单层工业厂房结构设计[M].2 版.北京:清华大学出版社,1990.

[21] 梁兴文,史庆轩.土木工程专业毕业设计指导:房屋建筑工程卷[M].北京:中国建筑工业
出版社,2014.

[22] 周果行.房屋结构毕业设计指南[M].北京:中国建筑工业出版社,2004.